南阳理工学院高等教育教学改革研究资助项目：环境设计专业实践教学内容改革的研究与实践（NIT2017JY-054）

# 环境艺术设计
# 专业教学与实践研究

张　波　武春焕　著

电子科技大学出版社
University of Electronic Science and Technology of China Press

图书在版编目(CIP)数据

环境艺术设计专业教学与实践研究 / 张波，武春焕著. -- 成都：电子科技大学出版社，2019.6
ISBN 978-7-5647-7198-0

Ⅰ. ①环… Ⅱ. ①张… ②武… Ⅲ. ①环境设计－教学研究 Ⅳ. ①TU-856

中国版本图书馆CIP数据核字(2019)第137004号

**环境艺术设计专业教学与实践研究**

**张　波　武春焕　著**

策划编辑　杜　倩　李述娜

责任编辑　熊晶晶

出版发行　电子科技大学出版社
成都市一环路东一段159号电子信息产业大厦九楼　邮编　610051

主　　页　www.uestcp.com.cn

服务电话　028-83203399

邮购电话　028-83201495

印　　刷　定州启航印刷有限公司

成品尺寸　170mm × 240mm

印　　张　19.5

字　　数　375千字

版　　次　2019年6月第一版

印　　次　2019年6月第一次印刷

书　　号　ISBN 978-7-5647-7198-0

定　　价　88.00元

# 前　言

环境艺术设计是随着改革开放的不断深入、经济发展水平的日益提高而催生的与人民群众生活密切相关的艺术门类。同时，由于多元文化的冲击、城市化进程速度的加快、建设和谐社会和小康社会的需求等因素，对环境艺术设计提出了更高的要求。本书立足于环境艺术服务于社会大众的实用功能，对环境艺术的基础设计理论及实务进行探讨。在图例的选编上既有国内经典的基础课程，又有笔者在美留学期间所学国外基础课程理念的融入；精选出遍布于美国、法国、日本、新加坡等发达国家或地区的有关环境艺术的经典图片或研究案例；同时，并不局限于设计门类的划分，涵盖了环境设计、平面二维到三维空间的设计、文案写作与调研、手绘与电脑设计等相关的基础学科，试图以广义的视角来审视基础教学随着新技术和新观念的更新而在当代环境艺术设计中呈现出的延展性，使环境艺术的基础教学以不断更新的设计思维满足当代基础教育的需求。本书引用了东西方造型艺术中较有代表性的设计理论及原理，目的就是让学生在全球化的多元文化背景下获得更为广阔的设计视界。

环境艺术设计作为一门交叉性的学科，它包括了自然科学和人文科学等，是把建筑、设计、技术、艺术与工艺结合而成的整体的艺术学科。近十年来，随着城市化进程快速而持续地推进，一方面，城市功能和形象实现的物质载体——城市的户外环境设计(或称景观设计)得到空前的发展，几乎所有城市建设项目都把景观设计放到了十分重要的位置；另一方面，建筑的室内环境设计(或称室内设计)更因房地产的热潮和个性化的需求得以凸显，亦脱去了其在20世纪80年代以来一直披着的“高贵”而“神秘”的外衣，变成了一种社会认知度很高的、非常大众化的文化消费行为。

环境艺术专业的学生在学习本专业的同时，还应注重从自然及身边的生活环境中广泛汲取视觉形态表现的语言及后现代思想的造型手法，以便开阔创意思路、丰富造型能力和造型语言。因本书具有很强的针对性和可操作性，作为教材能适应正在持续升温的高校和社会对环境艺术设计专业学习的学生和人才的需求，从而将会产生广泛的社会效应与影响。

因此，笔者希望能从不同的设计教学角度分析思索，力图以多角度、宽视野为立足点，启发学生的创意思路，并关注以启发性为主的指导思想，把学生的设计思维充分活跃和调动起来，旨在做一些尝试、探索，使学生能够以较开阔的视野对待所要解决的设计问题，目的是以更多的手段和途径达成最终的设计结果，使学生潜在的创造力和独特的造型意识能够得以挖掘和激发。

本书的写作任务分配详情：第五章至第九章由张波老师负责撰写，第一章至第四章由武春焕老师负责撰写。由于作者水平有限，书中的疏漏之处在所难免，希望广大专家学者和读者朋友批评指正！

编者

# 目 录

# 第一章　环境艺术设计基础概论

## 第一节　环境艺术设计的概念和范畴

### 一、环境艺术设计的含义

“环境”二字，从字面上理解，其含义十分广泛。从广义上来讲，“环境”是指围绕着主体的周边事物，尤其是人或生物周围，包括相互影响作用的外界。我们通常所说的环境是指相对于人的外部世界，即主要是和人产生关联的环境，包括：自然环境、人工环境、社会环境。自然环境，是指自然界中原有的山川、河流、地形、地貌、植被等自然构成的系统；人工环境，是指由人主观创造的实体环境，包括城市、乡村建筑、道路、广场等人类生存与生活的系统；社会环境，是指人创造的非实体环境，由社会结构、生活方式、价值观念和历史传统所构成的整个社会文化体系。三者的共同作用与协调发展构成了我们的现实生活环境。随着人类社会的不断发展，“环境”这一概念的范畴也不断地发生变化，并随着人类活动领域的日益扩大而不断增添着新的内涵。

工业文明给人类带来了前所未有的社会发展。但伴随着工业化进程的同时，人们赖以生存的自然环境亦不断遭到严重的掠夺与破坏，自然生态资源日益枯竭，环境质量急剧恶化，污染日益严重。这时，人们开始觉醒并关注自己周围的环境。因此，1992 年联合国在里约热内卢召开了环境与发展大会，提出了“可持续发展”的理论，其核心思想是：在不危及后代人需要的前提下寻求满足我们当代人需求的发展途径。可持续发展的思想在世界范围内得到共识，并逐渐成为各国发展决策的理论基础。在这样的背景下，现代环境艺术设计应运而生。

环境艺术设计是建立在现代科学研究基础之上，研究人与环境之间关系问题的学科。环境艺术不同于纯欣赏的艺术，是借助于物质科学技术手段，以艺术的表现形式来创造人类生存与生活的空间环境。它始终与使用者联系在一起，是一门兼实用与艺术相结合的空间艺术。例如，人在空间中从事工作、学习、休息、娱乐、购物、交往、交通等一系列的活动，均属于空间环境设计中要研究的内容。

与建筑艺术一样，环境艺术的最终形成离不开各种结构、技术、材料、设备、工艺、资金等实施条件，离开这些条件，真正的、完整的环境艺术就无从谈起。同时，随着社会的发展，人们价值观念的转变与审美意识的提高，需要通过更多元化的环境艺术表现形式来改变和提高自己的生活品质，这些都促使现代设计师需要更加注重科学技术与环境艺术设计的结合，并且积极地进行新技术、新材料、新结构等科学技术的开发与艺术美的创造。从这个角度来说，环境艺术也是一门科学技术与美的创造紧密结合的艺术。例如，我国的水立方、鸟巢、国家大剧院等建筑设计，均是以其新结构、新材料、新技术结合完美的造型设计所呈现出独特的魅力震撼了国人，也震撼了世界。

环境艺术这种人为的艺术创造，虽建立于自然环境之外，却不能脱离自然环境的本体，它必须植根于自然环境，并与之共融共生。如果环境艺术的创造需对森林植被、气候、水源、生物等自然生态资源进行无节制的利用和破坏的话，不仅将重蹈机械文明时代的覆辙，也背离了现代环境艺术的科学性、艺术性及可持续发展的本质。因此，环境艺术设计要采取与自然和谐的整体观念去构思，以生态学思想和生态价值观为主要原则，充分考虑人类居住环境可持续发展的需求，成为与自然共生的生态艺术。

环境艺术设计是以人为核心进行的设计，其最终目的是为人提供适宜的生存与活动的场所，把人对环境的需求，即物质与精神的需求放在设计的首位。环境艺术设计注重对人体工程学、环境心理学、行为学等方面的研究，科学深入地了解并掌握人的生理、心理特点和要求，在满足人们物质需求的基础上，使人们心理、审美、精神、人文思想等方面的需求得以满足，让使用者充分感受到人性的关怀，使其精神意志能够得到完美的体现。它综合地解决人对空间环境的使用功能、经济效益、舒适美观、环境氛围等方面问题的要求。所以，环境艺术是“以人为本”的艺术。例如，在进行环境艺术设计的过程中，通常会认真考虑使用者的特点和不同要求，即根据其不同的年龄、职业、文化背景、喜好等方面问题的研究作为设计的切入点，还要考虑当地气候、植被、土壤、卫生状况等自然环境的特点。另外，在一些公共环境中，常会看到盲道、残疾人专用通道等人性化的无障碍设计，为残障人士提供舒适、方便、安全的保证，这不仅是环境艺术设计，也是现代社会文明的体现，即体现了对弱势群体的关怀。

任何一种艺术都不可能孤立地存在，环境艺术也不例外。它是一门既边缘又综合的艺术学科，它涉及的学科领域广泛，主要有建筑学、城市规划、景观设计学、设计美学、环境美学、生态学、环境行为学、人体工程学、环境心理学、社会学、文化学等，环境艺术设计与这些学科的内容形成了交叉与融合，共同构成了外延广阔、内涵丰富的现代环境艺术设计这门学科。因此，这就要求设计师须具备系统扎实的专业基础理论知识及广博的相关学科知识底蕴做支撑，具备良好的环境整体意识和综合审美素质，掌握系统设计的方法与技能，具有创造性思维和综合表达的能力，才能真正地为人们创造出理想的、高品质的生活环境。

### 二、环境艺术设计的范畴

环境艺术设计的范畴，微观到一件陈设品、一间居室的设计，宏观到建筑、广场、园林、城市的设计。如同一把大伞，涵盖了几乎所有的艺术与设计专业领域。著名的环境艺术理论家多伯（Richard P.Dober)认为：环境艺术作为一门艺术，它比建筑艺术更巨大，比规划更广泛，比工程更富有感情。这是一种重实效的艺术，早已被传统所瞩目的艺术。环境艺术的实践与人影响其周围环境功能的能力，赋予环境视觉秩序的能力，以及提高人类居住环境质量和装饰水平的能力是紧密地联系在一起的。

从狭义上讲，环境艺术设计主要包括室内和室外环境设计。室内环境艺术指的是以室内空间界面、家具、陈设等诸要素为对象进行的空间设计；室外环境设计指的是以建筑、广场、道路、绿化、各种环境设施等诸要素为对象进行的组合设计。在这里，无论是室内还是室外环境设计，设计师不仅要对构成环境的各要素进行单体的设计，更要对各要素之间彼此制约、互相衬托的整体关系进行合理的组织与规划，才能体现出设计者独特的创意与构思。

## 第二节　现代环境艺术设计的特征

环境艺术是一门多学科互助的系统艺术，涉及城市规划、建筑学、社会学、美学、人体工程学、心理学、人文地理学、物理学、生态学、艺术学等多个学科领域。在环境艺术设计的范畴内，这些学科相互构筑成一个完整的体系。由此，环境艺术设计的发展也受到诸多因素的影响，其特征有如下几点。

## 一、现代环境艺术设计观念的特征

季羡林先生说："东方哲学思想重综合，就是整体概念和普遍联系，即要求全面考虑问题。"而钱学森先生也曾说过："21 世纪是一个整体的世界。"实际上，整体化也是环境艺术设计的首要观点。

环境艺术观念发展的客观化水准往往取决于一件作品是否能与客观条件和自然环境建立持久的协调关系，这与艺术家从事单纯自我造型艺术的创作不同；环境艺术是多学科并存的关系艺术，环境艺术设计将城市、建筑、室内外空间、园林、广告、灯具、标志、小品、公共设施等看成是一个多层次、有机结合的整体，它面临的虽然是具体的、相对单一的设计问题，但在解决问题时还是要兼顾整体环境的统一协调。在进行整体设计时，还需面对节能与环保、可循环与高信息、开放与封闭系统的循环、提高材料恢复率、强大的自动调节性、多用途、多样性与多功能、生态美学等一系列问题。相对于环境的功效方面和美学领域，社会经济因素则是重头戏，其最终将集中反映于环境效益问题。比如，大多数城市景观的设计都是在原有的基础上进行改进的，而环境的根本性变化则须由雄厚的资金来支撑。如果对环境综合效益缺乏研究和没有整体计划以及更高层次的思考创新，就会造成大量资金无价值的消耗以及高昂的后期维护费用等问题，还会给环境的进一步改善带来沉重的包袱。

对于西方的现代主义思想影响下的环境设计，由于社会经济积累具有了相当的基础，可以把功能及造价的问题不放在首要的位置上进行环境艺术设计的考虑，但中国今天的"现代主义设计"则必须在充分考虑功能及造价的前提下表现个性，并且综合地、全面地看待个性在营造环境中的作用，把技术与人文、技术与经济、技术与美学、技术与社会、技术与生态等各种因素综合分析，因地制宜地处理理想与客观条件之间的关系，以求得最大的经济效益、社会效益和环境效益；以动态的视点，沿着生命运动的轨迹，把这些相关因素科学地、合理地组合起来，是使环境艺术设计实现可行性的一种最佳途径。

因此，我们在设计时需要有整体的设计观念。无论是区域环境设计，还是建筑小品构想，都要放眼于城市整体环境构架，对其历史与现状进行周密的计划和研究，权衡暂时与永久、局部与整体、近期与长期之间的利弊关系，找出它们的契合点，科学地、合理地、动态地对其进行综合设计，并要解决历史、未来及周边地带的衔接、计划与实施的差别控制等问题，最大限度地、最为合理地利用土地人文及现有景观资源，实现集生态美学、环境效益于一身，以创造出适合人们生活行为和精神需求的环境。

## 二、环境与人之关系相适应的特征

美国著名建筑理论家卡斯腾·哈里斯曾说:“大部分时间中，尤其是在移动时，我们的身体是感知空间的媒介。”人们总是通过亲身参与各种活动来感知空间的。于是，人体本身也自然成为感知并衡量空间的天然标准。因此，可以说作为感知并衡量空间标准的人与环境之间的物质、能量及信息的交换关系，是室内外环境各要素中最基本的关系。

环境是人类生存发展的基本空间，广义上是指围绕主体并对主体的行为产生影响的外界事物。对人类而言，一方面它是一种外部客观物质存在，为人类的生活和生产活动提供必要的物质条件与精神需求（亲切感、认同感、指认感、文化性、适应性等）；另一方面，人类也按照自身的理想和需要，不断地改造和创建自己的生存环境，包括根据人们认识的不同阶段对环境起到的创造、破坏、保全作用的内容。总之，环境与人是相互作用、相互适应的关系，并随着自然与社会的发展而始终处于动态性的变化之中。

### （一）人对环境

现代环境观念的发展也具体体现在人对环境的“选择”和“包容”的意识中。如选择拆毁城墙、对古旧建筑“整旧如新”等城市建设的思想，实际上等于斩断了城市生长的“根”，在本质上是同火烧阿房宫一样在进行破坏。在从事研究和设计时，对那些即将消亡但并无碍于生活发展的、那些只属于承继先人和连接未来的东西，应有意识地加以挖掘、利用和维护。城市是人们长期经营和创造的结果，城市风格的多样性和独特性证明了其自身的生命力。实践已显示“保全”的城市建设思想亦会对城市风格的多样化再立新功。一座城市、一个街区乃至一个庭院（单元环境）都具有自己的共性和个性文化，它们世代相传，每个当下时代的人及社会都曾为此付出脑力劳动和经济代价。这些代价的后果可能使环境勃发生机，也可能导致环境的僵化和泯灭。创造、破坏、保全的城市建设思想，是相互连接的，其中并无截然的界限。由此，在人对环境这一问题上，必须同时兼顾创造与保全这两个目标的并行，在不破坏的基础上、着力保全的同时进行有意识的创造，才会使我们对城市环境的整治更接近于环境的本质属性——自然整体。

### （二）环境对人

1943年，美国人文主义心理学家马斯洛在《人类动机理论》一书中提出了“需要等级”的理论。他认为，人类普遍具有五种主要需求，由低到高依次是生理需求、安全需求、社会需求、自尊需求和自我实现需求。在不同的时期和环境，人们对各种需求的强烈程度会有所不同，但总有一种占优势地位。这五种需求都与室内外空间环境密切相关，如空间环境的微气候条件——生理需求；设施安全、可识别性等——安全需求；空间环境的公共性——社会需求；空间的层次性——自尊需求；环境的文化品位、艺术特色和公众参与等自我实现需求。因此，我们可以发现它们之间的对应性，即环境对人的作用，也是人对环境提出的多种需求。只有当某一层次的需求获得满足之后，才可能使追求另一层次的需求得以实现。当一系列需求的满足受到干扰而无法实现时，低层次的需求就会变成优先考虑的对象。环境空间设计应在满足较低层次需求的基础上，最大限度地满足高层次的需求。随着社会日新月异的发展，人的需求也随之发生变化，使得这些需求与承担它们的物质环境之间始终存在着矛盾，一种需求得到满足之后，另一种需求则会随之产生。这种人与空间环境的互动关系，就是一个相互适应的过程。

在现实中，空间环境的形成和其中人的活动是同一回事，犹如一场戏剧舞台中的布景设置与演出是相互补充的关系一样。而对设计师来说，更需要关注的是静止的舞台在整场戏剧中的重要性，并通过它去促进表演。由此可知，从某种程度上而言，在环境对人的关系方面，人们塑造了空间环境；反过来，空间环境也影响着、塑造着人。

## 三、环境艺术设计的文化特征

芬兰著名建筑师伊利尔·萨里宁曾说："让我看看你的城市，我就能说出这个城市居民在文化上追求什么。"可见，环境艺术在表现文化上的作用是多么的巨大。环境艺术是一个民族、一个时代的科技与艺术的反映，也是居民的生活方式、意识形态和价值观的真实写照。

### （一）传统文化在环境艺术中的继承与发展

德国的规划界学术巨匠阿尔伯斯教授曾说，城市好像一张欧洲古代用作书写的羊皮纸，人们将它不断刷洗再用，但总留下旧有的痕迹。这"痕迹"之中其实就包括传统文化。例如，在中国传统文化中，风水作为一种传统环境观在对中国及周边一些国家古代民居、村落和城市的发展与形成具有深刻的指导意义。各种聚落的选址、朝向、空间结构及景观构成等，均受风水学的影响而有着独特的环境意象和深刻的人文含义。"风水具有鲜明的生态实用性"（美国生态设计学专家托德语）；"在许多方面，风水对中国人民是有益的，如它提出植树木和竹林以防风，强调流水近于房屋的价值"（李约瑟语）。它关注人与环境的关系，强调人与自然的和谐，表现出一种将天、地、人三者紧密结合的整体有机思想。《阳宅十书》中说："人之居处，宜以大地山河为主，其来脉气势最大。"风水的这些观念对现代环境艺术设计、建筑学和城市规划，对"回归自然"的新的环境观与文化取向至今仍有启示。风水的思想和风水现象及应用的广泛性，都使得风水无可争议地成为中华本土文化中一项引人注目的内容。

注重传统的设计风格，并能有效地将其与当地的文脉和社会环境结合起来，通过良好的设计能建立历史延续性，表达民族性、地方性，有利于体现文化的渊源。如果生搬硬套，就会显得拙劣，令人厌倦。环境及其建筑物是特定环境下历史文化的产物，体现了一个国家、民族和地区的传统，具有明显的可辨性和可识别性。要继承和发展传统设计文化，就要注重历史环境保护。在标志性建筑和重点保护性景观的周围建立保护区（如天津、上海等城市把近代外来建筑设为专门的文化保护区域）。保护空间环境的完整性不被破坏，主要是有效控制周围建筑的高度、体量与形式等，根据不同城市、不同地段和不同的建筑物性质加以具体规定；同时，城市是受到新陈代谢规律支配的，作为有着强大的延续性和多样性的生生不息的有机体，也需要不断地更新。在此，德国剧作家席勒的观点虽有些偏激但有其道理："美也必然要死亡，尽管她使神和人为她倾倒。"由此，不断地发展和变化是生活的法则。继承与发展传统文化正是为了新的创造，单一的、千篇一律的环境艺术设计不符合现代人的欣赏情趣和审美要求。

### （二）地域文化在环境艺术中的挖掘与体现

在20世纪70年代后的建筑设计领域，伯纳德·鲁道夫斯基（Bernard Rudolfskv）所著《没有建筑师的建筑》一书的问世，引起了很大的反响。一些以往被忽略的乡土建筑中的创造性方面的价值，重新被发掘出来。这些乡土建筑特色是建立在与该地区的气候、技术、文化及与此相联系的象征意义的基础上的，是长期积累存在并日趋成熟的。有人在研究非洲、希腊、阿富汗的一些特定地理区域的住房建筑之后表明："这些地区的建筑不仅是建筑设计者创作灵感的源泉，而且其技术与艺术本身仍然是第三世界国家的设计者们创作中可资利用的、具有活力的途径。"这类研究呈现两种趋向：①"保守式"趋向。运用地区建筑原有技术方法并在形式上的发展。②"意译式"趋向。在新的技术中引入地区建筑的形式与空间组织。乡土建筑、乡土环境受着生产生活、社会民俗、审美观念以及民族地域历史文化传统的制约，它置身于地域文化之沃土，虽然粗陋但含内秀，韵味无穷如大自然间野花独具异彩，诸多方面存在着深厚的文化内涵等待挖掘和予以推陈出新。

### （三）环境艺术对西方文化的借鉴

我们对西方文化经历了从器物到制度再到思想文化逐渐深化的认识过程，但始终主要侧重于“器物”这一最初引发冲动的层面，而对这三个层面缺乏整体意识以及清晰的区分认识。在向西方学习时，总是以最好最新为追求目标，以为新就是好，但西方的新观念、新技术层出不穷，结果连追都没来得及，更谈不上消化了。这种不求甚解、盲目崇洋崇新的心态背后，是一种潜伏的文化虚无主义的思想在作祟。从近些年相当一批的国内室内装饰的各种风格流派的设计作品中，便能感受到对西方环境文化的领受和吸取往往是停留在浮光掠影般的、得其形而忘其意的表面理解上，而对于其内含的、不同的人文精神的理解上，真正领会并发挥、创造出的优秀作品还远远不够。

### （四）当代大众文化价值观在环境艺术中的体现

随着公众主体意识的觉醒，在面对环境的日益均质化、无个性化甚至非人性化的今天，人们不再期望将自己的个体情感和意志纳入一个代表公众趣味的、整齐划一的环境中，而是开始寻求一种多元价值观和真正属于自我意识的判断。人们越来越强调创造和表现具有一定意义的空间、场所和环境，此时的“可识别性”“场所感”等词汇的诞生，都表明了人们对价值或意义的关注。另外，在环境或场所追求为正常人服务的同时，应对儿童或残障人群予以关注，才是环境服务于人性的本质体现。例如，美国《1990 年残疾人法案》的颁布为公共场所和商业场所制定了残疾人通行的标准，并要求在设计新的设施和对现有设施的改动中要核实相关法规并加以应用。这种体现在环境设计中的无障碍设计思想深得人心，也正是当代重视大众文化价值观念的重要反映。

环境艺术设计对文化地域性、时代性、综合性的反映是任何其他环境或者个体事物所无法比拟的。这是因为在环境艺术中包含了更多反映文化的人类印迹，并且每时每刻都在增添新的内容；而群体建筑的外环境更是往往成为一个城市、一个地区，甚至一个民族、一个国家文化的象征。上海的外滩、北京的天安门广场、威尼斯的圣马可广场、纽约的曼哈顿都是一些代表民族或国家形象的突出案例。在环境艺术的设计中，如何反映当地的文化特征，如何为环境增添新的文化内涵，是一个严肃的、值得环境创造者认真思考的问题，也是历史赋予设计师的责任。

## 四、环境艺术设计的地域化特征

现代环境设计的地域化特征主要表现在以下三个方面。

## （一）地理地貌特征

地理地貌是时间最为长久的特征之一。任何地区之间，只要细致观察，就会发现相互间的差异。更多的差异则是体现在宏观的特征上，像水道、河泽、丘陵、坡地、山脉、高原等。这些自然界固有的因素无时无刻不作用于环境塑造的过程。如山城重庆与平原省会石家庄，西北城市西安与江南水乡绍兴，它们之间的地貌差异对一个敏感于这些特征的设计师来说，会产生极大的诱惑。而设计构思的一个重要思想就是要让那些特征彰显出来，也就是说，对有助于生活舒适的素材都要加以利用；反之，对不利的条件要予以弥补。例如，在重庆的山坡道上择距修筑一些落脚的平地或是石礅，让跋涉的人们有择时而歇的机会。这种不同“使用”城市的设计方式，是源于地理地貌因素的直接反映。

水，是城市里一道独好的风景。一座有河道湖泊的城市是幸运的。大多数河水在人们聚居生存的历史上都起到过滋养生命的作用。在建筑聚集的市区，使一道河岸保持天然岸线形式，不失为一种独特的构想。自然中野生的芦苇、杂草与人工绿化有机共处，会令风景格外鲜明。但是，保持环境卫生是使野生地貌成为风景的基本条件，因此必须对之格外珍视。不同地域的水，形态也会具有截然不同的风格，或平坦广阔，或曲折蜿蜒，或围城环抱，或川流而过，其独有的面貌完全可能成为城市的重要标志之一。水的重要性及其历史地位，应成为人们认同其价值及强化其城市景观作用的原因。一条有代表性的河道，其重要性完全可以胜过一般的市级街道(当然科学并不赞同把环境分成三六九等，而是要全方位地一视同仁)。而现在的问题是，许多地方河水的静默与永恒反而成了人们忽视它的原因。发展中国家的人们不要轻易地被那些花哨把戏所迷惑(比如由于对“丰田”“宝马”的流畅曲线的膜拜而滋生了占有欲，从而得不断地扩充道路占有田野或水域)，进而“迷失了心性”以致豁出生存的血本。实际上最珍贵的东西就在我们身边，它不可能由别人赠送，只能由我们科学合理地设计和运用。

对水的珍视只限于保持水面清洁和水质不受污染是远远不够的，还要能够理解水面在城市风景中不可替代的作用，其优化生活的能力远胜于任何人工建造的景观。要强化这种认识，环境设计应首当其责。呵护水面的办法之一是对岸线予以整理，就像为心爱之物披上盛装一样。岸线的形态常常既决定于天然地貌特征，又包含有历史遗留或改造的痕迹。其中，有的可临崖俯视，有的则浅滩渐深，有的齐如刀切，有的则参差有致，这是地貌与人文共同作用的结果。这也能为本节所解释的地方性特征提供佐证。此外，沿岸绿化和设置游览路线、活动场地等，不但是个普遍性原则，也应是深入挖掘地方化生活方式的着眼点。我们不妨看一看江南水乡重镇的例子，晚唐诗人杜荀鹤有诗言："君到姑苏见，人家尽枕河。古宫闲地少，水巷小桥多。夜市卖菱藕，春船载绮罗。遥知未眠月，相思在渔歌。"它栩栩如生地描述了当地人民傍水而栖的独特生活方式。那种地方风俗的魅力令人何等陶醉，凡有此经验者便不难领悟什么是对水的设计了。

### （二）材料的地方化特征

追溯人类古老的建筑历史，就地取材则是最早的一种用材方式。就天然材料而言，使用的种类相当丰富，其中包括石料、木材、黄土、竹子、稻草甚至冰块等。如果再将同类材料中的差异加以分类，并考虑经初加工而得到的建材产品，其丰富程度则可想而知了。这种差异无不是由特定的自然条件天生塑就的。然而，将地方性材料提升到作为考虑设计的着眼点的地位，其由来还是从现代的建筑思想引发的。钢材、玻璃、混凝土这些材料是没有地方差异的，因为它们被"人造"得太彻底了。那些源于科学分析而发明的材料，完全摆脱了地域性自然特征的痕迹，最终导致材料质感效果的趋同。这与文明发展对客观世界的原本认识相矛盾。当人们反思标准化的"现代主义"的设计思想所带来的弊端时，表现个性和人情味儿的理性思想便成为新一轮艺术思潮的追求目标。如果说传统的材质表现还处于含糊的无意识的状态中，那么现代人对材质特征的认识则更加明确主动了。材料被赋予从文化生态多样性的高度去表现地方生活的职责，便产生了比以往更强的表现力。

除了在建筑上发挥特定材料的工艺性能之外，环境设计中应用材料最多的地方当数地面铺装了。在中国，传统的皇家或私人园林庭院的铺装多有优秀的范例。苏州园林的地面铺装中对卵石的各种拼装方法所呈现的艺术魅力，简直是现代设计观念的活现。可是这种方法若搬到北方皇家园林中使用就要费些周折，因为材料并非源自本地土产。由此可见，使用地方化材料的原则，应是在更大范围里进行理性推论的结果。现代的地方化观念还向设计师提供了一个启发，即人们对材料的认识不应只局限于惯用的、已被前人熟练掌握的种类。许多不为人知却又是地方土产的材料，原本具有极好的使用性能，应成为设计师研究和尝试的对象。对于铺地材料的技术性能要求并不苛刻，何况还有现代技术条件下的水泥、砂浆等的辅料手段支持。此外，更新和开发一些新的加工方法，也是使旧料变新以及新材料走向实用化的有效手段。沥青、石子和水泥抹地是最简陋也是最没有特色的设计；而全国都铺一种瓷砖，应视为设计师的无能。现代设计中一个重要的课题是精致严谨的加工，材料加工则列为其中之一。地砖和各种壁面的拼花图形、质感对比，有时并不总要借助于材质变化去实现，同种材料的不同加工效果也是追求质感趣味的办法之一。在许多地方，当地特色的传统加工工艺常常能表现出现代工艺所没有的独特效果。

### （三）环境空间的地方化特征

环境的空间构成是一个比较复杂的问题。一个有历史的城市，其建筑群落的组织方式是相对稳定和独特的。现有状态的形成往往取决于下列几种因素：①生活习惯。②具体的地貌条件。尽管在那些相邻的地区，地貌的总体特征相同，但一涉及具体方面，还是存在一些偶发的差异。这种差异可能造成聚落方式的变化。③历史的沿革，即曾经发生于久远年代的变革与文化渗透等。④人均土地占有量。总的来说，我国大中城市人口居住密度比较大。客观地看，我国城市（包括乡镇等小聚居区）真正的现代化发展是在改革开放之后起步的，至今不过40年，在这段不长的时间里，我们完成的是远远大于40年的建设量，本该精雕细琢的城市面貌，大多沦为粗放型产品。其中，有些原因是不可控的，如人口过度膨胀，现代化建筑技术手段虽先进但显得单一等因素，导致城市地方化特色的快速丧失。另外，环境文化意识的淡薄，设计者对地方文化所产生的情蕴和对当地环境构成的特征缺乏体验和观察，也是造成今天城市粗放结果的重要原因。

城市风貌的载体并非完全由建筑的样式所决定。这里不妨想象一下，眼前有一个鸟瞰的城市立体图，如北京的胡同、上海的里弄、苏州的水巷，人们的实际活动都发生在建筑之间的空白处，即街道、广场、庭院、植被地、水面等。如果将这些空白用“负像”的方式加以突出，再把不同地方的城市空间构成加以比较，就不难看出异地空间构成的区别。例如，北京的胡同，通常宽度相同，略窄于街道，一般只用于交通，可供车马通行。每到一定深度，某座四合院的外墙就会向后退让丈把距离，且与邻院的一侧外墙和斜进的道路形成一块三角地，那便是左右邻里聚会谈天的活动场地。当然，通常还要有一棵老槐树和树下的石桌、石凳。上海的里弄则不像北京胡同那样“疏密相间”、开合有致，而是显得更加公共化、群体化。弄堂里的路呈鱼骨式交叉，一般是直角，宽度由城市街道到弄堂再到宅前过道依次变窄。与北京胡同体系比较而言，上海的住宅与弄堂的关系更为贴近。这些道路形式规整，既用于通行又用于交往联络。

可以看出，在不同的地方人们就是那样使用建筑外的环境。前几代的设计师们已经考虑过生活行为的需要，就空间的排布方式、大小尺度、兼容共享和独有专用的喜好提出了地方化的答案，而后世的人们则视之为当然的模式并习以为常。虽然这些答案并不一定是容纳生活百川的最佳设计方式，但毕竟是经过了生活习惯的选择与认同，在人们的心理上形成了对惯有秩序的亲和。在其后的设计追求中，并不存在什么绝对理想而抽象的最佳方式，新设计所能做的不过是模仿、补充，一切变化应是在保持原有基础上的改良。当然，新的室外空间在传统格局的城市里并非完全不能出现。它通常是随着新功能的引入而产生。例如，在德国一些室外空间设计的限定条件相对自由的一些新兴的、人均用地相对宽松的城市。以宾根到科布伦茨一带的莱茵河谷的设计为例，350 千米长的罗曼蒂克大道把几十个小城市串联在一起。这里有古朴的建筑、铺着小石板的道路和大片的绿地，加其特有的古堡、宫殿、葡萄种植园等景观，吸引了众多的游人。城里的古建筑是德国历史的缩影和文化的精华，也是德国人追溯历史的好地方。这种用大道将不同城市内容和形式的特点串联起的文化长廊式的综合设计理念，在传统城市中并不存在，因此也可以看作是随着文化的变迁、新功能的需求而产生的更新。

如果说城市环境的出现包含形式和内容两部分的话，那么建筑的外部空间就是城市的内容，而且空间的产生并不是任意的、偶发的，更不是杂乱无序的。它的成因深刻地反映着人类社会生活的复杂秩序，其中有外因的作用也有自身的想象。一个环境设计师必须使自己具备准确感知空间特征的能力，并训练自己的分析力，以便判定空间特征与人的行为之间存在的对应关系。这种职业素养是创造和改善环境设计的基础之一。

不过，地方化城市环境的特征，主要是针对历史悠久、人口集中的城市而言。在我国，许多定型化了的古老城市正在经历一个新的历史性的改造过程，为的是使城市的发展既能满足功能的需求，又不致使文化风貌遗失。在变革中有序地延伸和更迭环境的形态，是城市建设中亟待研究解决的课题。

## 五、环境艺术设计的生态特征

人类社会发展到今天，摆在面前的事实是近 200 年来工业社会给人类带来的巨大财富，并使人们的生活方式也发生了全方位的变化。工业化极大地影响着人类赖以生存的自然环境，森林、生物物种、清洁的淡水和空气、可耕种的土地等这些人类生存的基本物质保障在急剧地减少，更使得气候变暖、能源枯竭、垃圾遍地等负面的环境效应得以快速产生。如果按照过去工业发展模式一味地发展下去，我们的地球将不再是人类的乐园。这种现实问题迫使人类重新认真思考——今后应采取一种什么样的生活方式？是以破坏环境为代价来发展经济；还是注重科技进步，通过提高经济效益来寻求发展。作为一个从事环境艺术设计专业的人员，也须对自己所从事的工作进行深层次的思考。

其一，人是自然生态系统的有机组成部分，自然的要素与人有一种内在的和谐感。人不仅具有个人、家庭、社会交往活动的社会属性，更具有亲近阳光、空气、水、绿化等需求的自然属性。自然环境是人类生存环境必不可少的组成部分。

然而，人类的主要生存环境，是以建筑群为特点的人工环境。高楼拔地而起，大厦鳞次栉比，从而形成了钢筋混凝土建筑的森林。随着城市建筑向空间的扩张，林立的高楼，形成了一道道人工悬崖和峡谷。城市是科学技术进步的结果，是人类文明的产物，但同时也带来了未预料到的后果，出现了人类文明的异化。人类改造自然建造了城市，同时也把自己驯化成了动物，如同关在围栏和笼子里的马、牛、羊、猪、鸡、鸭等动物一样，把自己也围在人工化的城市围栏里，离自然越来越远。于是，回归自然的理念就成了一个现代人的梦想。

随着人类对环境认识的深入，人们逐渐意识到环境中自然景观的重要性，优美的风景、清新的空气既能提高工作效率，又可以改善人的精神生活，使人心旷神怡，获得美的感受。无论是城市建筑内部还是建筑外部的绿地空间，是私人住宅还是公共环境和优雅、丰富的自然景观，都会给人以长久而深远的影响。因此，这使得人们在满足了对环境的基本需求后，高楼大厦已不再是对环境的追求。而今，人们正在不遗余力地把自然界中的植物、水体、山石等引入环境空间，在生存的空间中进行自然景观再创造。在科学技术如此发达的今天，使人们在生存空间中最大限度地接近自然成为可能。

环境艺术中的自然景观设计应具有多种功能，主要可以归纳为生态功能、心理功能、美学功能和建造功能。生态功能主要是针对绿色植物和水体而言的，在环境中它们有净化空气、调节气温湿度、降低环境噪声等功能，从而成为产生较理想生态环境的最佳帮手。环境中自然景观的心理功能正在日益受到人们的重视。人们发现环境中的自然景观可以使人获得回归自然的感受，使人紧张的神经得到松弛，人的情绪得到调解；同时，还能激发人们的某些认知心理，使之获得相应的认知快感。至于自然景观的审美功能，早已为人们所熟识，它常常是人们的审美对象，使人获得美的享受与体会；与此同时，自然景观也常用来对环境进行美化和装饰，以提高环境的视觉质量，起到空间的限定和相互联系的作用，发挥它的建造功能，而且这种功能与实体建筑构件相对比，常常显得富有生气、有变化、富有魅力和人情味儿。

在办公空间的设计中，“景观办公室”成为时下流行的设计风格。它一改枯燥、毫无生气的氛围，逐渐被充满人情味儿和人文关怀的环境所取代。根据交通工作流程、工作关系等自由地布置办公家具，使室内充满了绿化的自然气息。这种设计改变了传统空间格局的拘谨、家具布置僵硬、单调僵化的状态，营造出了更加融洽轻松、友好互助的氛围，就像在家中一样轻松自如。“景观办公室”不再有压抑感和紧张气氛，而令人愉悦舒心，这无疑减少了工作中的疲劳，大大地提高了工作效率，促进了人际沟通和信息交流，激发了积极乐观的工作态度，使办公空间洋溢着一股活力，减轻了现代人工作的压力。

其二，具有生态学的“时间艺术”特征。即环境设计应是一个渐进的过程，每一次的设计，都应该在可能的条件下为下一次或今后的发展留有余地，这也符合培根所说的“后继者原则”。城市环境空间是城市有机体的一部分，有它自身的生长、发展、完善的过程。承认和尊重这个过程，并以此来进行规划设计是唯一正确的科学态度。任何一个人居环境都不是“个人作品”，任何一位设计师都只能在“可持续发展”的长河中完成部分任务。即每一个设计师既要展望未来又要尊重历史，以保证每一个单体与总体在时间和空间上的连续性，在它们之间建立和谐的对话关系。因此，既要从整体上考虑，又要有阶段性分析，在环境的变化中寻求机会，并把环境的变化与居民的生活、感受联系起来，与环境设计的构成联系起来。环境设计是一个连续动态的渐进过程，而不是传统的、静态的、激进的改造过程。

其三，在建造中所使用的部分材料和设备(如涂料、油漆和空调等)，都在不同程度上散发着污染环境的有害物质。这就使得现代技术条件下的无公害的、健康型的、绿色建筑材料的开发成为当务之急。环境质量研究表明：用于室内装修的一些装饰材料在施工和使用过程中散发着污染环境的有害气体和物质，诱发各种疾病的产生，影响健康。因此，当绿色建材的开发并逐步取代传统建材而成为市场上的主流时，才能改善环境质量，提高生活品质，给人们提供一个清洁、幽雅的环境艺术空间，保证人们健康、安全地生活，使经济效益、社会效益、环境效益达到高度的统一。

综上所述，21 世纪的环境艺术设计需要具有生态化的特征，这种生态化应有两方面的含义：一是设计师须有环保意识，尽可能多地节约自然资源，减少垃圾制造（广义上的垃圾），并为后续的发展、设计留有余地；二是设计师要尽可能地创造生态的环境，让人类最大限度地接近自然。这也就是我们常说的“绿色设计”的内涵。

## 第三节　现代环境设计的发展趋势

### 一、向自然回归

人类与环境的相处可分为四个阶段。第一阶段是恐惧与被动接受，把自然当成天敌，盲目利用自身有限的条件进行抵抗；第二阶段是适应和有限利用，选择有利的自然条件来创造环境，以满足不同室内外活动的需求；第三阶段是侵略和征服，为了暂时的短期效益而对自然进行无休止的索取，无视自然条件合理地运用，使自然环境受到无情地吞噬和破坏；第四阶段是负责任地利用并与之和谐共处。在总结了第三阶段人类带给环境的不良影响后，我们便开始重视环境因素，对其进行保护，并与自然和谐相处。此举，对室内外环境艺术的设计也产生了深远的影响。现代环境设计观念的发展趋势之一就是向自然回归。

唐代诗人李白的“小时不识月，呼作白玉盘。又疑瑶台镜，飞在青云端”的诗句描述了人对自然的认识，也是记录了人们从“触景生情”到“寄情于景”再到“以景托情”最终到“以情绘景”的过程。目前，采用以“征服自然”的思想来建设环境的例子不胜枚举，如何向自然回归，负责有效地利用自然条件的理论和方法还处于探索阶段。北京十三陵的设计则是一个值得我们学习的古老而宏伟的实例，它借助外部环境本身所具有独特而有感染力的空间形态这一自然环境条件的设计思想，是一个运用自然的环境回归自然的非常有效的方法。甬道端头的十字拱亭位于半圆山脉的中央，与山脚下的十三座碑亭共同形成了一个群山环抱的弧形空间，形成了一个气势恢宏的纪念性环境。

环境艺术设计遵循亲近自然与回归自然的原则。例如，在社区环境中，强调原生态环境与社区生活活动的融合，用核心绿地、庭院绿地、小尺度的步行广场同核心景观带、步行道一起构成环境中的绿色景观走廊，将整体的、组团的、邻里交往的空间与自然流动的建筑、景观空间相融合。

总之，在室内外环境的创作中要更多地利用自然条件，以减少对环境原貌的破坏，并促进环境中植物与动物的生存发展，使室内外环境成为一个更有利于人类健康发展的生存环境。

## 二、向历史回归

由纪念性活动所催生的人类精神与文化，一直是环境艺术设计发展的动力之一。在全球经济一体化的同时，城市的历史、文化的本位，特别是发展中国家的本土文化不可避免地受到冲击。地区间差距缩小的同时，也带来了城市间环境的相似。而这种文化的国际化带来的环境趋同现象的产生，忽略并抹杀了地区的差异性和历史文化的多元性，这与整个世界发展多元化的要求是背道而驰的。

随着人们环境意识的提高和环境设计学科的兴起，我们应更加关注人居环境的精神内涵和历史文化气质，应更加关注城市环境文化上的构成形式与精神及行为之间的关系等问题。无论什么时代的城市都不能脱离其历史背景而存在，环境艺术的发展也不能以破坏原有城市底蕴和城市肌理为前提。由此，在对历史文化失落的反思中，各国纷纷对本民族历史文化重新认识、定位。随着经济的发展，向历史回归、对本地文化历史的自我肯定将是21世纪的趋势，因此环境必然发展成为“人性”的环境。恢复历史、建立人类环境文化的整体意识，用新的价值精神、哲学伦理去创造环境，才能达到人类精神的复兴。

在现代社会，切实保护与合理利用历史文化遗产是许多国家文化发展的方向之一。在历史发展过程中形成的环境——包括建筑小品、街巷以至自然环境风貌，都是地方传统文化的载体，正是这些载体成为使人们联系在一起的重要精神纽带。其本身就是极具价值的环境艺术资源。它们的存在对提升人类的环境品质与文化内涵具有不可取代的作用，随着社会文明的发展，许多历史建筑和环境被规定为受到政府保护的文物，联合国教科文组织更以“公约”的形式，确立起了世界性的人类文化与自然遗产保护条例。

综上所述，“向历史的回归”在环境艺术设计的过程中主要体现在以下三个方面：一是设计中对历史文化精神、设计思想的继承；二是历史文化及设计元素在设计中的回归；三是在设计中对历史环境正确的保护及修缮。

## 三、向现代科技结合人的深层次的情感需求发展

从微观角度而言，每一个环境的构成都离不开特定经济技术条件所提供的物质保证，如构成环境界面的材料。环境之中的各类装饰和设施无不留下了当时科学技术的印迹。例如，霍莱因在慕尼黑奥林匹克村小游园的设计中，创造了一个带空调、照明、音乐、电视等各种服务的广场，体现了运用当代科学技术在创造全新的室外环境模式方面的追求。

从建筑小品、室内设计及室外环境设计的发展历程来看，新的风格与潮流的兴起，总是和社会生产力的发展水平相适应的。社会生活和科学技术的进步，人们价值观和审美观的转变，都促进了新型材料、结构技术、施工工艺等在空间环境中的运用。环境艺术设计的科学性，除了物质及设计观念上的要求外，还体现在设计方法和表现手段等方面。

环境艺术设计需要借助科学技术的手段，来达到艺术审美的目标。因此，科学技术将为更多的设计师所运用，它说明了环境艺术设计科技系统渗透着丰富的人文科学内涵，具有浓厚的人性化色彩。自然科学的人性化，是为了消除工业化、信息化时代科学对人的异化、对情感淡忘的负面作用。如今自然科学、环保等许多现代前沿学科已进入环境艺术设计领域，而设计师业务手段的计算机化，以及美学本身的科学走向、设计过程中的公众参与及以人为本的设计理念，又拓展了环境设计的科学技术天地。

# 第四节　环境艺术设计的构成要素与设计原则

## 一、环境设计的原则

环境艺术设计涉及领域较为广泛，不同类型项目的设计手法也有所区别，但就环境艺术的特点和本质而言，其设计须遵循以下原则。

### （一）以人为本的原则

人是环境的主体，环境艺术设计是为人服务的，必须首先满足人对环境的物质功能需求、心理行为需求和精神审美需求。在物质功能层面，环境艺术设计应为人们提供一个可居住、停留、休憩、观赏的场所，处理好人工环境与自然环境的关系，处理好功能布局、流线组织、功能与空间的匹配等内部机能的关系；在心理行为层面上，环境艺术设计必须从人的心理需求和行为特征出发，合理限定空间领域，满足不同规模人群活动的需要；在精神审美层面上，环境艺术设计应充分研究地域自然环境特征，注重挖掘地域历史文化内涵，把握设计潮流和公众审美倾向。

### （二）整体设计原则

整体设计首先是对项目的整合设计，项目无论大小都应从整体出发，从大环境入手处理各环境要素以及它们之间的关系，注意环境的整体协调性和统一性。其次是学科之间的交叉整合，综合运用环境心理学、人体工程学、生态学、园艺学、结构学、材料学、经济学、施工工艺以及哲学、历史、政治、经济、民俗等多学科知识，同时借鉴绘画、雕塑、音乐等门类的艺术语言。最后是设计团队的合作，建筑师、规划师、艺术家、园艺师、工程师、心理学家等与环境艺术设计师一起完成对环境的改善与创新。这里需要指出的是，当代环境艺术的审美价值已从“形式追随功能”的现代主义转向情理兼容的新人文主义；审美经验也从设计师的“自我意识”转向社会公众的“群众意识”，使用者也成为设计团队中不可或缺的组成部分，设计应重视大众的文化品位对设计方向的引导作用，设计过程中亦应积极引入“公众参与”的机制。

### （三）形式美的原则

环境是我们工作、生活、休息、游玩的活动场地，并以其自身的艺术美感给人们带来精神上的愉悦。音节和韵律是音乐的表现形式，绘画则通过线条表现形象，环境艺术的形象则蕴含在材料和空间之中，有其自身形式美的规律，如：比例与模数、尺度感与空间感、对称与不对称、色彩与质感、统一与对比等，这些美学原则成为指导现代环境艺术设计形式美的重要法则。

1. 统一与变化

统一与变化是形式美的主要关系。统一意味着部分与部分及整体之间的和谐关系，就是在环境艺术设计中所运用的造型的形状、色彩、肌理等具有协调的构成关系。变化则表明其间的差异，指环境艺术设计中造型元素的差异性，如同一种线型在长短、粗细、直曲、疏密、色彩等方面的变化。统一与变化是辩证的关系，它们相互对立而又互相依存。过于统一易使整体空间显得单调乏味、缺乏表情，变化过多则易使整体杂乱无章、无法把握。统一应该是整体的统一，变化应该是在统一的前提下的有秩序的变化，变化是局部的。

2. 对比和相似

对比是指互为衬托的造型要素组合时由于视觉强弱的结果所产生的差异因素，对比会给人视觉上较强的冲击力，过分强调对比则可能失去相互间的协调，造成彼此孤立的后果。相似则是由造型要素组合之间具有的同类因素。相似会给人以视觉上的统一，但如果没有对比会使人感到单调。

在环境艺术设计中，形体、色彩、质感等构成要素之间的差异是设计个性表达的基础，能产生强烈的变化，主要表现在量(多少、大小、长短、宽窄、厚薄)、方向（纵横、高低、左右）、形（曲直、钝锐、线面体）、材料(光滑与粗糙、软硬、轻重、疏密)、色彩(黑白、明暗、冷暖）等方面。相同的造型要素成分多，则空间的相似关系占主导；不同的造型要素成分多，则对比关系占主导。相似关系占主导时，形体、色彩、质感等方面产生的微小差异称为微差。当微差积累到一定程度后，相似关系便转化为对比关系。

在环境设计领域，无论是整体还是局部、单体还是群体、内部空间还是外部空间，要想达到形式的完美统一，都不能脱离对比与相似手法的运用。

3. 均衡与稳定

在远古时期，人们就对重力产生了崇拜，并且在生活实践中逐渐形成了一套与重力相关的审美观念，这就是所谓的均衡与稳定。在自然现象中，人们发现一切事物要保持均衡与稳定必须具备一定的条件，犹如树一般：树根粗，树梢细，呈现一种下粗上细的状态；或如人的形象，左右对称等。实践证明，凡是符合这一原则的造型，不仅在构造上是坚固的，而且从视觉的角度来看也是比较舒适的。

均衡是部分与部分或整体之间所取得的视觉上的平衡，有对称和不对称两种形式。前者是简单的、静态的，后者则随着构成因素的增多而变得复杂。具有动态感对称的均衡是最规整的构成形式，对称本身就存在着明显的秩序性，通过对称达到统一是常用的手法。对称具有规整、庄严、宁静、单纯等特点。但过分强调对称会产生呆板、压抑、牵强、造作的感觉。对称有三种常见的构成形式：①以一根轴为对称轴，两侧左右对称的称为轴对称，多用于形体的立面处理上；②以多根轴及其交点为对称的称为中心轴对称；③旋转一定角度后的对称称为旋转对称，其中旋转 180° 的对称为反对称。这些对称形式都是平面构图和设计中常用的基本形式，古今中外有很多的著名建筑都是通过对称的形式来获得其均衡与稳定的审美追求及严谨工整的环境氛围的。不对称的均衡没有明显的对称轴和对称中心，但具有相对稳定的构图重心。不对称平衡形式自由、多样，构图活泼，富于变化，具有动态感。对称平衡较工整，不对称平衡较自然。在我国古典园林中，建筑、山体和植物的布置大多都采用不对称的均衡方式布置的设计方法。而今，随着环境艺术空间功能日趋综合化和复杂化，不对称的均衡法则在环境艺术中的运用也更加普遍起来。

4. 比例与尺度

比例含有“比较”“比率”的意思。在构成中，比例是使得构图中的部分与部分或整体之间产生联系的手段。而运用于环境艺术设计中，是指构成整体的部分与整体之间具有的尺度、体量的数量关系。在自然界或人工环境中，大凡具有良好功能的物体都具有良好的比例关系，如人体、动物、树木、机械和建筑物等。另外，不同比例的形体也能产生不同的形态情感。

黄金分割比：黄金比又称黄金分割率，即分割线段为长短两部分，使长的部分与短的部分之比等于整长度与较长部分之比，其比值约为 0.618。在古希腊，就有人发现了黄金比，他们认为这是最佳的比例关系。其两边之比为黄金比的矩形称为黄金比矩形，它被认为是自古以来最均衡优美的矩形。如果把这种比例关系应用于设计中去，就能产生出一种美的形式。

整数比：线段之间的比例为 2 ∶ 3、3 ∶ 4、5 ∶ 8 等整数比例之比称为整数比。由整数比 2 ∶ 3、3 ∶ 4 和 5 ∶ 8 等构成的矩形具有匀称感、静态感，而由数列组成的复比例 2 ∶ 3 ∶ 5 ∶ 8 ∶ 13 等构成的平面具有秩序感、动态感。现代设计注重明快、单纯，因而整数比的应用较广泛。

平方根矩形：平方根矩形自古希腊以来一直是设计中重要的比例构成因素。

勒·柯布西埃模数体系：勒·柯布西埃的模数体系是以人体基本尺度为标准建立起来的，它由整数比、黄金比和斐波纳契级数组成。柯布西埃进行这一研究的目的就是为了更好地理解人体尺度，为建立有秩序的、舒适的设计环境提供一定的理论依据，这对建筑及环境艺术的设计都很有参考价值。

在环境艺术设计中所设计的形象，其占面积的大小、空间分割的关系、色彩面积比例等都需要我们用这种理性的思维去进行合理的安排。

尺度是指人与他物之间所形成的大小关系，由此而形成的一种大小感及设计中的尺度原理也与比例有关系。比例与尺度都是用于处理物件的相对尺寸。如果说有所不同，那么比例是指一个组合构图中各个部分之间的关系，而尺度则指相对于某些已知标准或公认的常量对物体的大小。

任何一个空间都应根据它的使用功能及相应的环境氛围来确立自己的尺度。而环境艺术尺度感的建立，则离不开一个可以参照的标准单位，那就是人体尺度——环境艺术的真正尺度。通过人体尺度来设计整体尺寸，使人获得对环境艺术整体尺度的感受，或高大雄伟，或亲切宜人。

5. 质感和肌理

质感可被理解为人对不同材料质地的感受。材料手感的软硬糙细，光感的阴暗鲜晦，加工的坚松难易，持力的强弱紧弛等这些特点能调动人们在感知中视觉、触觉等知觉活动以及其他诸如运动、体力等感受的综合过程。这种感知过程直接引起人们对物质材料的雄健、纤弱、坚韧、温柔、光明、灰涩等形态上的心理反应。正确认识和选择各种物质材料的物理特征、加工特征以及形态特征，是环境艺术设计过程中的重要环节。

环境艺术中的肌理有两方面的含义。一方面是指材料本身的自然纹理和人工制造过程中产生的工艺肌理，它使质感增加了装饰美的效果。我们可以把“肌”理解为原始材料的质地，把“理”理解为纹理起伏的编排。比如，一张白纸可折出不同的起伏状态，花岗石的表面可磨制为镜面或粗面效果，虽然材质并无变化，但肌理形态却有了较大的改观。可见，在设计中对“肌”主要是选择问题，而对“理”却有更多的设计可能。因此，在环境设计中我们应把更多的注意力放在对纹理的设计或选择上。另一方面，肌理是指构成环境的各要素之间所呈现出的一种富于韵律、协调统一的图案效果，如老北京四合院群在城市街区之中所呈现出的一种大范围的肌理效果。这种肌理的形成，可以是一种材料，也可以是植物等自然要素，甚至是建筑物本身。

6. 韵律与节奏

韵律与节奏是由构图中某些要素有规律地连续重复产生的，源于音乐中的术语，后被引申到造型设计中来，用以表达条理性、重复性等美的形式。韵律运用于环境艺术设计，主要体现在空间与时间关系中环境艺术构成要素的重复。如园林中的廊柱、粉墙上的连续漏窗、道路边等距栽植的树木都具有韵律节奏感。重复是获得节奏的重要手段，简单的重复显得单纯、平稳；复杂的、多层面的重复中各种节奏交织在一起，能使构图丰富产生起伏、动感的效果，但应注意使各种节奏统一于整体节奏之中。

简单韵律。简单韵律是由一种要素按一种或几种方式重复而产生的连续构图。简单韵律使用过多易使整个气氛单调乏味，有时可在简单重复基础上寻找一些变化。例如，我国古典园林中墙面的开窗就是将形状不同、大小相似的空花窗等距排列，或将不同形式的花格拼成形状和大小均相同的漏花窗按等距排列。

渐变韵律。渐变韵律是由连续重复的因素按一定规律有秩序地变化形成的，如长度或宽度逐次增减，或角度有规律地变化。

交错韵律。交错韵律是一种或几种要素的相互交织、穿插所形成的表现形式。

在环境艺术中，韵律不仅可以通过元素重复、渐变等表现形式体现在立面构图、装饰和室内细部处理等方面，还可以通过空间的大小、宽窄、纵横、高低等变化体现在空间序列中。例如，中国古典园林中将观赏景物的空间，设置于亭、廊等构图制高点的中心地带，形成优美的静观景物画面，使得此处往往成为游人最多、逗留最久之处；在动态观赏的空间组织中，则从构图的边界和景色的更替入手，使游人步移景异，给过往的人群，通过对暗含其中的韵律美的设计，不仅能形成一种愉快和连续的趣味感受，而且也使人们对于结尾要出现的意外收获充满期待。

韵律美在建筑环境中的体现极为广泛，从东方到西方，从古代到现代，我们都能找到富有韵律美和节奏感的建筑。

### （四）可持续发展原则

环境艺术设计要遵循可持续发展的要求，不仅不可违背生态要求，还要提倡绿色设计来改善生态环境。另外，将生态观念应用到设计中，掌握好各种材料特性及技术特点，根据项目的具体情况选择合适的材料，尽可能做到就地取材，节能环保，充分利用环保技术使环境成为一个可以进行“新陈代谢”的有机体。此外，环境艺术设计还应具有一定的灵活性和适应性，为将来留下可更改和发展的余地。

### （五）创新性原则

环境艺术设计除了要遵循上述设计原则以外，还应当努力创新，打破大江南北千篇一律的局面；深入挖掘不同环境的文化内涵和特点，尝试新的设计语言和表现形式，充分展现出艺术的地域性形成的个性化的艺术特征。

置身于任何一个建筑环境中，人们都会很自然地注意到环境的各种构成要素，如空间、形态、材质等。在建筑环境中，正是通过这些要素不同的表现形态和构成方式使人们获得了丰富多彩的生存环境。这些环境要素作用于人们的感官，使人们能够感知它、认识它，并透过其表现形式，掌握环境的内涵，发现环境的特征和规律，使人更舒适惬意地在环境中生活。然而，单纯的要素集合并不足以形成舒适的环境，只有当它们之间以一定的规律结合成一个有机的整体时，环境才能真正地发挥其作用。而面对诸多的环境要素，设计人员不能因此而迷失方向，需掌握每一要素自身具备的特征，并熟悉其构成的规律，才能在各类环境的艺术设计中达到游刃有余的境地。

1. 空间

所谓空间，可以理解为人们生存的范围。大到整个宇宙，小至一间居室，都是人们可以通过感知和推测得到的。环境的空间分为建筑室外空间和建筑室内空间。作为环境质量和景观特色再现的空间环境，总是在不断发展变化着和始终处于不断地新旧交替之中；并且，随着技术经济条件、社会文化的发展及价值观念的变化，还在不断产生出新的具有环境整体美、群体精神价值美和文化艺术内涵美的空间环境。但值得注意的是，随着材料和技术日新月异的发展，使人们对环境空间的多样化需求成为可能，表现在对室内空间与室外空间的概念的界定方面在有些情况下变得相当模糊。例如，现代建筑中大量采用大面积的幕墙玻璃或点阵玻璃作为室内空间一个面或几个面的立面围合，虽然从物理的角度而言，这种空间的围合仍然完整，但因为玻璃的通透性质，使人们对这种围合空间的心理感受游离于“有”与“无”之间，从而使室内与室外变得更为融通。再如，中厅或共享空间的透光顶棚，将蓝天和阳光引入室内，也能大大满足人们在室内感受自然的心理需求。更有一些现代主义设计者强调运用构成的形式，从而形成多种不确定的界面围合，介于室内空间与室外空间之间的中介空间。这种多元化空间变化的出现满足了多层次人群的使用需求。

2. 材质

材质指材料本身表面的物理属性，即色彩、光泽、结构、纹理和质地，是色和光呈现的基体，也是环境艺术设计中不可缺少的主要元素。不同质感的材料给人以不同的触感、联想和审美情趣。材料美与材料本身的结构、表面状态有关。例如，金属、玻璃、材料，它们质地紧密、表面光滑，有寒冷的感觉；木材、织物则明显是纤维结构，质地较疏松，导热性能低，有温暖的感觉；水磨石按石子、水泥的颜色和石子大小的配比不同，可形成各种花纹、色彩；粗糙的材料如砖、毛石、卵石等具有天然而淳朴的表现力。总之，不同种类与性质的材料呈现不同的材质美。设计者往往将材料的材质特点与设计理念相结合，来表达一定的主题。例如，清水砖、木材等可以传达自然、古朴的设计意向；玻璃、钢材、铝材可以体现高科技的时代特征；裸露的混凝土以及未经修饰的石材给人粗犷、质朴的感受，追求自然淳朴的材质美也是现代设计美学特点之一。可以说每种材质都具有与众不同的表情，而且同样的材质由于施工工艺的不同，所产生的艺术效果也都不一样。熟练地掌握材料的性能、加工技术，合理有效地使用材料的特点，充分发挥材料的材质特色，便可创造出理想的视觉和艺术效果。

3. 形态

形态是指事物在一定条件下的表现形式。环境中的形态具有具体外形与内在结构共同显示出来的综合特性。环境设计的创意首先体现在形态上，大致可分为自然形态和几何形态两种形式。自然界中经过时间检验、岁月洗刷呈现于我们眼前的万物，是设计师们取之不尽的设计源泉。从自然界中汲取灵感的仿生设计对现代设计产生了重要的影响。建筑师曾模拟贝壳结构、蜂窝形态设计出了大量优秀而新奇的作品。例如，建筑大师高迪的设计思想就是源于对大自然和有机世界的认识和借鉴，他的作品形态新颖、生动多变，并且富有极强的生命力。公共环境中采用自然形态造型的设计随处可见。几何形态如方体、球体、锥体等都有着简洁的美学特征，基本几何体经过加减、叠加、组合，可以创造出形式丰富的几何形态。现代主义、解构主义设计流派的许多优秀作品便是几何形态的生动演绎。此外，还有很多颇有意趣的环境设计形态取材于社会生活中的事物或事件，它们通常运用夸张、联想、借喻等手法的处理，更多地表现了地域文化及习俗，其多元化、注重装饰以及娱乐性的特征，颇有后现代主义的风格。环境设计通过其形态特征可以对人们的心理产生影响，使人们产生诸如愉悦、惬意、含蓄、夸张、轻松等不同的心理情绪。正因如此，从某种意义上而言，环境形态设计的成败即在于能否引起人们的注意，并使人参与到空间环境中来。

# 第二章　环境艺术设计教学体系的历史

## 第一节　环境艺术设计与建筑设计的关系及异同

环境艺术设计与建筑设计是密切相关、相互交叉、相互渗透的学科关系。环境艺术设计在现代主义建筑运动以前，始终是以依附于建筑内外界面的装饰来实现自身的美学价值的。从这一点而言，自从人类有了建筑，室内外的装饰就伴随着建筑的发展而发展。现代主义建筑运动使环境艺术设计从单纯的室内外界面装饰走向室内外空间的设计，从而使环境设计逐步形成一个全新的独立的专业（时间是在20世纪六七十年代之后），设计理念也发生了很大变化。就技术而言，从传统的二维、二点五维空间模式转变为三维、四维空间模式；从整体而言，由依附于建筑内外的二维、二点五维局部设计，转变为建筑内外的空间总体艺术氛围的塑造，这也是环境设计在一种思维方式上的根本转变。

目前，在我国建筑学院里面几乎都有环境艺术设计专业或单独设系。环境艺术设计专业是多学科、多专业相互交叉、共同作用的学科专业群。在我国，设置环境艺术设计的院系通常将其教学主要内容划为以下几类：建筑设计、室内设计、景观设计、城市规划、城市设计、园林艺术、公共环境艺术等。仔细观察环境艺术设计教学内容的比重和知识平台，就不难发现建筑设计教育在环境艺术设计教育中占有明显的支撑分量。建筑设计教育本身经过几百年的传统授业积累，以其深厚的教育模式为环境艺术设计教育提供了重要的基础和丰富的资源。从各项教学内容的实质和源流分析，环境艺术设计教育与建筑设计教育都有着密切的联系。

环境艺术设计尽管和建筑设计关系极为密切，但是两者还是有很大不同的。环境艺术设计是以建筑设计为母体向室内（室内设计）和室外（景观设计）两个空间方向发展，形成与建筑设计相关的融建筑设计、室内设计和景观设计于一体的大专业概念。也是说，环境艺术设计从宏观来讲是以建筑为母体的，离开了建筑，环境艺术设计就无从谈起了。

建筑是人类最早的生产活动之一，是人类根据自己躲避风雨寒暑和防止野兽袭击的需要，用以适应自然、塑造人工环境的基本手段。建筑包括建筑物和构筑物。一般而言，其区别在于建筑物是人们生产、生活中从事活动的场所，如住宅、医院、学校等；而构筑物则是指人们不在其中生产生活的建筑，如水坝、水塔等。现代建筑早已脱离了建筑防御的功能，而越来越呈现出多样化的趋势，主要有民用建筑设计、工业建筑设计、商业建筑设计、园林建筑设计、宗教建筑设计、宫殿建筑设计、陵墓建筑设计等。从建筑的不同类型和不同样式，可以看出自然条件、社会经济、科学技术、意识形态和民族文化传统对建筑设计的影响。古罗马著名建筑师维特鲁威在其《建筑十书》里提出的“坚固、适用、美观”的观点，至今被奉为建筑的三原则，是对建筑的功能、物质技术条件和建筑形象三个方面的基本要求。建筑设计师的主要工作，就是要完美地处理好这三者之间的关系。

建筑属于“大艺术”的范围，事实上，建筑不是单纯的艺术创作，也不是单纯的技术工程，而是两者密切结合、多学科交叉的综合性设计。从其材料、技术与结构来看，建筑空间由钢筋、水泥或者砖、瓦等材料依据一定的力学结构围合起来构成，物质使用性很强，更多地倚重自然科学的知识，在学科划分上更接近于自然科学。但是，实际上建筑也是一种表达方式，表达人们的存在，表达人们的工作、休闲与消费。人们在建筑空间中聚集或者分隔。虽然，“不是所有发生在空间中的行为都意味着交流，但是大多数的空间行为都包含着某些程度上的交流”。现代人的一生之中，通过空间进行的交流甚至比使用正规语言要多得多。因此，建筑设计不仅要满足人们对建筑的物质需要，也要满足人们对建筑的精神需要。

现代城市可谓建筑的森林，是城市环境的主要构成因素，一旦建筑缺乏规划设计，就会促成城市的畸形发展，造成人口过密、交通挤塞、空气、水体与噪声污染严重等环境恶化现象。正如丘吉尔所说的：“我们塑造了我们的建筑，但是后来，我们的建筑改变了我们。”因此，个体的建筑设计必须纳入城市规划设计之中，从城市环境整体上以人为中心，对“人—建筑—环境”的关系进行科学化、艺术化和最适化的设计协调。

建筑设计是指为满足一定的建造目的（包括人们对它的使用功能的要求、对它的视觉感受的要求）而进行的设计；是指对建筑物的结构、空间及造型、功能等方面进行的设计，包括建筑工程设计和建筑艺术设计。它使具体的物质材料在技术、经济等方面可行的条件下形成能够成为具有使用功能和审美对象的产物。

在广义上，它包括了形成建筑物的各相关设计。按设计深度分，有建筑方案设计、建筑初步设计、建筑施工图设计。按设计内容分，有建筑结构设计、建筑物理设计（建筑声学设计、建筑光学设计、建筑热学设计）、建筑设备设计（建筑给排水设计、建筑供暖、通风、空调设计、建筑电气设计）等。

在狭义上，它专指建筑的方案设计、初步设计和施工图设计。根据生产工艺的要求，设计建筑的平面形状、柱网尺寸、剖面形式、建筑体型；合理选择结构方案和围护结构的类型，进行细部构造设计；协调建筑、结构、水、暖、电、气、通风等各部分要求。

从教育部学科设置上也可看出端倪。在教育部学科目录上，"建筑学"属于工学门类里面的一级学科，而"环境设计"专业属于文学门类里面的一级学科"艺术学"下面的二级学科"设计艺术学"里面的专业方向。

## 第二节　环境艺术设计与美术的关系及异同

环境艺术设计是多学科、多专业相互交叉、共同作用的学科专业群。其中，美术是环境艺术设计的基础，并且美术的审美观念始终贯穿环境艺术设计活动的整个过程。故环境艺术设计与美术二者关系非常密切。

环境艺术设计是属于大的设计概念范畴中的一分子。环境艺术设计虽然与建筑设计相伴而产生，但作为一个独立的专业产生较晚。在教育部学科目录上，"美术学"是属于文学门类里面的一级学科"艺术学"下面的二级学科，而"环境设计"专业属于文学门类里面的一级学科"艺术学"下面的二级学科"设计艺术学"里面的专业方向。

环境艺术设计与美术的关系从宏观上等同于大"设计"概念与"美术"的关系。设计与美术是两个不同的领域，但自从产生以来，二者就相互交叉，互相影响。

现代意义上的美术（fine arts）概念是在文艺复兴提高艺术家地位的基础上，经由 17 世纪晚期"古今之争"对艺术与科学的区分，并最终由巴托（1713—1780）确立起来的。巴托在 1746 年出版了《相同原则下的美的艺术》，对美的艺术与机械艺术做了明确的划分，现代美术体系开始建立起来。为着审美（愉悦）目的的美的艺术与为着实用目的的机械艺术的分离，实际上就是现代意义上的美术与设计的分离。从这里可以明显地看出，在此之前，设计与美术活动是融为一体的。这正是设计与美术关系密切的源头。

美术这个概念，“在古代拉丁文中与希腊文中一样，它意味着一种技艺化了的东西”。在古代汉语中，美术同样也是指技艺。显然，人类早期的美术、设计与制作活动是不分的，难以在概念、理论上做出清晰的区分。其实，实用与美观相结合是人类造物活动的一个基本特点。所以，原始时代大多数人工制品既是工艺品又是艺术品。直到文艺复兴时期，美术家仍然属于工匠的行列，如画家有时属于药剂师行会，因为药剂师给画家配制色料；雕塑家属于金匠行会，建筑师属于石匠与木匠行会。但一些杰出的艺术家如莱奥纳尔多、米开朗琪罗（1475—1564）等以其自身的杰出艺术成就，以及将艺术攀附科学（如数学）、诗歌，寻找证据支持“艺术创造”和“上帝创造”之间的联系等诸多努力，将艺术家的地位逐渐提升到工匠之上。（现代意义上的）美术的概念初步确立，与此相应，美术活动与实用性的制作活动在理论上开始有了较为清晰的区分，但在实践中，美术家往往也同时为实用性的制作活动从事设计工作，也在客观上使设计活动与制作活动开始出现分离。也正是在这一时期，作为艺术要素的设计（design）概念开始出现。最初的设计（design）概念意为“素描”，指的是艺术家在创作规划初期所作的绘图与描述构想的行为，尤其是佛罗伦萨和罗马的艺术家，因为多在石膏上创作，之前必须做大量练习草稿，因此非常重视“design”。由于在构图中必须考虑比例、整体与局部的关系等问题，“design”的概念逐渐扩大，并成为瓦萨里所强调的“三项艺术的父亲”。在瓦萨里及其后诸如祖卡里等人的努力下，作为美术核心范畴的设计理所当然地与艺术的“创造性”“理念”建立起了联系，从而使设计作为一种观念性的行为与具体的制作活动有了较为明确的区分。这时，设计与美术的关系可谓十分复杂，一方面，美术活动与实用性的设计、制作活动之间的区分逐渐清晰，但美术家同时从事设计活动，使设计一开始就被打上了美术的烙印；另一方面，设计概念产生于美术范畴之内，是美术的核心要素，即是美术赋予了设计以概念及相关元素与特征，使美术在一开始就进入设计的本质属性。反过来看，设计是一个广义的概念，是美术和制作活动的基础。（现代意义上的）美术与设计概念出现之初的这种交叉复杂的关系，成了设计与美术关系的主调。巴托及以后的艺术家、理论家所共同建立起来的现代美术体系，使美术活动与设计活动在目的、工作范围和理论上有了清晰的区分。但在实践中，美术家仍然不断加入到设计活动之中，兼有设计师的身份。

18 世纪末期，工业机器大生产出现，手工业产品从此受到了越来越严重的打击。由于新的机器美学还未建立起来，手工业设计对新的工业生产并不能构成指导，工业产品与手工业产品相比出现了较大的差距。因此，普金（Augustus Pugin, 1812—1852）、拉斯金（John Ruskin, 1819—1900）等人发起了对工业革命的激烈批判，受其影响的威廉·莫里斯等人掀起了“工艺美术运动”，力图以手工艺制作来反对机器与工业化。莫里斯认为：“在艺术分门别类时，手工艺被艺术家抛在后头。现在他们必须迎头赶上，与艺术家并肩工作。”莫里斯等人的工作实际上是在倡导打破“大美术”与“小美术”的界限，使分离不久的二者重新结合起来，共同对制作活动进行指导。这一观念被包豪斯所继承并发扬光大。1919 年由瓦尔特·格罗佩斯（Walter Gropius, 1883—1969）创立的包豪斯是第一所现代设计学校，其认为：“美术不是一种‘职业’。在美术家和手工艺人之间没有本质的区别。美术家是一位提高了的手工艺人。”在此基础上的设计教育，是融美术与技术于一体的教育。事实上，美术与技术是设计必不可少的两翼。设计最终要诉诸视觉表现，正是美术为设计提供了视觉上的元素与技巧，甚至理论上的概念、术语与学科的建构模式，设计师的造型基础与装饰能力的训练都依赖于美术的训练。因此，从现代设计（职业）的开端上来看，美术与设计也有着十分紧密的联系。

设计与美术之间在长期的成长过程中互相从对方汲取元素，相互影响。实用与美观相结合，赋予物品物质与精神的双重作用，是人类造物活动的一个基本特点。“在一艘船上，什么东西能像侧舷、货舱、船首、船尾、帆桁、风帆、桅杆那么必不可少？然而，这些必不可少的东西都有优美的外形，它们似乎不光是为了安全才发明出来的，而且还为了给人以审美的乐趣。神殿里和柱廊里的柱子是支撑上部结构用的，然而，它们既有实际用处，又有高贵的外形。朱庇特 (Jupiter）神殿的山墙以及别的神殿上的山墙并不是为了美而建造的，而是为了实际需要修造的，在设计者考虑如何使雨水从建筑物顶的两边落下时，庄严的山墙便作为结构所需要的附属品而产生了……”因此，对艺术的追求，实际上是设计不可避免的“宿命”。这正是设计与美术相互纠缠关系紧密的根本原由，也使具体的美术活动与设计活动往往相互渗透、相互影响。

美术对设计的影响是多方面的。其一，美术家的影响。美术家参与设计可谓历史悠久。文艺复兴时期，美术家就是设计的一支重要力量，如拉斐尔 (Raffaello Sanzo, 1483—1520）、米开朗琪罗和瓦萨里等，他们不仅自己从事设计，并且为了满足大客户的需要而培养训练了专门的设计师，大大加快了设计师走向职业化的进程。莫里斯以美术家的身份加入设计，组织一批美术家成立设计师事务所，发起了一场影响深远的“工艺美术运动”，为现代设计的诞生奠定了基础。再如达利（Salvador Dali, 1904—1989）曾为芭蕾舞设计布景，也设计服装、珠宝及著名的“螯虾电话”等，对设计与时尚产生了不可忽视的影响。他的朋友，著名的服装设计师夏帕锐利（Elsa Schiaparelli, 1890—1973）的很多服装与装饰品就是受他的影响而设计出来的。美术家的参与，不仅扩大了设计的力量，极大地丰富了设计的视觉语言，并以一种新的视角刺激着设计的创新与发展。其二，美术运动的影响。20世纪，几乎每一次美术运动，立体主义、构成主义、未来主义、风格派、表现主义、波普艺术等，都与相应的设计运动相伴而行，为设计运动提供直接的理论指导。事实上，各个时代设计与艺术的审美趣味是一致的，设计与美术的发展因此并行不悖。如风格派、构成主义都不仅关心创造新的视觉风格，也力图创造新的产品与生活方式，很自然地将艺术与工业联系起来。其成员大都主动走向设计，创造出了一大批著名的设计作品，如塔特林（Vladinir Tatlin, 1885—1953）的第三国际纪念塔（图）等。同时，表现主义、风格派、构成主义等艺术运动的理论都渗透到了包豪斯的设计教育体系之中，对整个现代设计都产生着深远的影响，今天各国设计院校所设置的“三大构成”课程，就是这一影响的结果。其三，审美观念的影响。对审美的追求是设计与设计相衔互济的桥梁。艺术是审美的典型形态，集中体现了某一时代、地域的审美观念，并在此基础上形成了独特的艺术语言。因此，美术是设计的直接美学资源，美术的审美观念指导着设计审美创意的产生、视觉形式的选择、视觉元素的安排等，直接影响设计对美的表现。可以说，没有对美术的深刻认识，纯公式化的设计不会创造出富有感染力的作品。如里德维尔德（Gerrit Rietveld, 1888—1964）设计的著名的“红蓝椅”，以简洁的物质形态反映了风格派运动的审美观念，成为设计史上最富创造性和最重要的作品之一。

总体上来讲，即使在一个特定的时代，美术也是一个复杂的现象。美术家并不是一个孤立的个体，他总是受某一时代审美观念的影响，或者属于某一个艺术流派、某一艺术风格，或者卷入某一艺术运动。因此，美术对设计的影响，往往是以综合的方式出现，美术家、美术运动、审美观念也往往是综合起来发挥作用，或者成为直接推进设计发展的力量，或者成为设计的资源与灵感。

设计对美术的影响也是多方面的。其一，设计文化对美术观念的影响。现代设计将人类物质生活不断向精神领域拓展，促进了日常生活的审美化进程。由此产生的大众文化观念促使美术改变其部分远离生活与大众的倾向。杜尚（Marcel Duchamp，1887—1968），名为《泉》的小便器堂而皇之地进入美术馆展出，就是美术改变传统观念的开始。再如波普艺术、后现代艺术等艺术流派的大量作品，都直接受到设计文化的影响而刻意模糊艺术与生活与大众的界限。其二，设计文化为美术提供了新的创作题材与内容。设计文化使人类的物质生活日益走向丰富，新的产品形态不断出现，人类的生活方式因此发生巨大的变化，对美术创作构成新的刺激，促使美术突破传统人物、风景题材的狭隘范围而扩展到一切社会现象、社会生活的广阔领域。其三，设计对美术创作材料、手法的影响。塑料、钢铁、电脑辅助技术、多媒体技术等新的材料与技术，都已经进入现代美术创作之中，成为美术家创作革新的重要手段，甚至产生新的艺术门类，如电脑美术、动画艺术等。总之，设计通过技术革命，不断产生出新的媒体和新的产品形态，以此影响人类的生活方式与掌握世界的方式，与此相应，美术也将不断受到新的冲击而日益走向丰富。

要把美术与设计明确的区别开在某种程度上也是很难的，毕竟这是两个越来越各具个性的专业。设计与美术既有很深的历史渊源关系，在发展的过程中又互相影响甚至纠缠到一起，往往很难加以区分。但它们毕竟是两个不同的领域，在很多方面存在着较大的区别。

设计与美术最根本的区别在于：设计是一种经济行为，而美术是一种审美行为。设计与美术的其他差别都由这一根本区别派生出来。

设计的目的是实用，是为社会提供满足人们各种需要的产品，属于形而下；美术的目的在于审美，它向社会提供满足人们审美需要的精神产品，属于形而上。作为经济行为，设计受到各种经济因素的制约，要考虑成本、技术、市场需求，要深入了解与此相关的所有因素，因此设计师必须与社会保持紧密联系，不能与社会脱节，不能“闭门造车”；作为审美行为，美术不受经济的制约，与社会的交往只是为了获得审美经验与创作灵感，美术也有美术品市场，但美术可以不必考虑社会需求，甚至可以远离生活，创作极为自由。设计作品具有广泛的认同性，其好坏优劣由广大的公众来评判，在市场中可以检验出来；美术作品具有非广泛认同性，美术的价值不能以经济的标准来衡量，也不以公众的喜好来区分优劣，甚至往往出现优秀的艺术作品长时间内不被公众认可的现象，但真正优秀的艺术作品最终会获得公众的认同。作为经济行为，设计往往成为一个国家、机构或企业发展自己的有力手段，因此设计是关乎国计民生的大事；作为审美行为，美术则是一个国家、机构或企业精神文明建设的一个重要环节，它所反映的是一个国家的精神面貌。

在具体的工作方式上，设计与美术有着较大的差别。设计要面向市场，要以赢得公众的满意来证明自己是否成功，设计师就不能独断行事。在现代社会，设计越来越表现为一种集体行为，一项设计任务往往由多个设计师组成设计团体集中大家的智慧来共同完成。一个设计师的工作范围和职责都是有限的。而美术虽然也有自己的艺术市场，但美术家不必依赖于公众的认可，其创作完全由自己一人来决定，也由其一人独立完成。集体创作一幅艺术作品的现象极为罕见，美术创作从本质上是排斥集体创作的。与此相对应的是，设计活动中设计师个人的创造力、个性与整个集体、消费群体往往存在矛盾，需要协调甚至妥协，美术不存在这个问题。在具体的创作过程中，设计师要与各种因素协调与妥协，不仅设计的调查、论证、实施的过程要多次反复，往往还要根据市场检验后的反馈进行重新设计，设计师的意图表达完整后，设计并未最终结束，整个设计创作呈现为一个多次反复的螺旋上升以及协调的过程；美术的创作过程则极为自由，具有很大的随意性，但整个进程基本上是一种线性的前进过程，是一次完成的过程，美术家将自己的创作意图明确表达出来之后，就已标志着创作的完成。这同时也表明，虽然设计与美术一样是一种创造性的活动，在视觉表现上也都依赖感性形象的创造，但设计不能过多地依赖个性，而要更多地偏向理性，以科学的思维和方法，依照一定的设计程序来进行，个性与标准化可以实现统一；美术则更多地偏向感性和个性，标准化意味着美术的死亡。因此，设计为满足社会大众的需要，可以批量生产，而美术作品往往只有一件，对于一位美术家来说，重复创作是不太可能的。

可以说，设计是一种集体经济行为，要强调与他人的沟通与协作，考虑社会广大公众的各种需要，并为此隐藏自己的个人情感的表达，更多的是一种社会性的行为；而艺术则是一种个人审美行为，虽然也必须对社会负有责任，但不必考虑社会的需求，注重个人情感彻头彻尾地宣泄，更多地表现为私人行为。

另外，从学科属性上来看，设计是一门综合性的交叉学科，兼跨物质与精神两个领域，因此需要多个学科的支撑，如属于自然学科的数学、物理学、材料学、机械学、工程学、电子学、人体工程学等，属于人文与社会科学的社会学、经济学、法学、心理学、美学、传播学、伦理学、艺术等，这些广阔的学科领域，都对设计学科的建设有着切实的意义。具体较为复杂的设计实践，如一个大型的景观设计，就需要环境科学、社会学等多个学科领域人员的参与才能圆满完成。美术属于人文学科，学科性质单一，与如文学、美学、哲学等其他学科也有着较为密切的关系，但这些学科对美术只能是一种间接的影响。一个美术家不懂得经济学的任何知识，并不妨碍他成为一个优秀的艺术家，但如果一个设计师不懂得经济，绝不可能成为一个优秀的设计师。

## 第三节　国内主要院校环艺系办学简史

### 一、清华大学美术学院环境艺术设计系简介与模式分析

#### （一）清华大学美术学院环境艺术设计系简介

清华大学美术学院环境艺术设计系是我国内地最早设立室内设计和景观设计

专业方向的系。其前身是创建于1957年的中央工艺美术学院室内装饰系，先后更名为建筑装饰系、工业美术系、室内设计系。1988年，又将“室内设计”专业范围拓宽定为现名“环境艺术设计系”，并将该专业名称列入国家教委专业目录。

中央工艺美术学院室内装饰系又较早地集中师资力量编辑出版专业教材及工具书，填补了当时国内相关专业书籍的空白，也为国内专业教学的发展承担了基础建设工作。中央工艺美术学院室内装饰系——环境艺术设计系以及后来更名的清华大学美术学院环境艺术设计系对我国室内设计的发展和壮大，起了巨大的推动作用。

历经数十年的建设和积累，该系师资具有丰富的专业教学经验，具备国内一流的专业教学水平。清华大学美术学院环境艺术设计系是国内环境艺术设计专业最早建立本科、硕士研究生和博士研究生教学点以及博士后科研工作站的专业系科，并具有设计艺术学学科的硕士和博士学位授予权。2001年1月，“设计艺术学”由教育部评为“全国高等学校重点学科”。在完整的教学体系培养下，毕业生成为我国环境艺术设计领域和教学领域的骨干力量。清华大学美术学院环境艺术设计系及其前身中央工艺美术学院室内装饰系——环境艺术设计系对我国的环境艺术设计及其教育事业做出了突出的贡献。从20世纪50年代的“十大建筑”，到改革开放后的重点工程；从国内首创“室内设计”专业教学体系，到以环境艺术设计的概念向景观领域的扩展，尤其在改革开放以来，全系师生在国内外各种重大艺术设计创作活动中取得了显著的成就，先后出色地完成国家和国际重大艺术设计项目。近年来，环境艺术设计系师生的设计与教学成果不断获得国家级各类专业奖项，保持了该专业在国内发展的领先地位。

该院环境艺术设计系现设有室内设计和景观设计两个专业方向。该院环境艺术设计系室内设计的专业内容为建筑内部空间装修、陈设的综合设计，涉及建筑、土木工程、造型艺术、产品设计、声光机电等专业门类。以“室内设计”系列课程作为核心，按照专业基础、专业设计、专业理论、实习与社会实践、毕业设计与论文五个环节展开，主要开设：空间设计概念、设计表达、人体工程学、材料构造与工艺、建筑设计基础、陈设艺术设计、家具设计、环境照明设计、环境色彩设计、环境绿化设计、环境艺术设计概论、中外建筑与园林史等课程。使学生具有较系统的专业基础理论知识、良好的环境整体意识和综合的审美素质；掌握系统设计的方法与技能，具有创造性思维和综合表达的能力。通过对传统、现代风格的设计典型范例的教学，掌握室内空间造型、界面装修设计、陈设艺术设计的基本方法。确立完整的空间与尺度概念，具备合理运用材料与工艺的能力。

景观设计的专业内容为城市空间视觉形象与建筑景观系统的综合设计。涉及城市规划设计、建筑设计、园林绿化设计、造型艺术以及公共设施等专业门类。本专业方向以“景观设计”系列课程为核心。按照专业基础、专业设计、专业理论、实习与社会实践、毕业设计与论文五个环节展开，主要开设：空间设计概念、设计表达、地景勘测、建筑形态学、园艺基础、公共设施设计、公共艺术设计、园林设计、城市设计、城市规划原理、中外建筑与园林史、环境行为心理学等课程。使学生了解中外城市、建筑、园林设计的发展史，具有良好的环境整体意识和综合的审美素质；掌握系统设计的方法与技能，具有创造性思维和综合表达能力。通过对传统、现代风格的设计典型范例的教学，使学生掌握总体平面规划、空间形态、景观构成要素等设计方法，具备对环境景观的综合判断、分析能力和设计实施、管理能力。

环境艺术设计系十分重视教学的社会实践环节，在有条件的情况下进行课程的项目教学，使学生在校期间就具备一定的专业实践能力。依托广泛的社会交流基础和日益增多的国际交流机会，为学生提供各类学习平台，同时也创造了良好的就业前景。学院一贯注重培养学生的创新精神和创新能力，在加强专业基础教学的同时，不断拓宽学生的知识面，努力提高学生的综合素质；注重学习中外各民族和民间艺术的优秀传统；注重学术交流，关注和研究国内外美术与艺术设计学科发展动向；提倡严谨治学、理论联系实际、实事求是的良好学风；强调设计为生活服务，设计与工艺制作、艺术与科学的结合；培养学生敏锐观察生活的能力和为国家经济和文化建设做贡献的意识；创造活跃的学术气氛和良好的育人环境。该系师资力量雄厚，教学设施完备，实验手段先进。

环境艺术设计系这两个专业一年招收 40 人，并没有扩大招生，其目的和用意实际上是要培养高尖端的人才。现在处在一个转型，即由过去注重技能培养转向培养学生的学术思想、独立思考的能力。因为思想的传播可能比作品的传播更快一些，将来对社会的引领可能会在更短的时间内见效。如果仍然仅仅依靠作品，这个转化是比较慢的。在整个行业即将变化的时候，最早的变化是从思想上开始的，他们认为自己的责任是要在学术思想上起到引领作用，这是符合大学的要求的，也是整体教育方针的调整。

学校要能够给学生 30 岁以后脱颖而出的资本，这个资本就是思想和抱负。他们不能追求毕业初期就技术熟练、很受欢迎，但在设计群体里所处的位置不是很高的人才定位。他们现在的定位是设计金字塔上的尖，精英式的教育培养精英式的人才。

该系本科实行学分制，按分部招生。新生入学后，第一年在基础教研室管理下学习基础课程，根据各系专业性质，其基础课内容略有不同。第二年开始回各自专业系学习。

清华大学美术学院环境艺术设计系的前身（原名是室内装饰系），是中国最早在大学中设立的室内装饰系，拓展专业后改名为环境艺术设计系。

该系一贯坚持教学、设计、科研相组合的办学原则。50 多年来，已为国家培养出大量艺术设计人才、科研和教学人才。他们大多已成为中国室内外环境设计专业骨干力量，活跃在教学、科研、设计的各个部门。

1949 年中华人民共和国成立初期，先辈艺术教育家刘开渠、雷圭元、庞薰琹等人倡议在美术院校应开设室内装饰专业。事后，几经筹划，在两院（中央美术学院和中央美术学院华东分院）工艺美术系合并后的工艺美术研究室编制中，设立室内装饰教研室。由张光宇先生主持指导。1956 年 11 月中央工艺美术学院成立后，1957 年就正式设置室内装饰系，并首次招生，室内装饰的专业设置有室内设计、家具设计等。徐振鹏任系主任，顾恒、奚小彭、罗无逸、谈仲萱、程新民、梁任生等任专业设计教师。

1957—1958 年，装潢设计系和室内装饰系合并为装饰工艺系。由徐振鹏负责。1958 年，装饰工艺系分解。原装饰设计系改名为装饰绘画系。原室内设计装饰系改名为建筑装饰系。虽然这个时期，专业教育正处于起步阶段，但建系后不久，全系师生就有了一次参加全国重大建设任务的机会。

为了迎接国庆 10 周年，北京从 1958 年年底开始兴建“十大建筑”，12 月，学院在院务委员会的领导下组织 75 名师生作为“十大建筑”装饰设计工作的基本队伍。留校上课的师生作为后援，由副院长雷圭元领衔。建筑装饰系的师生被编为一个工程组，与学院的其他 5 个工作组共同工作，师生进驻工地，夜以继日进行紧张的装饰方案设计工作，完成大量草图。方案经过优选后继续深入推敲，绘制施工图，审核施工大样。系里承担了人民大会堂山东、云南、山西、甘肃、辽宁、陕西、北京厅等的室内装饰设计及顾问工作，以及人民大会堂、中国革命、历史博物馆、民族文化宫、民族饭店等的建筑装饰任务。参加设计的教师有徐振鹏、奚小彭、罗无逸、崔毅等。

从 20 世纪 50 年代末，中央工艺美术学院以室内装饰系为主，全院师生参与了北京“十大建筑项目”，主要是配合建筑师进行“室内装饰”设计、家具设计、陈设艺术品的设计与制作。天花、门头、檐口是重要部位，主要是民族形式，中西结合的设计手法，但是由于时代背景的局限性，其“室内设计的重点放在室内界面的表面装饰上，因此装饰图案使用过多，大多采用政治题材（太阳、五星、万丈光芒、麦穗、向日葵等），室内色彩也以象征革命的红暖色调为主。人民大会堂大面积红地毯尤为突出，它影响我国多年来各地建筑的室内设计不分场合的使用大红地毯，以象征革命。此外，对称性大厅的正面墙上悬挂大幅绘画的做法也流传甚广，成为现代厅堂的程式化做法”。

今天看来，北京“十大建筑”宏伟壮丽的气势，端庄大方的民族风格及其所凝结的崇高乐观的时代精神，依然是一个伟大的光辉典范，代表了当时中国建筑和室内设计的最高水平。但是用今天的眼光来看，当时的某些教学方法和设计手法上的一些问题值得进一步探讨，但是，我们不能脱离时代背景去苛求前人。而且无论如何，在那个时代，那就是最好的！设计历史资料的价值，不是留给我们以现在的审美观和价值观去简单地评价前人，更重要的是以史为鉴为今天和未来提供经验和方法论。这是我们面对历史、今天和未来所应该具备的态度。

由于“十大建筑”代表了当时中国建筑的最高水平，对学院而言这是一次高层次的实践机会，不仅培养了师资队伍，而且锻炼了一批学生。在“十大建筑”中获得的专业能力、人员储备以及在行内外的影响，为该系未来的发展奠定了良好的基础。

1962 年 8 月 31 日，中央工艺美术学院根据国家计委、教育部的通知，对高等学校通用专业目录中三个工艺美术专业提出修改意见，以“美术”一词统一专业名称，其中“建筑装饰”建议改为“建筑美术”。理由是该专业内容包括建筑陈设布置、家具设计等项，比较广泛，不仅是建筑装饰问题。“建筑美术”一词比较概括，而且“装饰”一词有“附加的”“外在的”词义，对专业内容不够贴切。

由此而见，在那之前的工艺美术概念只是“一个系统末端上的一些修饰和附加，而非其中的一部分”。而在此之后，把“工艺美术”（即今天的“设计”）往“美术”的概念上靠，和以前的“装饰”理解没有实质性的变化。只不过不愿承认自己“装饰”的附庸次要位置，而想以“美术”来强调其独创性及其价值。但是现代设计的概念，即事物如何运转的讨论还是被排斥在系统之外，设计会增添价值，以及时尚和现代技术还没有找到应有的位置。

“文革”期间，全国的高等教育体系均遭受重创。中央工艺美院的教育工作经过调整刚刚走上正轨的教学工作全面停滞，该系的许多老师也遭到不公正对待。但即使是在这样的情况下，该系仍参加了一些国家重大建设任务。例如，1972 年，学院承接了国家俱乐部、北京饭店的建筑装任务，有教师奚小彭等人参与饭店室内装饰、陈设用瓷、餐具、壁纸、地毯等项目的设计工作。何镇强还参与完成了一批绘画作品用作室内陈设。另外，这一时期，学院部分的师生如顾丁茵等还参加了中国历史博物馆复馆的陈设设计与创作任务。

1978 年 12 月，中国共产党召开了第十一届三中全会，我国社会主义进入一个新的历史发展时期，该院的各项工作也出现了新的局面。

1977 年下半年，随着该院恢复了停顿十年之久的全国统一招生的考试制度，工业美术系也招收了“文革”后第一批本科大学生，共25人。1978年5月招收研究生班，共9人。自1977—1979年间，这几届学生是积累了多年的考生中优选出来的，专业水平素质普遍较好，不少人成为后来艺术设计领域的骨干。

工业美术系的1977级、1978级、1979级三个班不分专业。以室内设计专业为主，兼学工业造型方面的课程。1980年开始分为室内设计与工业产品设计两个专业，工业美术系确定了总体出发的专业课教学结构，重视专业设计课与模型制造、实物制作与社会任务相结合。课程设置上紧扣专业特点和要求，强调系统性，突出重点。同时，根据不同专业特点，采取由个别到整体和由整体到个别两种循序渐进的专业教学体系。1981年下半年，工业系在基础课程中试行构成课并且与传统图案课有机地结合，从抽象构成向应用设计过渡，逐步丰富不同材料、不同工艺特征的构成教学，在授课内容上，因专业需要有空间或立体等的不同侧面。图案课程注意与专业设计教学的衔接，强调民族民间特色，教学安排上横跨基础和专业设计两个领域，试开了民族民间图案课、传统陈设课、中国古建筑装饰概论等课程。除了在课堂进行必要的理论讲授以外，还安排学生进行有目的的、有适当深度的社会调查，选择典型实例做针对性讲解。要求学生写调查报告并作为考核内容计算成绩，并曾先后为昆仑饭店、钢铁研究院等建设工程做了设计方案。

面对一直存在的专业师资严重不足的情况，系里一方面充分发挥老教师的力量，保证教学质量；另一方面通过抽调外单位专家人员来充实教学，并积极培养研究生，有目的地为各教学岗位储存师资。这一时期，许多优秀的艺术家、工艺美术家调入该系从事教学工作。由于当时学院把重点放在从自己的研究生中培养师资的工作上，因此选派一些优秀毕业生出国留学。在学习中，他们增长了才干，获取了国外设计教育的最新信息，为该系的建设注入了新鲜血液，也为随后而来的专业发展高潮期做好了准备。

20世纪80年代，该系随着学院各专业的整体结构的发展而快速发展。除本科生、专科生和研究生外，1988年起，系里开设了进修班、培训班，着力为社会培养多层次的专业人才。

1985年7月10日，在室内设计系设计室的基础上成立中央工艺美术学院“环境艺术设计中心”，属学校直接领导下的一个独立核算、自负盈亏的事业单位。

1988年5月，室内设计系更改名称为环境艺术设计系，招收环境艺术设计专业学生。室内设计专业的教学，注重树立室内环境的整体设计观念。从园林、建筑及室内实用品、艺术陈列品等多方面的设计实践中，对学生进行基础技能的训练，不断增强艺术修养和现代科技知识，强化创造力。家具设计，是室内环境设计的重要组成部分。家具设计专业通过课堂教学、操作实习等活动，联系生产实际和生活实际，开发学生的智能和进行设计技能训练，把创造力的培养放到教学的首位，以培养各类家具设计的专门人才。

这一时期，国家各方面建设蒸蒸日上，对室内设计行业有极大的社会需求；学院师生坚持设计结合生产，为加强教学与生产实践的结合，发挥学院各专业系教师和专业技术人员的创作设计和研究的潜力，适应改革的发展，为改善办学条件和教职工生活待遇，学院有组织地开展社会有偿服务工作。

环境艺术设计系在这个阶段完成了许多大型设计和建设任务：北京王府饭店食街、中餐厅室内设计、中国驻比利时大使馆室内设计、约旦使馆春夏秋冬壁毯设计、日本长野县赠谷市点心苑商业设计、联合国粮食总部室内设计、北京兆龙饭店（高级中式客房）室内设计、美国使馆蜡染壁挂装饰设计、北京钓鱼台国宾馆清露堂室内设计、北京钓鱼台过宾馆十二号贵宾楼室内设计、北京中南海紫光阁接见厅室内设计、人民大会堂东大厅及接见厅室内设计、北京大观园大观楼室内及家具设计、深圳金碧酒店室内设计、北京日坛餐厅室内设计、法国蓬皮杜文化中心中国建筑及生活环境展览设计、中国驻美国大使馆室内设计、全运会会旗图案设计、中日青年家流中心标志设计、中国贸促会北京分会会标及徽章设计等。

1987 年以后中央电视台多次与该系合作拍摄介绍室内设计和环艺设计专业片，对普及宣传室内设计、环艺专业起到良好的推动作用。1989 年拍摄的《设计与文明》专题片在全国播放了 6 次，对促进现代设计观念的转变起到了意义深远的推动作用。1995 年本系注册成立了环境艺术发展中心。

如果说北京“十大建筑”建设时期，是该系在行业的教育和实践中奠定基础的时期，那么 20 世纪 80 年代到 90 年代末的一段时间，则是该系真正快速发展、大展拳脚的时期。该系师生抓住了国家建设的有利时机，集聚了大量的经验、技术和人员力量，为该系甚至学院的今后发展，奠定了良好的基础。

20 世纪 90 年代末，根据国务院关于部属院校与所在部委脱离的要求，学院由中国轻工总会转归北京市领导，在这样的背景下，清华大学邀请中央工艺美术学院加盟，考虑到结合更好的学术资源，发挥学院的学科特点，争取科学与艺术结合的优势，学院决定并入清华大学。1999 年 11 月 20 日，中央工艺美术学院加盟清华大学。环艺系更名为“清华大学美术学院环境艺术设计系”。此后，该系按照大学和学院的要求，进行了各项课程改革。系里还大力加强了系里的理论建设，为各年轻教师提供了各种进修机会。

自 1998 年开始，该系开始设实践类博士点，2001 年 7 月，该系的第一名实践类博士生毕业，这也标志着该系的学科和学术建设进入了新时期。

2005 年 11 月 1 日上午，美术学院举行新教学楼落成典礼。此前的 2005 年 10

月，该系随学院迁入了位于清华园的美术学院新址。

多年以来，教学楼和教师工作室使用情况良好，学院还上台了各种提高教学质量的措施和要求，教师们也有很高的学术热情，在各自的岗位上辛勤工作着。

### （二）清华大学美术学院环境设计系模式

清华大学美术学院环境设计系在国内同类系科中办学历史最长。从 1957 年中央工艺美术学院（现为清华大学美术学院）成立了“室内装饰”系，迄今已走过 60 多年的历程。在全国所有院校的环境设计系当中，她经历的教学时间最长。

由于得天独厚的条件，清华大学美术学院环境设计系最早参与国家重点大型建设工程实践，将教学与实践结合起来。在早期的室内设计主要是为政治服务，如 20 世纪 50 年代的北京“十大建筑”；20 世纪七八十年代，主要为旅游业服务，如大型的宾馆；20 世纪 90 年代开始，环境艺术设计开始为全社会全方位提供服务。

在中国环境艺术设计学科建设方面，清华大学美术学院环境艺术设计系是中国最早设立室内设计专业和景观设计专业方向的高等院校专业系科。她早期经营的是室内设计专业，拓宽专业范围后，增加了一个景观设计专业。

该系师资力量雄厚，并十分注重师资的培训与建设，在国内同类专业中师资力量最强。从 20 世纪 50 年代以来，名家辈出，奚小彭、潘昌候、张世礼、何振强、张绮曼等，分别在各个时期国内业界具有广泛影响。现任教师中，有博士研究生导师两位，博士后指导教师一位，九位教师具有博士学位（截至 2006 年年底）。这样的师资水平为教学和科研的良性发展奠定了良好的基础。

从清华大学美术学院环境艺术设计系的发展历史以及大量的工程实践项目效果来看，也就是说，从 1957 年中央工艺美术学院“室内装饰系”成立以来，她的环境艺术设计教育走过的是一条从注重室内界面的装饰设计开始，逐步发展到以室内外空间营造为主，以室内外界面的装饰设计为辅的道路，她的关注对象是从单纯关注室内过渡到室内、室外并重的过程。从她的系名演变就可以看出这种变化：室内装饰系—建筑装饰系—工业美术系—室内设计系—环境艺术系。

前三个系名都是在 1982 年以前用的，注重装饰及实用美术概念。1982 年开始与世界接轨，更名为室内设计系（Interior Design），国外有这个学科名称。后来，1988 年将专业范围拓宽改名为“环境艺术设计”专业，列入国家教委专业目录。并于同年更改系名为“环境艺术设计系”。她早期的师资主要是拥有工艺美术背景的美术学院毕业生来担当，对学生要求注重扎实的美术功底及装饰变化能力。后期有不少留学生、建筑系背景及长期在建筑设计院工作背景的硕士研究生、博士毕业生加盟，课程设置也不断随之变化。对学生的要求与以前也大不相同，主要是强调以空间设计为主，以装饰设计为辅。但是无论过去还是现在，他们都注重对中国、世界传统及民间设计元素的研究及应用（见表 2–1）。

表2–1　环艺系景观专业2008—2009学年秋季学期专业课程表

<table>
<tr><th>课程</th><th colspan="7">秋季学期</th></tr>
<tr><td rowspan="2">景观 2007 级（二上）美 713 班</td><td colspan="4">中外建筑园林史论（1）</td><td rowspan="2">环境艺术概念 13~14 周</td><td rowspan="2">计算机辅助环艺设计 15~16 周</td><td rowspan="8">复习考试 17~18 周</td></tr>
<tr><td>设计表达（2）1~4 周</td><td colspan="2">人体工程学 5~9 周<br>空间概念 5~9 周</td><td>建筑设计初步 10~12 周</td></tr>
<tr><td rowspan="3">景观 2006 级（三上）美 66 班</td><td colspan="4">中外建筑园林史论（3）1~12 周</td><td rowspan="3">景观设计基础 13~14 周</td><td rowspan="3">室内设计基础 15~16 周</td></tr>
<tr><td colspan="2">景观设计原理 1 ~5 周</td><td colspan="2">景观设计（1）6~12 周</td></tr>
<tr><td colspan="2">地贵勘测与识图 1~7 周</td><td colspan="2">建筑形态学 8~12 周</td></tr>
<tr><td rowspan="3">景观 2005 级（四上）美 56 班</td><td colspan="4">景观设计（3）1~12 周</td><td rowspan="3">环境色彩设计 13~14 周</td><td rowspan="3">设计标准与预算 15~16 周</td></tr>
<tr><td colspan="2">施工图设计 1~5 周</td><td>光环境设计 6~10 周</td><td>论文写作 11~12 周</td></tr>
<tr><td colspan="2">园艺基础 1~6 周</td><td colspan="2">园林设计 7~12 周</td></tr>
</table>

## 二、中国美术学院建筑学院环境艺术设计系简介与模式分析

### （一）中国美术学院建筑学院环境艺术设计系简介

20 世纪 80 年代，我国在改革开放政策的指导下，经济与文化建设开始全面展开，物质与精神生活逐渐丰富多彩，人们开始关注生活品质、生活环境，追求美好的生存空间；国际设计学术界开始对艺术设计与工业革命的关系进行深入反思，对环境科学与设计展开研究，试图挽救工业物质文明产生的负面效应及其对生态与环境造成的危害。同时，在国内原有的“工艺美术”概念也面临危机。在这种大背景下，由于市场的需要，中国美术学院提出了“大力发展设计教育”的方针。院系的有识之士在省众多建筑界艺术界学者教授悉意关怀、帮助和扶持下，不懈开拓，探索出了一条新的办学道路，继承了中华人民共和国成立初期国立杭州艺术专科学校（中国美术学院前身）建筑系科的传统，为培养独具艺术素质的

综合性环境艺术设计人才不懈努力。在此背景下，中国美术学院于1984年在本院工艺美术系内设立室内设计专业，当时提出了“美化人类生存空间”的教育宗旨。1986年1月设置了跨越艺术与理工专业界限并将其有机结合的综合性环境艺术设计专业，并于1989年1月创建了环境艺术系，这在全国同类院校中属于较早独立建立环境艺术设计系的院校。

这一举动大大激励了全国美术院校的改革和艺术设计学科的发展，许多美术院校相继也建立了环境艺术设计系，掀开了我国设计艺术新的一页。目前，该系是以研究建筑与环境相关的设计为专业主攻方向的教学与研究单位，下设风景建筑设计研究院、模型实验室和电脑实验工作室。该系教学上延承中国传统人文精神，研究人与居所的场所关系，重视建筑、景观和室内相关学科间的整合互动，培养具有全局观与创造性思维的风景建筑、室内等方向的高级设计与研究人才。

在中国美术学院80多年的发展历史中，始终交叠着两条明晰的学术脉络。一条是以首任校长林风眠为代表的“兼容并蓄”的学术思想，一条是以潘天寿为代表的“传统出新”的学术思想。他们以学术为共器，互相砥砺，并行不悖，营造了有利于艺术锐意出新、人文多元发展的宽松环境，成为这所学校最为重要的传统和特征，创造了中国艺术教育史上的重要篇章。中国美术学院建校初期就提出了“以介绍西洋艺术！整理中国艺术！调和中西艺术！创造时代艺术”为学术目标，来促进东方新艺术的诞生。自此80年来，中国美术学院始终遵循着造型艺术与实用艺术并举的发展方针，使得中国美院的室内设计学科自建立以来一直发育、滋养在浓郁的艺术人文氛围中，传承了该院严谨的治学传统，深受人文精神的关怀。今天在中国美术学院“多元互动，和而不同”的学术方针指引下，使环境设计学科在延续中国美院学术脉络的基础上，有了更高更广阔的平台。表现为雄厚的设计艺术学与美术专业人才阵营和专业学科群，可以为环境艺术设计学科的教学、研究所利用，并形成优良合理的学术和教学资源配置。

中国美术学院环境设计系与东南大学有着特殊的渊源关系。自专业创立起，前三任系主任及现任建筑学院院长都有东南大学建筑学系学习的背景，他们当中有的前期就读于同济大学及天津大学建筑系。他们带来了国内名牌建筑院校严谨的学风和过硬的学术功底，促进了理工科院校的理性与美术学院的感性的结合，使专业教学凸现学科交叉性质；既重视工程技术，又注重人文关怀，特别重视本土建筑文化的传承与革新。他们为中国美术学院环境艺术设计系的创建与发展付出了诸多心血。同时，也使得环艺系自创建之日起，就汲取了名牌建筑院校的规范教学与教学经验。

中国美术学院校环艺系拥有一支学术水平较高、教学经验丰富、整体素质较高的专业教师队伍。专业教师梯队完整，知识结构涵盖了环境艺术系所需的规划、建筑、景观、公共艺术、室内设计、家具设计等专业，体现了专业范围内的“多元互动”的特色。在教师的知识结构上也体现了“技术与艺术的结合”。

中国美院环境艺术设计专业，依托在数量和质量上都居全国高校艺术、设计类图书前列的中国美术学院丰厚图书资料，展开教学和研究，完成人才培养任务，并将得到中国美术学院从教学空间、实验室空间、经费、图书等各方面的高度关心和大力支持。

随着中国美术学院像山中心校区的山北山南教学楼投入使用，环境艺术设计系的办学条件也得到了很大的改善。2007 年像山中心校区建设完工，建筑艺术学院成立，中国美术学院环境艺术设计系办学条件和硬件设施跃上一个更高的新台阶。优质的条件和设施为中国美术学院教学质量的提升提供了重要的保障条件，促进了研究创作活动的深入开展。

从历史地位和国际影响来看，中国美术学院已经成为世界当代艺坛中令人关注的创作和交流平台。中国美术学院与国外多所著名艺术院校、设计院校建立有长期、频繁的学术交流关系。与世界排名前列的美术院校，诸如美国罗得岛设计学院、德国柏林艺术大学、法国巴黎美术学院、俄罗斯列宾美术学院、日本东京艺术大学等建立了实质性的兄弟院校关系，学术交流频繁。2002—2005 年，中国美院先后与柏林艺术大学、基尔美术学院、斯图加特造型设计学院联合举办了 6 期艺术及设计夏季学院，受到德国国家学术交流中心（DAAD) 的充分肯定，被认为是近年来中德两国艺术交流领域的典范。在此基础上，中国美院又与柏林艺术大学筹建中德艺术学院，联合培养研究生，揭开中外艺术教育交流史的新的一页。以此为依托，环境艺术设计系与美国罗德岛设计学院和德国斯图加特造型设计学院进行多次教学上的交流与合作。同时，根据艺术院校的特点，中国美院环境艺术设计系教师、学生频繁参加国外大型艺术展览和设计赛事，并多次获奖。这些使得环境艺术设计系专业发展可以时刻了解国外相关设计领域的最新发展动态和学术研究成果，也可以通过互派师生、教学资源共享等，进行合作研究，促进学科建设国际对话，实现人才培养模式的民族性、时代性和国际性相结合。

中国美术学院环境艺术设计系的办学理念、教学定位及特色。从事环境艺术设计教育首先就会涉及关于环境艺术设计的理念问题。不同的理念可能会形成不同的教学体系和课程设置，进而形成不同的教学风格。那么现代环境设计究竟有什么样的特点呢？它与科学技术有怎样的关系，与艺术又有怎样的关系？设计是人类为实现某种特定目的而进行的创造性活动，是人类为优化生存环境、提高生活质量而进行的对客观物质世界的改造和重构活动。设计的本质在于创造。“设计的整个，就是把各种细微的外界事物和感受，组织成明确的概念和艺术形式，从而构筑起满足于人类情感和行为需求的物化世界。”“这种实践活动最终归结于艺术的形式美系统与科学的理论系统。”

自 1984 年开办专业 20 年以来，中国美术学院环境艺术系一直致力于改善人居环境建设的环境艺术教育研究。1997 年明确地将“建筑、景观、室内”作为一个整体的三条互动的教学主线，强调跨学科、整体性的教学。所以，积极筹办建筑专业、景观专业，2001 年环艺系增设建筑艺术专业方向；2003 年，获批准设立建筑学专业，同年 10 月正式成立了建筑艺术系。

中国美术学院环境艺术系的教学定位：培养以建筑为母体，向室内外拓展，衍生出建筑、景观设计与室内空间营造设计等方向的专业化人才。而后在这种认识的基础上构架出一个学科体系。

中国美术学院环境艺术系教学的特色比较鲜明的有三点：整合教学、重视传统与人文素养、重视动手与实践，形成了设计教学“道”与“器”并重的特色。

（1）整合教学。2000 年 9 月，中国美术学院环境艺术设计系明确提出建筑、景观、室内三条教学主线整合性教学。那时环艺系进行了第四次教学计划的修订。具体内容就是每学期以一门建筑课为主线，加入和该建筑相关的室内设计以及景观设计，强调建筑、室内、景观一体化的设计概念，强调跨学科多技能的素质教育，又显示出环境艺术设计教学的综合性、整合性与模糊性。

（2）重视传统与人文素养。中国美术学院环境艺术设计系在教学中历来重视中国传统建筑文化的传承，以及自然生态和建筑环境的关系。反映在教学上就是一贯强调全局观、生态观的传统哲学指导。此外，传统营造方式也受到关注与学习，重在培养学生的本土意识及人文素养，当然最重要的还是培养“中学为体”“西学为用”以及“传统出新”的能力。

（3）重视动手与实践能力。这主要体现在园林考察、测绘，毕业考察；保持手绘传统优势，鼓励设计课以手绘表现，大学三年级下学期以前不得使用电脑绘图，重在训练基本的手头表达能力，也就是“手、眼、心”并用过程中的智能训练；还有就是近年来逐渐增加的动手实验与制作，包括方案初期的场地模型、建筑概念与表现模型、景观模型、家具制作、构造设计等。

当代环境设计的重点是在科学技术的基础上追求艺术与技术的结合。作为建筑设计延续的环境艺术设计，是技术与艺术的综合体。一方面，环境设计受到结构、材料、工艺、功能等条件的限制，所以，实施环境设计的技术本身包含了科学性在里面；另一方面，它作为人类意识表达的载体，需要满足以情感和想象为依托的精神活动需求。因此，艺术作为人类以审美意识形态为特征的把握世界的一种特殊方式，在环境设计中起到十分重要的作用。环境设计既是一门技术科学，同时又是一门艺术，两者是密不可分的。艺术学培养学生的审美能力、造型能力和创新思维能力，而科学则使学生获得工程技术方面的知识和技能，在环境艺术设计中，工程技术是艺术造型成分得以实现的基础。

在当今设计教育提倡“跨学科、多技能与全视界”的素质教育的大环境下，结合中国美术学院 2004 年本科教学评估的契机，环境艺术系于 2004 年 6 月对原有的教学计划进行梳理及修订，提出了“以建筑为母体，向室内外衍生，拓展为建筑设计、景观设计和室内设计三条教学主线”的教学理念。并拟在三年级下学期进行分三个专业方向教学，三个专业方向分别为风景建筑设计专业、景观设计专业及室内设计专业方向。分流以前以建筑基础理论及建筑专业设计为主，为三个专业方向的学生打下共同的坚实且必要的基础，以保持建筑、室内、景观三位一体的板块结构思路，符合设计教育“厚基础，宽口径”的精神。而分流以后，各个专业方向的针对性将更加突出，其目的在于尊重学生个人志向，提高学生对择业的适应性，毕业后亦能更快适应工作需要。

另外，参加的全国性乃至国际性室内设计大赛中，多位学生作品获大赛奖项。

综上所述，中国美术学院环境设计系经过几十年的努力，依靠相对雄厚的师资力量，建立起完备的教学体系。无论就办学的大环境、办学的客观必要性而论，还是就本专业建设教学软硬件状况和办学实力而言，都为具有中国美院特色的环境艺术设计学科发展奠定了坚实的基础。

从中国美术学院环境艺术设计系的发展历史来看，即从 1984 年中国美术学院“室内设计专业”成立以来，她的环境艺术设计教育走过的是一条从单纯注重室内设计开始逐步发展到将“建筑、景观、室内”作为一个整体的三条互动的教学主线，强调跨学科、整体性的教学，并提出了“以建筑为母体，向室内外衍生，拓展为建筑设计、景观设计和室内设计三条教学主线”的教学理念。

随着建筑专业另外单独设系，以及后来的建筑学院的成立，中国美院环境设计系事实上已无法再将建筑设计作为自己的一个主要教学方向。她的关注对象也只能从早期的单纯关注室内过渡到现在以建筑为母体，向室内、室外发展的过程，即向室内设计和景观设计方向发展。

中国美术学院环境设计系相对于其他艺术院校的环境艺术设计系而言，在教学方面一直贯彻：以建筑为本，以建筑为母体，不断向其外延扩展设计艺术的教育领域。在充分重视、解决有关技术问题的同时，注意培养学生空间艺术的形象构思与表现能力。

### （二）中国美术学院建筑学院环境艺术设计系模式分析

因为中国美术学院环境艺术设计系与东南大学建筑学院的渊源关系，使得中国美术学院环艺系与其他的美术学院环艺系起点大不相同。她以重点建筑院校的规范教学与教学经验，结合美术院校的特点，建立了理工科院校的理性与美术学院的感性相结合的教学模式，使专业教学模式凸现学科交叉性质。这为该专业以后在技术与艺术两方面的全面发展提供了重要保障。

中国美术学院环境艺术专业教学模式，从1984年"室内设计专业"成立以来，经过20多年的发展，其专业教学从原来单一注重室内设计开始，逐步发展到将"建筑、景观、室内"作为一个整体的复合教学模式。这一教学模式的变化，契合了这个专业在国内20多年来的内涵发展，即由简单的表象的室内外装饰、室内家具及陈设设计发展到对工程技术、工艺、建筑本质、生活方式、视觉艺术等方面进行综合整合的工程设计，更强调空间以及人与空间的关系。

中国美术学院环境设计系在建系之初的1984年就注册了中国美术学院风景建筑设计研究院，现具有建设部颁发的建筑设计甲级资质、景观设计甲级资质、室内设计甲级资质，是建筑、景观、室内三位一体的链接设计。为环境艺术设计系产学结合打下良好基础（见表2-2 ~表2-5）。

表2-2　中国美术学院环艺专业（室内设计方向）课程设置情况

| 学期 | 课程名称表 |
| --- | --- |
| 大一（一年开课） | 素描、色彩基础、模型基础、设计初步（一）、设计初步（二）、专业绘画、民居考察、设计语言、专业设计（一）、设计概论、外国建筑史 |
| 大二上学期至大三上学期（一年半课程） | 设计初步（CAD制图）、专业绘画①（效果图线稿）、独立住宅建筑设计、独立住宅室内设计、建筑设计原理、建筑概论、专业绘画②（效果图上色）、民居测绘、办公建筑设计、办公建筑室内设计、建筑结构概论、场地设计原理、室内设计概论、风景区规划、计算机辅助设计、中国建筑史、建筑材料与构造、景观概论 |
| 大三下学期至大四（室内设计专业方向课程） | 高级住宅室内设计、园林考察、公共艺术、室内构造与模型、中西方雕塑史纲、建筑室内概论、园林设计原理、毕业考察、度假宾馆室内设计、设计院实习、中国古建筑构造分析、室内设计材料与构造、室内设计专业方向毕业设计、毕业论文 |

表2-3　中国美术学院环艺专业（风景建筑设计方向）课程设置情况

| 学期 | 课程名称表 |
| --- | --- |
| 大一（一年开课） | 素描、色彩基础、模型基础、设计初步（一）、设计初步（二）、专业绘画、民居考察、设计语言、专业设计（一）、设计概论、外国建筑史 |
| 大二上学期至大三上学期（一年半课程） | 设计初步（CAD 制图）、专业绘画①（效果图线稿）、独立住宅建筑设计、独立住宅室内设计、建筑设计原理、建筑概论、专业绘画②（效果图上色）、民居测绘、办公建筑设计、办公建筑室内设计、建筑结构概论、场地设计原理、室内设计概论、风景区规划、计算机辅助设计、中国建筑史、建筑材料与构造、景观概论 |
| 大三下学期至大四（风景建筑设计专业方向课程） | 亭榭设计、园林考察、公共艺术、建筑构造与模型、建筑设备概论、风景建筑设计、园林设计原理、毕业考察、名作解读、度假宾馆（博览）建筑设计、设计院实习、中国古建筑构造分析、城市设计原理、风景建筑设计专业方向毕业设计、毕业论文 |

表2-4　中国美术学院环艺专业（景观设计方向）课程设置情况

| 学期 | 课程名称表 |
| --- | --- |
| 大一（一年开课） | 素描、色彩基础、模型基础、设计初步（一）、设计初步（二）、专业绘画、民居考察、设计语言、专业设计（一）、设计概论、外国建筑史 |
| 大二上学期至大三上学期（一年半课程） | 设计初步（CAD 制图）、专业绘画①（效果图线稿）、独立住宅建筑设计、独立住宅室内设计、建筑设计原理、建筑概论、专业绘画②（效果图上色）、民居测绘、办公建筑设计、办公建筑室内设计、建筑结构概论、场地设计原理、室内设计概论、风景区规划、计算机辅助设计、中国建筑史、建筑材料与构造、景观概论 |
| 大三下学期至大四（风景建筑设计专业方向课程） | 造园设计、园林考察、公共艺术、景观构造与模型、建筑设备概论、景观设计史、园林设计原理、城市设计原理、毕业考察、景观设计专业方向名作解读、公园（居住区）景观设计、设计院实习、中西方雕塑史纲、园艺栽培学，景观设计专业方向毕业设计、毕业论文 |

表2-5 建筑艺术学院环境艺术系2018—2019学年秋季本科专业教学进程表

<table>
<tr><th>班级</th><th colspan="7">秋季学期课程</th></tr>
<tr><td rowspan="2">18级甲、乙</td><td rowspan="2">学前教育与军训2周</td><td colspan="5">建构学初步（周二7、8)/ 建筑概论（周四5、6)3~16周</td><td rowspan="7">公共课期末考试19周</td></tr>
<tr><td>素描3~7周</td><td colspan="2">设计初步8~11周</td><td>色彩12~14周</td><td>模型基础15~18周</td></tr>
<tr><td rowspan="2">17级甲、乙</td><td colspan="6">外国近现代建筑史（二)（周二7、8)/ 公共建筑设计原理（周四5、6)3~16周</td></tr>
<tr><td colspan="2">专业绘画2~6周</td><td colspan="2">独立住宅建筑设计7~12周</td><td>独立住宅室内设计13~15周</td><td>公共艺术16~18周</td></tr>
<tr><td>16级甲、乙</td><td colspan="6">中国建筑史（周二3、4)/ 景观概论（周四3、4)3~16周</td></tr>
<tr><td>16级甲</td><td colspan="2" rowspan="2">风景区规划2~7周</td><td colspan="2" rowspan="2">度假宾馆建筑设计8~14周</td><td>公共艺术15~16周</td><td>小庭院设计17~18周</td></tr>
<tr><td>16级乙</td><td>小庭院设计15~16周</td><td>公共艺术17~18周</td></tr>
<tr><td>15级建筑</td><td colspan="2">居住组团设计2~7周</td><td rowspan="2">名作解读8~10周</td><td rowspan="2">毕业实践11~12周</td><td colspan="3" rowspan="2">毕业设计与论文13~19周</td></tr>
<tr><td>15级室内</td><td colspan="2">室内设计材料与构造2~7周</td></tr>
</table>

## 三、同济大学环境设计专业发展概况与模式分析

### （一）同济大学环境设计专业发展概况

同济大学建筑系自20世纪50年代开始从事室内设计研究，研究领域涉及民用建筑及车船、飞机的内舱设计。1987年成立了室内设计专业，成为中国大陆最早在工科类高校中设计的室内设计专业，为国家培养一批从事室内设计创作和研究的高级人才。

同济大学于1987年在建筑系内设立室内设计专业，（同时进行该项工作的还有重庆建筑工程学院）开始招收理工科背景的本科生。当时采取的是“2+2”四年制的教学形式，即：两年建筑学课程，加上两年室内设计课程。但仅仅是招收了一届，以后便没有再招生，原因是当时以建筑学专业招进的学生不愿改学室内设

计，后来毕业的学生也大部分回到建筑设计的行列。后来学院只是在建筑学专业里面设立了一些室内设计课程，不再单独设立室内设计专业。直到 2009 年再次计划从高考中招收室内设计专业的本科生，采取“3+2”的培养模式，即：三年建筑学课程，加上两年室内设计课程（含一年实习）。计划招收 10 名理工科背景的考生，3 名艺术设计类考生，再接收 3 名转专业的校内学生，这样做的目的在于强调多元化及交叉学科发展，旨在培养适应国家建设和社会发展需要，基础扎实、知识面广、综合素质高，具备建筑师和室内设计师职业素养，并富于创新精神的国际化高级专门人才及专业领导者。毕业生能够从事建筑设计、室内设计及室外环境设计工作，也可从事相关专业领域的理论研究、教学和管理工作。他们毕业后获得建筑学学士学位。

专业领域的课程包括室内设计理论课程系列、室内设计课程系列、建筑设计理论课程系列、建筑设计课程系列、技术课程系列、美术课程系列六部分，形成了源于建筑学专业的教学传统，又具有自身特点、与国际接轨的专业方向特色。

同济大学室内设计专业的师生，先后承担了人民大会堂上海厅、上海地铁站的室内设计工作，还编写了一部分有全国影响的环境艺术设计教材，如《室内设计原理》《环境空间设计》《人体工程学与环境行为学》《设计程序与方法》等。同济大学工科背景的室内设计专业的办学理念：强调以建筑设计为依托，强调工程技术能力的培养，强调高层次，着眼于大项目以及在技术平台上的艺术创作。同时，该专业的结构设置，也是为了方便学生在建筑设计与室内设计之间实现宽口径就业。

纵观同济大学工科背景的室内设计专业发展，可以用“坎坷”二字来形容。综合大学办学严谨，教育部学科目录上面没有的专业名称不能单独设系。但是，根据采访同济大学公共建筑与室内外环境设计学科组副主任、博士生导师陈易教授录音整理：目前，该院的工科背景室内设计专业属于该公共建筑与室内外环境设计学科组管辖。

同济大学另一条线是设于艺术设计系的环境艺术设计专业，属于艺术设计学学科。艺术设计系设于同济大学建筑与城市规划学院，1986 年开始本科招生，1993 年正式成立工业设计系，2000 年增设艺术设计专业，同年正式更名为艺术设计系。

艺术设计系下设工业设计和艺术设计两个专业。工业设计专业授予工学学士学位；艺术设计专业分环境艺术设计、视觉传达设计、数字媒体设计三个方向，授予文学学士学位。1993 年开始招收建筑设计与理论专业工业设计方向硕士研究生，2001 年设立设计艺术学硕士点，2002 年开始挂在建筑历史与理论专业下招收设计艺术学方向博士研究生。艺术设计系的各专业方向之间，以及同建筑学、城市规划、景观学系之间，在学院的平台上实现资源共享，充分交叉。

艺术设计系主编的设计刊物《大设计》，每逢双月 8 日出版，在设计界具有一定影响。据悉，同济大学目前正筹办“艺术设计与创意学院”。将在现有设计系基础上建立院级单位，其中设环境艺术设计系，也许这是一个新的开端。

### （二）同济大学环境设计专业模式分析

1986 年同济大学在校内建筑学院设立室内设计专业，是我国建筑院校中最先研究室内设计教育的工科类大学之一。拥有高水平的设计教育师资力量，教师队伍中有相当一部分专业教师先后在日本、德国、美国、法国留学研修，与日本东京造型大学、千叶大学，德国卡萨尔大学、柏林艺术大学，中国香港理工大学等众多国际同类院校保持长久的友好交流关系。同济大学在 20 世纪 80 年代率先开设了“工业设计史”“设计概论”“人体工学”“三大构成”等一系列新的课程，以全新的观念进行基础设计和专业设计的教学，注意培养学生的创造性思维能力和动手能力。1995 年编写了轻工大学第一部设计教学大纲，在很大程度上推动了整个中国设计教育的发展。

以下是同济大学建筑学专业室内设计方向培养计划。

本专业培养适应国家建设和社会发展需要，德、智、体全面发展，基础扎实、知识面广、综合素质高，具备建筑师和室内设计师职业素养，并富于创新精神的，国际化高级专门人才及专业领导者。本专业毕业生能够从事建筑设计、室内设计及室外环境设计工作，也可从事相关领域的理论研究、教学和管理工作。

#### 公共基础理论知识

· 了解计算机技术与文化，以及计算机程序设计的基本语言及方法。
· 了解多媒体及网络技术的基本知识和应用方法。
· 掌握计算机技术在本专业领域的程序的操作应用技能和方法。
· 掌握一门外国语，具有一定的听、说、读、写能力。
· 掌握高等数学的基本原理和分析方法。
· 掌握建筑力学的基本原理和方法。
· 掌握画法几何和阴影透视的基本原理和方法。
· 了解建筑物理声、光、热的基本理论和设计方法。
· 了解建筑给排水、电气、空调等相关建筑设备的基本知识在建筑设计中的综合运用方法。
· 掌握美术的基本知识和技法。

· 掌握文学的基本知识和理论。
· 了解人类文化及经济管理等领域的相关基本理论与知识。

学科基础知识

· 掌握建筑设计的基本原理和方法，包括建筑设计基础、公共建筑设计原理、居住建筑设计原理、室内设计原理等。
· 掌握室内设计的基本原理方法，包括公共建筑室内设计原理、居住建筑室内设计原理、旧建筑改造设计原理等。
· 掌握建筑设计制图的基本原理和方法。
· 掌握建筑画和室内设计的基本原理和技法。
· 了解中国建筑的基本特征及其演变过程。
· 了解外国建筑的基本特征及其演变过程。
· 了解当代中外主要建筑流派和思潮的理论和影响。
· 掌握城市设计、园林设计的基本原理和方法。
· 掌握建筑环境调查和研究分析的方法。
· 了解与建筑有关的经济知识、法律和法规以及现行有关城市和建筑设计的法规与标准。
· 了解人的生理、心理以及行为与建筑室内外环境的相互关系。
· 了解自然条件和生态环境与建筑设计和室内外的相互关系。
· 了解建筑设计在预防灾害的法规与标准。
· 了解常用建筑材料、装饰材料及新建筑材料的性能，并能在建筑设计和室内设计中合理选用，并进行创意化表达。
· 了解建筑构造和装修构造的基本原理和构造方法。
· 了解建筑体系，掌握常用建筑结构构件的性能，能合理地进行选择和布置，并能了解它对建筑的安全、可靠、经济、适用、美观的重要性。
· 了解边缘学科与交叉学科的相关知识。

专业知识

· 掌握建筑设计的理论和方法，并能快速完成建筑方案设计。
· 掌握室内设计的理论和方法，并能快速完成室内方案设计。
· 掌握应对特殊环境和特殊条件的建筑设计理论和方法。
· 掌握居住环境的设计方法。
· 掌握建筑特种构造和装修构造的原理和设计方法。

· 了解建筑评论的原理和方法。
· 了解初步设计和施工图设计的要求和方法。
· 了解建筑师和室内设计师的职业特点和职业道德。

毕业生应获得的知识和能力自学能力

· 具有查阅文献信息、了解本学科及相关专业的科技动态和不断拓宽知识面、提高自身业务水平的能力。

业务能力

· 具有一定建筑项目策划、参与组织可行性研究的能力。
· 理解和掌握环境，包括城市环境和自然环境、物质环境和人文环境、室内环境和室外环境与建筑设计的关系。
· 有能力根据不同的使用要求和设计条件，合理进行设计并能快速完成。
· 有能力根据建筑设计和室内设计的不同阶段，用多种恰当的方式表达设计意图。
· 具备用语言和文字充分表达设计意图的能力。
· 具有运用计算机辅助设计的能力。
· 具有一定的建筑模型制作能力。
· 具有比较顺利地阅读本专业外文书刊资料和外语听、说、写的初步能力，并初步具备与国外同行合作交流的能力。

管理能力

· 具有一定的设计组织能力，能够熟悉和协调建筑工程各工种间的关系。
· 具有一定的对外公关、对内组织管理的能力。

主干学科

建筑设计及其理论、室内设计方向、建筑理论与历史、建筑技术学科。

主要课程

1. 设计系列课程。包括建筑设计基础、建筑设计、室内设计、室内设计公司实习和毕业设计等。

2. 理论系列课程。包括建筑概论、建筑设计原理、园林设计原理、室内设计原理、建筑史、建筑理论与历史、建筑评论等。

3. 技术系列课程。包括建筑结构、建筑物理、建筑设备、建筑材料、建筑构造、建筑特殊构造、构造技术应用。

4. 美术系列课程。包括美术、美术实习等主要实践环节。如军训、美术实习、建筑环节实录、室内设计公司实习、毕业设计（论文）等。相近专业

城市规划、历史建筑保护工程、风景园林、艺术设计。

各类选修课要求

· 限选课。限选课指定课程类型的选修课，课程类型中有数门课者选修其一。

· 任选课。通识教育任选课应修满 10 学分，选修时应符合学生选修通识教育任选课的具体要求。跨学科基本任选课程规定在专业 14、15 大类平台以外选课。专业特色课程任选课规定在历史建筑保护工程、城市规划、风景园林专业特色课程中选课，或在对本科生开放的学院研究生课程中选课。

## 四、综合院校及师范院校类模式

综合院校及师范院校办环境艺术设计专业相对专业院校而言普遍较晚。这些院校多半在 20 世纪 90 年代后期开始，陆续开始办该专业。随着“文革”后刚恢复高考每年招生额的 20 多万人，到现在 2008 年高考招生额的 599 万，我国的高等教育发生了巨大的变化，具体到一级学科艺术学以下各专业（在这里主要是指美术与艺术设计专业），则绝大部分是设计艺术学所含各专业的扩招、扩建及新设。面对市场对环境艺术设计人员大量需求的现状，不仅原来的传统美术学院大力发展环境设计专业，传统的师范院校也在原美术教育专业的框架下大举扩展该设计专业的设置，各综合院校更是在市场巨大利益的吸引下，纷纷开设环境艺术设计专业。在我国东部经济发达地区，所有的美术学院，几乎每个师范院校、工学院以及综合大学都开设有环境艺术设计类专业。在大城市，几乎每个院校都有环境设计类专业。以上海、广州、杭州为例，复旦大学，同济大学，上海交大，华东师大，东华大学，上海师大，上海大学，中山大学，华南理工大学，华南师大，华南农大，暨南大学，广东工业大学，广州大学，浙江大学，杭州师范大学，浙江工业大学，中国计量学院，浙江理工大学，浙江林业大学，浙江工商大学等从“985”到“211”再到普通大学，以至职业技术学院都设有环境设计专业。

从多方调研了解到，师范院校里面的环境艺术设计专业教育模式普遍受到师范院校美术教育模式的影响。许多师范院校至今依然是沿用传统师范美术教育的“二二制”的教学制度，这严重违背了环境艺术设计专业的教学特点。环艺专业属于交叉学科，涉及专业门类较多，课时量大；实践门类也较多，耗时量也大，花

两年时间在目的性不强的各类绘画课上，学生真正学习环艺专业的时间仅剩一年半（最后半年毕业设计，毕业论文，实习，联系工作），学生的专业知识结构实际上是一个大拼盘儿，什么都会一点儿，但样样拿不起来。不仅如此，无论在行政管理还是在专业师资结构等诸方面，受师范美术教育影响较深，由于传统师范办学造成了师范院校的美术学院师资结构基本是以各类绘画专业教师为主，开办新的环境设计专业后，由于现存人事体制的制约，许多原来绘画专业的教师转到环境艺术设计系任教，甚至担任系领导，这不但在短期内影响了环境艺术设计系的办学质量，更是长期影响到师范院校环境艺术设计系的专业办学思想和理念。

综合大学的环境艺术设计专业教育模式不像师范院校那样有太多的前期办学后遗症以及“传统”的影响，它没有历史，也就没有负担，但是它也有它自己的问题。综合大学办环境艺术设计专业普遍开设较晚，大部分院校办此专业的时间较短，教师来源复杂。师范院校的“二二制”是在计划经济体制下，专为培养中学师资而设置的教学模式，至今许多师范院校仍在使用。

一个专业要办出自己的特点及走向正规不是在短时间内就可以完成的。所以，在综合大学和师范类院校，设计类专业普遍不受学校上层重视，这就造成了一种现象：综合大学的环境艺术设计类专业和其他设计专业一样，无论所在学校是“985”还是“211”，抑或是一般的普通大学，大家都要办，原因一是市场有需求，二是学费高。但其无论在学校内部还是在国内的本专业圈内皆不受重视，原因自然是新办专业的教学及科研弱势。

## 第四节　国外室内设计及景观设计教育现状及评析

在这里，首先要解释中国的“环境艺术设计”专业名称所包含的内容，在不同国家有不同称谓及不同内涵的问题。或者换一个角度说，中国的“环境艺术设计”这个称谓在欧美国家基本上找不到完全对应的专业解释和翻译，即使擦点边，也和国内“环境艺术设计”的内涵不完全一样。多年前，笔者已经注意到了这个问题。经互联网检索，例如：美国加州大学伯克利分校 (University of California, Berkeley) 有一个专业，有对应的“环境”这个词，Landscape Architecture & Environmental Planning 院名全称是：Faculty of the Department of Landscape Architecture & Environmental Planning 翻译成中文为“景观建筑与环境规划学院”，查阅院系专业介绍之后，发现它是实际上就是对应国内“景观设计”的系科，其内涵只是“环境艺术”的一部分。再以澳大利亚新南威尔士大学（The University of New South Wales) 为例，里面有一个相关的院系，Faculty of the Built Environment 有对应的“环境”这个词，翻译成：“环境营造学院”。但是这个院系的介绍表明，这是一个包含 7 个系科的学院，“Planning(规划)”“Architectural Studies(建筑研究)”“Landscape Architecture(景观建筑)”“Interior Architecture(室内建筑)”“Construction Management and Property(建筑物业管理)”“Architectural Computing(建筑计算)”“Industrial Design”(工业设计)。所以，像“室内建筑设计”或“景观建筑设计”专业在欧美国家的设计学院或综合大学里就是一个独立的系，和其他不同的系科构成设计学院的框架，“景观”就是“景观”，“室内”就是“室内”，不混在一起的，没有和中国的“环境艺术设计专业”完全相匹配的专业内涵和名称。所以，在这里，中国的“环境艺术设计专业”和欧美的相对应专业进行横向比较，就只能是和它们的“室内建筑”(Interior Architecture)设计专业或“景观建筑”(Landscape Architecture)设计专业进行比较。

现代设计教育在世界上的发展是极为不平衡的，并且在同等经济水平的国家中也大相径庭，并没有一个国际标准和统一的体系。现代设计教育是随着经济发展而成长起来的，在一般情况之下反映了一个国家经济发展的水平，现代设计教育与工业化过程同时发展。因此，现代设计教育都是在工业化程度最高、经济发展得比较快的国家产生的。但是，由于社会情况和经济发展的不同，欧美之间在设计教育的发展上呈现出差异较大的情况。

设计教育在美国的发展经历与欧洲国家有所不同，其主要原因是，欧洲的设计教育是社会变革的结果，而在美国则比较主要的是商业发展和经济成长的结果。美国开始形成两个不同的设计教育体系：欧洲体系和美国体系。欧洲体系重视观念，重视解决问题的方法，目标比较集中在设计的社会效应上；而美国体系则注重表达效果、风格和形式，目标比较集中在设计的市场效应上。这两个体系在美国并非完全区别开来，而是互相渗透，但是在不同的学校之中有不同的侧重。

美国是世界上最大的经济实体之一，工农业和第三产业都高度发达，设计自然具有举足轻重的地位，因此设计教育也相对发达。美国现代设计教育发展的特点是面宽而且专业分工细，艺术和设计教育是一个非常庞大的教育体系。美国的高等院校中的设计专业基本包括了设计教育的所有科目，从比较传统的建筑设计、工业产品设计、平面设计、包装设计、插图设计、广告设计、商业摄影、影视(电影)，到比较细致分划的景观设计、室内设计、交通工具设计、娱乐设计、多媒体设计、服装设计等，无所不包，是世界上设计教育体系比较完整的国家。研究借鉴美国的景观及室内设计教育，对我国的景观及室内设计教育发展有积极意义。

## 一、美国室内设计教育的发展

20世纪初，美国已有大学开设室内设计相关课程，当时的名称是室内装潢课程。这些早期室内设计课程均开设在私立的小型学校中，有案可查的第一个有大学室内设计课程的是“纽约美术与实用艺术学校”（New York School of Fine and Applied Art)。直到20世纪20年代中期，一些综合性大学，如西雅图的华盛顿大学(University of Washington, Seattle)开始开设室内设计专业。随着美国的本科和研究生教育的高速发展，室内设计专业成为许多综合性大学的常见专业。1957年美国成立了室内设计师学会，标志着室内设计作为一门相对独立的学科基本形成。到20世纪80年代末，大约有450个室内设计的专业和学科设在美国和加拿大的不同学校里。

## 二、美国有关院校室内设计课程设置分析

### （一）美国罗德岛设计学院

1. 学院概况

创建于1877年的罗德岛设计学院（Rhode Island School of Design，RISD），是一所由民间实业家投资成立的私立艺术学院，位于美国罗德岛州（Rhode Island)的首府普罗维登斯市（Providence)。主要热门的专业科目为：建筑(Architecture)、平面设计(Graphic Design)、插画（Illustration)等，建筑系、摄影系、平面设计以及工业设计更是十分著名，为顶尖科系，是一所评价极高的艺术学院。与耶鲁大学并列全美艺术学院硕士课程排名第一，与新墨西哥大学并列全美摄影科系排名第二。

罗德岛设计学院提供19个系所让学生们选择适合自己的专业去攻读，入学后第一年的基础课程里，学校会要求学生选修设计课程，像是平面设计、立体设计、素描、手绘等。罗德岛设计学院另一个比较著名的是它的冬季6个月课程Winter Sessions,这个课程是以多元性著称，而这个课程对申请到罗德岛设计学院的学生是十分重要的，因为学生可以在此课程中学习到各项关于艺术方面的基础课程。例如，绘画、工业设计、铜塑、吹玻璃等其他课程，不同的系也可以相互选择课程选修。冬季班也提供到海外学习的机会，可以让参与此课程的学生到欧洲巴黎、意大利Matera和爱丁堡等地学习观摩。

罗德岛设计学院是以文化为出发点形成一个艺术与设计范畴的共同体，透过

经验与想法的交换，将分置在 19 个系所的 2000 多个学生，紧密结合在一起，在第一年的基础课程中，学生必须接受广泛的设计课，从徒手绘图、平面设计到立体设计，其过程让学生了解动手操作和实验精神的可贵。

2. 室内设计教学

罗德岛设计学院知名的室内设计系（Department of Interior Architecture）要求学生要接受艺术和理论培养。选择一个文理科班级、主修课程或者是选修课程都取决于开课班级的需求程度和班级接纳学生数量的限定额。学生可以在冬季学期根据兴趣和条件允许来选择要修的课程。非专业选修课程可以在冬季、秋季或春季学期被那个学期的艺术课程所代替。学生进入室内设计系后一定要按照系所部门所指定的关于电脑教学的要求和政策，要购买手提电脑、其他相关硬件、软件、升级系统和保险。通常来说，通过 5 年的学习，学生可以同时获得艺术学士 BFA 和 BIA。只想要获得 BFA 的学生将会采用 BIA 前四年教学计划的修正版。42 学分的艺术学位要求必须在第四学年结束之前获得，这样才能获取 BFA 学历。BFA 总学分为 126, BIA 总学分为 156。本科生必须满足 42 学分的专业要求才能够获得 BFA 或者 BIA 学位（见表 2–6）。

表2–6　罗德岛室内设计本科课程

| 年级 | 专业课程 | 秋季（周） | 冬季（周） | 春季（周） | 学分 |
|---|---|---|---|---|---|
| 一年级 | 艺术基础课程 | 15 | — | 15 | 17 |
| | 冬季学期 | — | 3 | — | 3 |
| | 总计 | 15 | 3 | 15 | 20 |
| 二年级 | 室内设计概论 | 6 | — | — | 2 |
| | 室内设计方法 | 3 | — | — | 3 |
| | 专业制图和透视 | 3 | — | — | 3 |
| | 室内设计史 1 | 3 | — | — | 3 |
| | 工作室课程 1 | — | — | 6 | 4 |
| | 建筑材料学 | — | — | 3 | 3 |
| | 选修课 | — | — | 3 | 3 |
| | 室内设计史 2 | — | — | 3 | 3 |
| | 冬季学期 | — | 3 | — | 3 |

（续 表）

| 年级 | 专业课程 | 秋季（周） | 冬季（周） | 春季（周） | 学分 |
| --- | --- | --- | --- | --- | --- |
| 二年级 | 总计 | 15 | 3 | 15 | 27 |
| 三年级 | 工作室课程 2 | 6 | — | — | 4 |
| | 照明设计 | 3 | — | — | 3 |
| | 室内构造 | 3 | — | — | 3 |
| | 选修课 | 3 | — | 6 | 3 |
| | 高级设计工作室 | — | — | 6 | 5 |
| | 室内色彩研究 | — | — | 3 | 3 |
| | 冬季学期 | — | 3 | — | 3 |
| | 总计 | 15 | 3 | 15 | 24 |
| 四年级 | 高级设计工作室 | 6 | — | 6 | 5 |
| | 细部设计 | 3 | — | — | 3 |
| | 人体工程学 | 3 | — | — | 3 |
| | 行为心理学 | — | — | 3 | 3 |
| | 选修课 | 3 | — | 6 | 3 |
| | 冬季学期 | — | 3 | — | 3 |
| | 总计 | 15 | 3 | 15 | 20 |
| 五年级 | 高级设计工作室 | 6 | — | — | 5 |
| | 毕业设计选题报告 | 3 | — | — | 3 |
| | 毕业设计 | — | — | 9 | 7 |
| | 选修课 | 6 | — | 3 | 3 |
| | 室内设计规范 | — | — | 3 | 3 |
| | 冬季学期 | — | 3 | — | 3 |
| | 总计 | 15 | 3 | 15 | 24 |

根据以上的课程设置可以归纳出罗德岛设计学院的室内设计教学拥有两种独立思维却又能互补的特质：第一，延伸务实化逻辑成为设计过程的重心；第二，运

用经验去建立理论架构，此多元化架构下的室内设计教育允许学生去发展自己的兴趣，能做更进一步的探索。室内设计工作室课程 Interior Architecture Studios 在 RISD 是有连续性的，逐步让学生发展自己的兴趣。在第二年的第一学期，学习重心开始从绘画、平面设计等转移到室内设计，学校开始介绍有关室内设计的“抽象”或“概念”等问题。经过特定协调设计的课程促使学生直接去解决问题。这些课程都是为了让学生了解人的尺度在室内建筑中的重要性。构造 Tectonics 和材质 Materiality 一直是罗德岛设计学院室内设计教学有强烈兴趣的部分。

RISD 的室内设计有“理论教学”和“工作室教学”相结合的教学模式。设计构思和设计表现，以及如何把概念层面的设计表现为现实设计的技术层面问题都在工作室教学（Interior Architecture Studios）中逐一解决。RISD 采用“行为引导型教学法”，在这里，教师是学习过程中问题的提出者、学习效果的评价者，而非标准答案的给予者。教师的角色类似于节目主持人，也可以是节目的参与者，起到咨询和引导的作用。这种“师生间双向互动、表达多元化互动”的教学方式调动了学生的自我表达和创新能力，对培养学生的专业能力、学习方法和社会实践能力具有重要意义。

例如，建筑材料研究课程。这个课程介绍学生认识不同的建筑室内材料及它们的价值和特性。通过一系列实物大小的建筑项目，学生被要求在设计内部构造时研究这些材料的潜能。

例如，他们的建筑构造课程，这个课程将帮助室内设计学生更准确理解现有建筑物结构变更的准则，对结构概念的牢固掌握将会有助于在任何三度空间的建筑区域中加强设计的创造力。这门课程通过制作实验模型和原型将着手进行一系列对结构概念的“亲自参与”研究。除此之外，将有机会通过被建造的环境中一些成功的结构例子作为个案研究。

特别值得提的是 RISD 室内设计系为毕业设计做准备设置的一系列课程都非常科学、合理，值得我们学习。室内设计系的学位计划被构思成三部分，次序从“调查研究内在性质”开始，安排在本科生和研究生倒数第二年的春季学期。这个学期将帮助学生确定合适的学位计划，要求在这个必备的课程期间建立一定深度的理论研究。这个讨论将会涉及重要的先前课程案例，学生可以在早期的课程案例中选定。学生将被要求递交对他们自己的自我选择学位计划的建议，通过小组讨论和个人访问，提议的概要将大致上被认可。要求每一位学生准备一份学位计划的可行性报告，这项计划将会在下个春季学期期间展开。递交的完整可行性报告将在秋季学期末被评估。

RISD 室内设计系还设置了“职务准备”课程。作为一种方法在学生毕业那年准备为他们的职务去会见潜在的雇主和为进入专业设计人员领域做准备。这个课程将对已经完成的设计工作的表达有帮助。"职务准备"是培养即将毕业的设计人员素养的一个必要方面，是早期工作室教学扩展到社会设计工作关键的衔接。

### （二）美国芝加哥艺术学院

芝加哥艺术学院（School of The Art Institute of Chicago，SAIC）成立于1866年，是当时艺术学院教育方式的改革者，是美国声望最高、评价最崇高的艺术学院之一，在国际上享有盛誉。2005年跟罗德岛设计学院并列排名全美艺术院校综合第一。

1. 学院概况

由于法西斯上台，现代主义在欧洲遭到扼杀，大批现代主义大师移居美国。德国现代主义艺术教育的中心——包豪斯艺术学院的主要教员和大批学生都来到美国，他们不但带来了现代主义的思想，同时也带来了现代主义的艺术和设计教学新体系。美国的不少美术学院开始设置新课，对于传统的素描、静物、人体教学也进行了改革。其中，最彻底的例子就是芝加哥艺术学院，SAIC由包豪斯的中坚人物拉兹罗、摩霍里、纳吉建成，学院全面贯彻包豪斯体系，完全改变了芝加哥以往艺术教育的方式。由此看来，不管是被动还是主动，一个教学体系只有不断接受新的东西，并对旧的东西进行改造，才能不断保持向前的活力。这就是本书核心研究的价值。

芝加哥艺术学院的校风自由，来此就读的学生，并不会被要求限定主修什么科目，而是提供学生在视觉、艺术方面的完善教学。芝加哥艺术学院相信，成为艺术家前，如何看待这个世界是一个重点，因此视觉是十分重要的。SAIC的教授水准都在一定的标准之上，他们注重学生的思考、创造性，用非常专业的教学方法去引导和促进学生在概念上及技术方面的启发。芝加哥艺术学院相信艺术家的成功，是依赖创造性的视觉和专业技术技能。因此，SAIC鼓励学生卓越、批判性地调查研究和实验，以增进学生在技能概念上的进步。

2. 室内设计教学

芝加哥艺术学院室内设计系探究人体、物体和空间之间的联系，是在公共领域发展民族特有的意象与艺术试验（创新）相结合的工作。在当今世界，设计师的理念慢慢转变，从侧重整个居住环境向可持续发展生存空间的艺术角度转变。在SAIC，学生将逐步展开创造性的设计战略，这个设计战略将涵盖个人、地域、公共，甚至全球环境的参与。

室内设计学位课程共有6个标准（1000~6000Level Interior Architecture Course)。学分制共有4个等级：45分为A，30~44分为B，15~29分为C，15分为D。

1000~4000 Level 是为本科学生设置，1000~2000 Level 属于引导课程，初期学生（ACE）可以不需要任何先决条件就可以选修。3000~4000 Level 课程分别是中级和高级的专业课程，ACE 不允许任意选修，参加这两个课程必须具备先决条件或者通过教授批准。5000~6000 Level 是为被录取的研究生 MFA 保留的，参与研究生课程需要教授和大学部教学主任的签字批准。ACE 学生不能参加毕业设计，也不能参加为研究生保留的课程。ACE 学生要想获得艺术学士 BFA 或者 BIA，必须在 5 年内修满 42 学分才有可能进入毕业学位设计（表 2–7）。

表2–7　芝加哥艺术学院室内设计专业课程

| 1000Level 室内设计课程种类 | | 2000Level 室内设计课程种类 | |
|---|---|---|---|
| 课程 | 学分 | 课程 | 学分 |
| 室内设计入门 | 3 | 室内设计导论 1 | 3 |
| 视觉构思 | 3 | 室内设计导论 2 | 3 |
| 设计制图 | 3 | 灯光设计（跨学科） | 3 |
| 3000Level 室内设计课程种类 | | 透视图 | 3 |
| 室内设计：主题工作室 | 4.5 | 材料设计（跨学科） | 3 |
| 中级室内设计 2 | 4.5 | 计算机制图 | 3 |
| 芝加哥建筑分析（选修） | 3 | 设计表达（跨学科） | 3 |
| 室内设计夏季工作室 | 3 | 建筑构造（跨学科） | 3 |
| 时尚和建筑（跨学科） | 3 | 行为心理学（跨学科） | 3 |
| 空间动画（跨学科） | 3 | 空间创意（跨学科） | 4.5 |
| 舞台布景设计 | 3 | 案例实验室：室内空间特性 | 1.5 |
| 交互空间（跨学科） | 3 | 实验室：设计中的人因工程学 | 1.5 |
| 职业实践知识 | 3 | 环境科学（跨学科） | 3 |
| 伦理意象（跨学科） | 3 | 设计、写作、研究（跨学科） | 3 |
| 案例研究实验室 | 1.5 | 建筑理论 | 3 |
| 4000Level 室内设计课程种类 | | 绿色材料（跨学科） | 3 |
| 独立研究：室内设计 | 3 | 5000Level 室内设计课程种类 | |

（续　表）

| 高级室内设计 1 | 4.5 | 毕业研讨会 | 3 |
|---|---|---|---|
| 高级室内设计 2 | 4.5 | 毕业多媒体和模型制作 | 4.5 |
| 当代建筑和设计发展（跨学科） | 3 | 从物质到虚拟 | 3 |
| 建筑古典文化（选修） | 1.5 | 6000Level 室内设计课程种类 | |
| 细节设计 | 3 | 毕业设计 1 | 6 |
| 机械主义观点和应用 | 3 | 毕业论文 2 | 6 |
| 虚拟空间模型 | 3 | | |
| 光在建筑中的运用 | 3 | | |
| 20 世纪建筑理论（跨学科） | 3 | | |
| 时尚和建筑：流动的界面（跨学科） | 3 | | |
| 持续性设计（跨学科） | 3 | | |
| 实验室：职业实践 | 3 | | |
| 良好环境实验室 | 1.5 | | |

根据以上的课程设置表格可以看得出芝加哥艺术学院独特的课程设计和教学方式。

（1）室内设计专业学生可以跨越传统学科的界限，探索新领域的设计活动。新的设计探索学科包括：生态设计、设计伦理意象、用户中心化设计、交互界面设计、新兴科技设计、新材料的设计和使用。SAIC 独特的课程设计，使学生能够把对传统艺术和传媒艺术（如动画、雕塑、电影等）与主要的设计专业课程相结合。

（2）室内设计师和建筑师意识到：对人类居住环境和生活体验的学习，是一个长久的过程。至关重要的是，我们要在现有的生活方式中取得一个新的平衡。那些对再度思考建造居住和环境融合感兴趣的学生，可以探索关于材料和可持续发展为目标的建造工程。SAIC 工作室课程将帮助学生重新定义“新居住环境”的概念，它将与生物生态学的科技和文化传承体系相结合。学生会在自然与人工、全球发展体系和在公共空间工作的价值观意象中找到一个折中融合的平衡点。

（3）新领域的物体设计学习将侧重于：对系统、工具、家具和产品进行创造性的再度思考，这些设计将与我们每天的生活息息相关。SAIC 将探索这些物体是怎么拓展或是阻碍人类潜力的发挥。例如，光在建筑中的运用（Lighting Conjunction）课程让学生了解好的采光设计，可以提高人的工作效率等。这些探索将采用可靠的、想象的新的科技、材料和生产工艺，取得一个平衡点。对生态建筑和可持续发展（从长远的角度来考虑）的关注将会是一个很好的机会，可为我们提供一个新的视角：我们是怎样生活、学习、交流还有娱乐的。

（4）设计工作室（实战课程）将采用3个核心的方式。这些实验室课程将密切关注当今的文化和社会的现状，由实验室课程、研讨交流会和研究课程所组成。这种独一无二的将设计、科技、材料、理论、历史和视觉化的结合理念，将拓宽学生的认知、理解和能力，最终用来设计满足人类的需要和愿望。芝加哥是一个活生生的现代艺术、建筑和设计的实验地（博物馆）。这个城市还是建筑交流布道和成功家具设计社区的中心地带。在芝加哥建筑分析（Sketching Chicago Architecture）课程中要求学生对芝加哥具有划时代意义的建筑进行实地考察和分析研究。对19—20世纪芝加哥建筑的外部构造和内部空间描绘过程中，学生能在训练中熟练掌握技能。教师每天还会展开演讲和对学生作业进行评价。中午冥思和讨论课程，将把学生、员工、知名设计师和建筑师聚在一起，探讨现有的设计实践，激发创意灵感。

通过介绍与对比国内和国外室内设计教学的课程设置和教学方式等问题，我们可以得出以下几点结论。

（1）室内设计的主干课程，如室内设计史、设计制图、人体工程学、室内设计、室内灯光、室内设备与材料和室内构造等，不管国内还是国外，凡开设室内设计专业的院校都很重视这些主干课程，它们是室内设计教育中最重要和必须开设的课程。同时，室内设计教育的造型基础课程如设计素描、设计色彩、专业绘画、造型原理等作为室内设计的基础课程是不可缺少的。它们的开设有利于学生艺术修养和造型能力的提高，是通向专业设计技能的必经桥梁。造型基础课程以训练设计师的形态—空间认识能力与表现能力为核心，为培养设计师的设计意识、设计思维乃至设计表达与设计创造能力奠定基础，也为后续的室内设计的学习打下坚实的基础。

同时在对表格的统计分析中，我们发现构成方面的教学还存在一定的不足。构成的教学一般来说应该包括三大部分的内容：平面构成、色彩构成和立体构成。大部分院校都开设了平面构成和色彩构成方面的内容，但是对立体构成的教学还不够重视，没有把其列入基本的教学科目中去。立体构成的学习对学生空间想象能力的培养有很大的帮助，通过建立抽象形态与有目的的构成设计之间的联系，并且在实际的设计实践中加以灵活运用，能够大幅度地提高学生设计造型能力和动手能力，为将来的室内空间构造和模型制作课程打下基础。三构成源于包豪斯的设计基础教学实践，它通过一系列数学化结构的几何形态，并施以标准化色彩，按照各种不同的组合构成方法，创造出各种非自然的形态造型，这些造型有的可直接用于设计中，有的可启发产生其他新的造型。

三构成是设计造型的基础技能，它不仅提供设计师以设计造型手段和造型选择的机会，而且培养训练设计师在平面、色彩和三维方面的逻辑思维与形象思维能力。尚在研究的光构成、动构成与综合构成，有益于拓展新的设计造型语言与手段，开拓设计的新境界。

（2）开展室内设计理论教学的同时，还应该注重学生的动手能力、实践能力的培养。学校要增设实践性教学环节、增加课程设计、参观实习等方面课程设置的内容，可以定期组织学生参观家具厂、设计公司、建筑工地或者进行室内设计施工实例的考察分析。为学生提供一个实践的场所和基地，使学生能够直接面对社会、面对市场，很好地将课堂所学的理论知识迅速运用到实践中去，在实践中检验并提高。

室内设计的工作性质决定了室内设计师职业修养的内容，美国罗德岛设计学院和芝加哥艺术学院设立的职业实践知识和工程管理课程，就是关注了技术知识积累的同时，自身的职业修养也不容忽视。

学校还应该定期开设室内设计讲座，请专家、学者来学校讲学，尤其应该学习国外高校的方式聘请社会实践第一线的成功人士来校讲座，为高校的教学工作注入新的设计理念。这里所指的成功人士包括：设计相关公司（如广告、印刷、装饰、包装、建筑、室内、景观、服装等）的设计总监、策划总监、总经理等；还有工商界、企业界、政府机关负责人。通过定期举办讲座，使学生获得许多学校课堂学不到的实践知识。例如，工艺流程、市场调研、营销策划、客户沟通、协调组织、成本分析以及一定的管理方面的经验，为学生今后走上社会打下稳固的实践基础。

（3）随着多媒体技术的发展，室内设计教学都已经相继开设了计算机辅助设计课程，包括工程制图（AUTO-CAD）和效果图绘制（3DS-MAX，PHOTO-SHOP）等，这是形势发展的需要。因为设计本身是一个抽象的过程，转换为图纸后就能更加直观地把设计者的思想、理念传达给我们的客户；可以将设计准确无误、全面充分地表现出来，是施工的依据，便于施工人员严格精确地按照设计进行操作；同时又是设计师与工程师和其他技术人员的通用语言，对于他们加强沟通与合作，完善设计有积极的作用。电脑效果图形象逼真、一目了然，可以将设计对象的形态、色彩、肌理及质感的效果充分展现，使人有如见实物之感，是顾客调查、管理层决策参考的最有效手段之一。所以，学校有必要开设一定的计算机辅助设计类课程，但是也要注意控制计算机教学的总课时数，避免由于加大计算机教学的比重而影响到专业理论的课时数，走向另一个误区。重技能、轻理论的后果就会导致所培养的学生毕业后缺乏作为一名合格的室内设计师所应具备的基本专业素养和能力，而只能成为操作电脑软件的所谓“绘图员”。计算机永远只是做设计的一个工具，它并不能代替学生设计思维和造型能力的培养。效果图表现的只是预想的效果，而不是现有的实物，需要培养学生充分发挥其造型能力和空间想象能力，同时充分利用电脑技术的各种先进效果。因此，室内设计院校除了公共基础课中的计算机基础知识教学外，计算机辅助设计课程设置 48 学时，每门课程 2 个学分，就已经能够满足室内设计教学的需要了。

（4）通过对国内和国外的室内设计教学课程的比较，会发现我国的室内设计教育一直忽视了对学生的一个方面能力的培养，这就是形象化思考（Visual Thinking)。这个词比较确切的英文释意是：以形象来辅助思考，以形象来进行思考。因为室内设计要解决的是三维空间的艺术创作，在进行设计创作的时候，脑、眼、手、像是循环和相互作用的，头脑中关于设计的一个初步的想法由手勾勒出来，勾画出的形象通过眼睛的观察、评价反馈回大脑，激发更深入的想法和构思。所以，形象化思考相关课程结合了学生形象视觉能力、想象创造能力、绘图能力三方面能力的综合培养。

形象化思考，在国外大部分室内设计院校都有开设，课程叫法有所不同，大致为 Visual Thinking、Visual Communication and Expression、Design Expression、Interior Design Thinking, 但指的都是同一类的培养内容。例如，芝加哥艺术学院的视觉构思（Design Visualization) 课程，是为室内设计入门课程做准备的。要求学生制作四维（以时间为基础）的录像机覆盖图、时间变更和色彩强调技术，以及结合电脑运用的三维立体模型的制造，最后用二维的形式将四维和三维的作品进行编排。这个课程训练学生的形象化思维，培养学生能更有效地表达四维、三维和二维的形象化思维能力。

鉴于我国的室内设计专业学生缺乏这方面课程的基础训练，形象表达能力、视觉上的鉴赏判断力发展都受到制约。因此，开设上述这类课程对我国的室内设计教育是十分必要的。

（5）通过比较会发现我国环境艺术设计教学多年来重视艺术表现，轻视专业理论、技能操作和专业实践，基础课与专业课不衔接，专业课与社会所需的专业不衔接，缺少实际的项目课程。虽有虚拟的项目设计，但大多不注重市场化、商业化和工业技术的要求和规律，学校所学知识与社会的应用专业脱离较远。而国外的设计工作室课程密切关注当今的文化和社会的现状，由实验室课程、研讨交流会和研究课程所组成。我们要与国际模式接轨，转换传统的单向教学模式，学习这种“双向互动、多元互动”的教学模式，实现知识的共享和交融。采用“行为引导型教学法”，调动学生的自我表达、实验精神和创新能力。

## 三、美国有关院校景观规划设计专业教学体系

### （一）哈佛大学景观设计专业教学体系

作为设计学科三姐妹之一的景观规划设计（Landscape Architecture, LA），在现代城市与环境建设中起着关键的作用。美国的景观规划设计专业教育始于哈佛大学，至今已有近100年的历史。哈佛的LA教育以其悠久与卓越造就一代又一代杰出的设计师。

哈佛大学近100年的设计学教育史使其在国际建筑、景观规划设计（LA在中国有不同的翻译，如园林、景观建筑、景园、造园、风景园林等，此处不做讨论）、城市规划等各设计领域独领风骚，领导一代又一代国际设计新潮流。作为设计领域两姐妹之一的景观规划与设计教育更是哈佛首创，近100年的辉煌卓越，使之成为世界本领域实践与专业教育的航标灯塔。考察其教学体系，对我国方兴未艾的LA事业的发展是有重要意义的。下面将着重从三个方面介绍哈佛大学LA专业：简史与教育哲学、学位体系和课程体系。

1. 简史与教育哲学

哈佛的LA专业史，从某种意义上说也是美国的LA史。从1860到1900年，美国LA的开山祖Frederick Law Olmsted等便在城市公园绿地、广场、校园、居住区及自然保护地的规划与设计中奠定了LA学科的基础。1900年，Olmsted之子F.L.Olmsted.Jr.和A.A.Sharcliff首次在哈佛开设了全国第一门LA专业课程，并在全国首创了四年制LA专业学士学位（Bachelor of Science Degree in Landscape Architecture），此后，便与建筑学理学学位教育（始于1895年）并行发展。美国LA之父，老Olmsted于1906开始领衔主持LA专业。1908—1909学年开始，哈佛已有了系统的LA研究生教育体系，并在应用科学研究生院中设硕士学位，即MLA(Master in Landscape Architecture)。

1909年，James Sturgis Pray教授开始在LA课程体系中加入规划课程，逐渐从LA派生出城市规划专业方向，并于1923年在全国首创城规方向的景观规划设计硕士学位（Master of Landscape Architecture in City Planning）。1929年城市规划与LA学院独立而成立城市与区域规划学院，结束了哈佛大学的建筑与LA两姐妹史，而形成了建筑—LA—域规三足鼎立的格局，并行发展至今。

1936年，哈佛大学成立设计研究生院（GSD）。目前，全研究生院有500名左右的硕士生和极少数的博士生，没有本科生，同时培养多个层次的进修生。

在哈佛，LA被作为一个非常广的专业领域来对待，从花园和其他小尺度的工程到大地的生态规划，包括流域规划和管理。景观规划设计师应兼有工程技术和设计学的创造能力，同时必须具有对生态环境和社会的责任心。由于人类活动的不断增强、城市的不断扩展，景观规划设计师的任务不仅是设计和创造新的景观，同时在于景观保护和拯救。为此，他们往往是造就多种和生态背景下的人居环境之不可替代的专家。

LA的教育旨在培养学生的创造力和利用各种知识进行决策的能力。鼓励学生从先哲的作品中，从艺术、设计理论、民用工程中和场地分析中获取营养。LA教育同时强调影响设计过程的土地规划和生态分析，研究社会、经济、法律、环境和政策等。

设计课(Design Studio)是学习探索的核心。授课和研究强调关键问题的分析，强调对视觉、理论、历史、专业实践活动和科学研究等方面的全面研究。LA学生保持与建筑学和城市规划学生的紧密接触。通过综合性的设计课程，增进了解和相互学习。哈佛的其他机构包括著名的Fogg艺术博物馆、哈佛Arnold植物园、哈佛森林，在首都华盛顿的Dumbarton Oaks园林研究中心，都为学生提供任何其他学校所没有的综合学习场所。来自世界各地的名流和专业设计师的访问和讲座，则更是学生接触最新专业动态理论的难得机会。

2. 景观规划设计专业学位体系

在哈佛设计研究生院，有志于LA事业的学生有机会在不同方向和多个层次上接受教育并获得相应的专业学位，包括以下几个方面。

（1）MLAI，即景观规划设计职业硕士学位（Master in Landscape Architecture Professional Degree）。这是为本科没有经过LA职业教育或来自其他职业领域的本科毕业生而设置的学位。目的是通过教育使他们有资格成为景观规划设计师。学制一般为3年，但对已有建筑学学士或硕士的学生，部分课程免修。学制为2年。

（2）MLAI，即景观规划设计职业后硕士学位（Master Landscape Architecture Postprofessional Degree）。这是对已有职业LA学士学位的学生想进一步提高教育而设置的，教育以设计课为主。学制为2年。

（3）MLAUD，即城市设计方向的景观规划设计学硕士(Master of Landscape Architecture in Urban Design)，这也是一个职业后硕士学位，这是为已有LA专业学位的学生进一步以城市景观作为研究对象，想在城市设计方向深入进修而设置的。学制一般为2年。

（4）MDesS，即设计学硕士 (Master in Design Studies)。这是个职业后学位，是对那些已有设计师资格规定的职业学位，一般都是建筑学、LA 及城市规划方面的硕士学位，想进一步在某个具体方向深入研究，或作为进一步申请某个方向的博士学位而设置的。学生要求必须有足够的学术或设计工作经验。其他相近学科，如工程、地理、计算机科学、图像设计也有可能被录取攻读此学位。这一学位目前有六个专门化方向，包括：计算机辅助设计、历史与理论、景观规划与生态学、地产开发与技术、发展中国家的城市化。另外，设独立研究方向（由学生和导师自己出题商定）。学制一般为 1 年。

（5）DrDes, 即设计学博士，它是目前设计学领域的最高学位，目的是为在建筑、LA 和城规专业领域内已掌握充分的职业技能，而想进一步在这些领域内创造独到贡献的学员而设。它与其他 Ph.D 学位不同之处在于，DrDes 是把设计学作为实践性的学科来对待，而不是学究式的研究。因而，DrDes 考生的录取必须有很强的专业实践和设计技能。同时有明确的、独到的研究方向，既要求有艺术和设计的创造能力，又要求有系统的逻辑分析能力，并能独立开展深入研究。学生要求自己立题，然后由研究生院组织设计三姐妹学科中最有实力和经验的教授组成博士委员会指导学生。本学位于 1985 年开始设立，全世界只有哈佛大学有。每年在全球范围内招收 4~6 名在各自领域里已有卓越成绩的人才入学。这是目前竞争最激烈的专业学位之一。DrDes 更多的是强调建筑、LA 和城规的跨学科研究和实践。学位一般在 3 年左右完成。

（6）Ph.D，即 Doctor of Philosophy。由于 GSD 是一所职业性研究生院，不授予非职业性的学术性 Ph.D 学位。所以，LA 方向的 Ph.D 由哈佛文理学院授予，而导师可以由 GSD 教授组成。它主要培养 LA 和城规方向的教师及研究人员，与设计学博士方向有很大不同，对学生的职业技能要求不严，允许文理学科的硕士深造而获此学位。要求在建筑、LA 及城市规划方面的某一问题上有深入细致的研究。如对 LA 历史上某一时代的某一人物，甚至某一作品的深入研究，生态学的某一方面的研究等。学位一般在 3~6 年内完成。

3. 景观规划设计专业课程体系

总的来讲，与其他设计专业一样，LA 专业课程可分为三类。

（1）设计课（Studio)。这类课着重设计技能培养，广泛涉及与景观规划设计相关领域的技术与知识。

（2）讲课与研讨会 (Lectures and Seminars)，讲授与探讨 LA 的历史、理论及方法论。

（3）独立研究 (Individual Study), 在掌握了 LA 基本理论与方法论的基础上，开展某一方向的专门性研究，由导师指导。基本上独立完成研究，写论文。

在这三类课程中，又分别分为三个等级层次的教育。由浅入深。

初级：这一层次的教育以引导学生进入 LA 专业为目的。在这一层次上，哈佛其他学院在读本科生或硕士生可以选修。

中级：涉及 LA 专业的核心内容。

高级：常有独立研究性的内容，为硕士阶段的独立研究和博士开设。从课程的选修方式上，又分为必选课（Required)、限选课 (Distributional Electives) 和任选课 (Free Electives)，课程内容上分为技能课、视觉研究课、历史理论课、社会经济裸、科学技术课，每一学位的学习都对各类课程的选修比例有严格规定。下面是两个同 LA 硕士学位课程选修要求。

（1）MLA1 的课程体系。LA 设计课周末答辩学生需有 120 学分后才有资格获得 MLA1 学位，其课程要求如表 2-8 所示。

表2-8　课程要求

| | 学分 |
|---|---|
| 要求 | 48 设计课，以培养设计技能专业必修课<br>42 专业必修课<br>12 三个方面的限修课：历史、社会经济、自然系统<br>18 任选课以提供专门研究的机会 |
| 第一学期 | （初级）景观设计（设计课）<br>（初级）景观绘画（视觉研究）<br>（初级）现代园林和公共景观史：1800 年至今（初级）景观技术基础<br>2（中级）植物配置基础 |
| 第二学期 | （初级）景观设计（设计课）<br>（初级）景观设计理论、（初级）景观技术、（中级）植物配置基础<br>4（限选）自然系统课程（见附表）或（初级）场地生态学 |
| 第三学期 | （中级）景观规划与设计（设计课）<br>4（初级）计算机辅助设计<br>4（中级）景观规划理论和方法<br>4 限选课 |
| 第四学期 | （中级）景观规划与设计（设计课）、（中级）景观技术、（中级）景观技术、（中级）植物配置、（中级）植物配置<br>4 任选课 |

（续 表）

| | 学分 |
|---|---|
| 第五学期 | (高级)自选设计课<br>4(中级)设计行业管理(专业管理选修课之一)<br>2(限选)科学技术课<br>6 任选课 |
| 第六学期 | (高级)自选设计课<br>4(中级)设计法规(专业管理选修课之二)任选课<br>(高级)独立 MLA 论文研究<br>4(中级)设计法规(专业管理选修课之二)<br>4 任选课 |

MLAI 的学生如果原有建筑学学士(BArch)、建筑学硕士(MArch)或同等学历，则只需完成以下 80 学分即可有资格获取 LA 的硕士学位(见表 2-9)。

表2-9　课程要求

| | 学分 |
|---|---|
| 要求 | 设计课，以培养设计技能专业必修课<br>限修课，限于三个方面：历史、社会经济和自然系统<br>6 任选课以提供深入研究的机会 |
| 第一学期 | 8(中级)景观规划与设计(设计课)<br>4(中级)景观规划理论与方法<br>4(中级)现代园林和公共景观史：1800 年至今(初级)景观技术<br>2(中级)植物配置 |
| 第二学期 | (中级)景观规划与设计(设计课)、(中级)景观技术基础、(中级)植物配置基础<br>(中级)植物配置<br>4(限选)自然系统或(初级)场地生态学 |
| 第三学期 | (高级)自选设计课<br>4(初级)计算机辅助设计<br>2(限选)科学与技术课<br>6 任选课 |
| 第四学期 | (高级)自选设计课、(中级)景观技术、(中级)景观技术任选课<br>MLA 学位论文独立研究(中级)景观技术、(中级)景观技术<br>4 任选课 |

（2）MCAI 的课程设置。入校生一般都已有 LA 的专业学士学位，即 BLA 和 BSLA 或同等学位。要求完成下列 80 学分后有资格获得 LA 的硕士学位（表 2–10）。

表2–10　课程要求

| | 学分 |
|---|---|
| 要求 | 高级 LA 设计课、4 高级 LA 理论课、24 自选设计课以培养设计技能、44 任选课 |
| 第一学期 | 高级 LA 设计课、高级 LA 理论课、8 任选课 |
| 第二学期 | （高级）自选设计课、12 任选课 |
| 第三学期 | （高级）自选设计课、12 任选课 |
| 第四学期 | 自选设计课、12 任选课 |

LA 城市设计硕士学位 (MLAUD) 的课程设置则在上述 LA 的基本课程体系上，强化城市景观的设计课程。设计学硕士 (MDesS) 学位需完成 32 学分，其中必须有 24 学分是 GSD 开设的设计类专业课，最多不超过 8 学分的设计课和最多不超过 8 学分的独立研究。设计学博士 (DrDes) 要求 32 学分的 GSD 设计类专业课和另外 24 学分的论文工作 ( 共 56 个学分 )。Ph.D 的学生则更多地选用文理学院的课程，并至少掌握一门外语。

作为讨论，哈佛大学在 LA 专业教育上，有一些明显的特点值得借鉴。

（1）在 LA 专业人才培养上的多层次性和多方面的特点。在牢牢把握核心设计课程的专业技能训练基础上，通过自选设计课和多种限选及任选课使学生在某一方向形成自己的偏好和特色。这在竞争激烈的国际设计市场上是很有意义的。

（2）利用 GSD 设计学科方面的综合优势，无论在选课或组织设计课时，LA 学生都有机会与建筑学、城市规划学生和教授广泛接触，在知识上交叉融合。

（3）GSD 在 500 多名学生中，其中有近 30% 为国际学生，这又是每一位 GSD 学生的最宝贵资源。在同一个设计课程中，常常是国际性的。各种文化和思维模式，在不断的头脑风暴过程中为每位参与者带来灵感和智慧。

（4）把设计院设在一个综合性大学中，与文理学院和政府管理学院并驾齐驱，在课程和教员上相互补充，则是哈佛的景观规划设计专业，也是其他设计学专业得以在充足的知识营养中延续和创新的主要优势之一。

（5）兼容并蓄，广泛邀请世界名流学者参与 LA 教育，使哈佛的 LA 学生思路开阔，得巨人肩膀之位势。

所有以上各方面，都使哈佛的LA教育和其他设计学专业教育得以领导世界设计潮流近百年而不衰。

## 四、国际室内设计师协会规定课程

国际室内设计师协会规定室内设计教育或培训必须包括以下课程：

（1）室内设计基础（哲学、美学、社会学，以及关于室内设计、视觉研究、色彩、灯光布置及肌理的理论）；

（2）材料基本知识（木材、金属、塑料、织物材料等）；

（3）视觉传播（客观及阐释性绘图、徒手透视图、色彩媒介的使用、摄影及模型制作）；

（4）人与环境（工效学、人体测量学及室内设计评估、艺术及建筑史、室内布景及家具）；

（5）以项目方法完成的创造性工作（至少四个大型项目）；

（6）信息输入及设计要求简介、室内设计分析、室内设计探索、以图示形式提交的室内设计方案；

（7）对项目设计方案的解释及与建筑环境有关的技术学习（施工图、建筑技术、对结构和服务的理解）；

（8）成本计算及评估、细部设计及材料的尺寸规格说明、家具及房屋内的固定装置；

（9）专业实践（口头交流技巧、办公室组织及实践、与室内设计师相关的法律、参观设计或施工当中的项目）。

根据目前的情况，国际室内设计师协会规定以上这9项所包含的内容是一个合格的室内设计师所必须掌握的，是最低标准。通过对美国有关院校室内设计及景观设计专业的了解，通过对国际室内设计师协会规定室内设计教育或培训的基本要求的了解，通过对国内各主要院校该专业的了解，我们对该专业在目前国际上以及发达国家的专业教育状态与国内该专业的教育状态有了一个宏观对比。发现它们的异同，同时为建立我们国家该专业教育体系及专业教学控制体系做好对比研究的基本准备。

在改革开放早期的20世纪80年代初到90年代中期，我国的综合国力不断增强，人民生活水平日益提高，为环境艺术设计行业提供了广阔的市场。环境艺术设计行业蓬勃发展，并带动了其他相关产业的迅速发展。环境艺术设计行业已经逐渐成为国民经济新的增长点，为国民经济的发展和社会的稳定做出了巨大的贡献。

那一时期的环境艺术设计市场急剧发展，社会急需一大批环境艺术设计专业人才，环境艺术设计教育却滞后于市场的发展。环境艺术设计行业市场上真正受过良好环境艺术设计专业培训的人员奇缺，许多做环境艺术设计的从业人员是没有经过环境艺术设计专业训练的人员，多为美术学院绘画类以及其他设计类专业转行过来。许多院校蜂拥而上创办环境艺术设计专业，在环境艺术设计教学办学模式上也是不一而足。

1987 年，建设部批准在同济大学建筑系和重庆建筑工程学院建筑系（现重庆大学建筑学院）开设了室内设计专业，尝试在工科院校中培养室内设计的专门人才，侧重于建筑空间关系与工程技术教育。在各美术类师范类院校开办的环境艺术设计专业则更多侧重空间艺术造型、陈设艺术设计及装饰艺术教育。20 世纪 80 年代以后，开设相关课程的大专、中专、民办学校也越来越多，为中国环境艺术设计人才的培养打下了数量的基础。

经过几十年的探索，中国环境艺术设计的教学方向逐渐明确，学科建制日趋规范，但教学体系及结构各校自说自话，甚至相去甚远，从四年一贯制，到一三制、二二制，应有尽有，似无基本规范可依。在课程设置上往往是较独立地分门别类讲授各项内容。然而，从实际效果观察，这样堆垒式的教学模式固然使学生知识面广了，但重点却不突出，知识链的串联常常缺失。各校追求自己的办学特色是无可厚非的，但是作为一门应用性、实践性很强的学科，它相对应的市场需求具有一些核心的对人才知识技能的要求是相对不变的，这也是我们研究这个课题的充分及必要价值。国内的环境艺术设计教育相比世界上发达国家而言具有起步晚但规模发展快，量和质不同步，以及水平高低严重失衡的特点。具体到教学和相关理论研究却在当下由利益目的驱使的重“实践”、轻理论的浮躁环境中呈现严重滞后状态。

从我国目前培养环境设计专业人才的高等院校教学水平及教学特点来看，拟分为五大类。以下各校各具代表性：①清华大学美术学院环境艺术设计系；②中国美术学院建筑学院环境艺术设计系；③同济大学建筑与规划学院艺术设计系环境艺术设计专业；④广州美术学院设计学院建筑与环境艺术设计系；⑤其他师范及综合院校环境艺术设计系。

## 第五节　专业与非专业院校的横向比较

在过去计划经济体制下，一般的综合院校没有美术及环境艺术设计类专业。

师范院校的美术系一般仅限于美术教育专业，目标是为中学美术课程培养师资，由国家按计划分配。中学的美术课程重在培养学生的审美趣味和美术素养，属于启蒙和普及性质，因此，并没有明确的专业方向。与此相对应，师范院校的美术教育专业前两年的课程设置是一样的，即这两年里的课程设置是对美术领域的各专业包括设计均有涉猎，宽泛且杂乱，只有在最后两年，才根据自己的师资结构和学生自己的专长爱好，让学生选择专业方向，直到毕业。在这样的美术教育结构下，学生的专业结构涉猎很多但无一精通。如果这些美术教育专业的毕业生真的能去中学教书也就算人尽其才了。问题是，师范类院校的设计专业也用这样宽泛而无一精通的模式培养设计类学生，那就大大违背了设计市场对设计人才知识结构的要求，毕竟设计专业毕业生是针对设计市场的而非针对中小学校师资的。

开设专业就有个就业问题。大学毕业生早已没有计划分配，20 世纪 90 年代已经逐渐实行用人单位和毕业生双向选择。也就是高校毕业生已由计划分配向人才市场转变，现在的人才培养与使用除了一些特殊专业外早已完全市场化。大学生充分就业已经成了一个社会问题，在这个前提下，设计专业从扩招前的重视设计专业的数量，到现在应该转为重视质量和内涵发展。但令人感到遗憾的是：许多传统师范院校仍然用美术师范教育专业的模式来办设计教育，普通综合大学由中央工艺美术学院于 1999 年并入清华大学，更名为清华大学美术学院，她从过去到现在一直代表了国内设计教学领域的设置水平，江南大学前身无锡轻工业大学和中央工艺美术学院同属原轻工部管辖，在轻工部属期间，轻工部不断从两校设计专业派遣教学人员前往德国、日本、法国、美国等设计发达国家留学，从而打下了良好的师资、教学及科研基础。由于师资力量、专业积淀等多方面的因素，在设计专业教学方面都不同程度地呈现出不尽如人意的地方。

## 一、分析目前国内非专业院校环艺设计专业的课程设置

师范院校环艺课程的设置现状调查如下所示。师范类院——华南师范大学 15 级艺术设计专业（环艺设计方向）课程结构比例如表 2–11 所示，课程方案表如表 2–12 ~ 2–14 所示。

表2-11　课程结构比例表

| 课程类别 | | 学时数 | 占总学时比例 | 学分数 | 占总学分比例 |
|---|---|---|---|---|---|
| 综合教育课 | 必修课 | 704 | 16.8% | 38.5 | 19.8% |
| | 选修课 | 160 | 3.8% | 9 | 4.6% |
| 学科基础课 | | 681 | 16.2% | 25 | 12.8% |
| 专业必修课 | | 1112 | 26.5% | 44 | 22. 6% |
| 专业选修课 | | 1544 | 36.8% | 57.5 | 30% |
| 实践及毕业论文（设计） | | 31W | | 20 | 10.2% |
| 总　计 | | 4201 | 100% | 194 | 100% |

表2-12 师范类院校——华南师范大学15级艺术设计专业（环艺设计方向）课程方案表

| 课程类别 | | 课程编码 | 课程名称 | 学分数 | 学时数 | | | 学期、周时数、周学时 | | | | | | | | 备注 |
|---|---|---|---|---|---|---|---|---|---|---|---|---|---|---|---|---|
| | | | | | 合计 | 理论学时 | 实践学时 | 一 | 二 | 三 | 四 | 五 | 六 | 七 | 八 | |
| | | | | | | | | 14 | 18 | 13 | 18 | 18 | 18 | 8 | 16 | |
| 综合教育课 | 必修课 | 44C18451 | 思想道德修养与法律基础 | 2.5 | 48 | 32 | 16 | 2-1 | | | | | | | | |
| | | 44C18541 | 中国近现代史纲要 | 2 | 32 | 32 | | | 2 | | | | | | | |
| | | 44C18691 | 毛泽东思想、邓小平理论和“三个代表”重要思想理论 | 4.5 | 96 | 64 | 32 | | | | 4-2 | | | | | |
| | | 44C18741 | 马克思主义基本原理 | 2.5 | 48 | 32 | 16 | | | 2-1 | | | | | | |
| | | 41E40181 | 大学英语 | 4 | | 256 | | | | | | | | | | |
| | | 41E40182 | 大学英语 | 4 | | | | | | | | | | | | |
| | | 41E40183 | 大学英语 | 4 | | | | | | | | | | | | |
| | | 41E40184 | 大学英语 | 4 | | | | | | | | | | | | |

（续　表）

| 课程类别 | | 课程编码 | 课程名称 | 学分数 | 学时数 | | | 学期、周时数、周学时 | | | | | | | | 备注 |
|---|---|---|---|---|---|---|---|---|---|---|---|---|---|---|---|---|
| | | | | | 合计 | 理论学时 | 实践学时 | 一 | 二 | 三 | 四 | 五 | 六 | 七 | 八 | |
| | | | | | | | | 14 | 18 | 13 | 18 | 18 | 18 | 8 | 16 | |
| 综合教育课 | 必修课 | 42D50721 | 大学体育 | 1 | 128 | | | | | | | | | | | |
| | | 42D50722 | 大学体育 | 1 | | | | | | | | | | | | |
| | | 42D50723 | 大学体育 | 1 | | | | | | | | | | | | |
| | | 42D50724 | 大学体育 | 1 | | | | | | | | | | | | |
| | | | 计算机基础 | 5 | 96 | 64 | 32 | | | | | | | | | |
| | | | 军事 | 2 | 2.5W | | | | | | | | | | | |
| | | 小计 | | 38.5 | 704 | 480 | 96 | | | | | | | | | |
| | | | | | | | | | | | | | | | | |
| | 选修课 | | 人文社会科学类 | 2 | 32 | | | 春　秋 | | | | | | | | 会 |
| | | | 自然科学类 | 2 | 32 | | | 春　秋 | | | | | | | | 自然科学类 |
| | | | 艺术类 | 2 | 32 | | | 春　秋 | | | | | | | | |
| | | | 综合实践类 | 2 | 64 | | | 春　秋 | | | | | | | | |

（续　表）

| 课程类别 | 课程编码 | 课程名称 | 学分数 | 学时数 合计 | 理论学时 | 实践学时 | 学期、周时数、周学时 一 | 二 | 三 | 四 | 五 | 六 | 七 | 八 | 备注 |
|---|---|---|---|---|---|---|---|---|---|---|---|---|---|---|---|
| | | | | | | | 14 | 18 | 13 | 18 | 18 | 18 | 8 | 16 | |
| 综合教育课 选修课 | | 就业指导课 | I | | | | 讲座形式，分散实施 | | | | | | | | 综合类讲座 |
| | 小计 | | 9 | 160 | | | | | | | | | | | |
| | | | | | | | | | | | | | | | |
| 学科基础课 | | 基础素描① | 3 | 90 | 20 | 70 | 15/6 | | | | | | | | （静物\头像） |
| | | 基础素描② | 3 | 90 | 20 | 70 | | 15/6 | | | | | | | （人物） |
| | | 基础素描③ | 3 | 45 | 15 | 30 | | | 15/3 | | | | | | （人体） |
| | | 基础素描④ | 2 | 60 | 10 | 50 | | 15/4 | | | | | | | （线描人物） |
| | | 人体解剖学 | 1 | 15 | 15 | | | | | | | | | | |
| | | 透视 | 1 | 15 | 15 | | | | | | | | | | |
| | | 基础色彩① | 2 | 60 | 10 | 50 | 15/4 | | | | | | | | （静物\头像） |
| | | 基础色彩② | 2 | 60 | 10 | 50 | | 15/4 | | | | | | | （人物） |

（续 表）

| 课程类别 | 课程编码 | 课程名称 | 学分数 | 学时数 | | | 学期、周时数、周学时 | | | | | | | | 备注 |
|---|---|---|---|---|---|---|---|---|---|---|---|---|---|---|---|
| | | | | 合计 | 理论学时 | 实践学时 | 一 | 二 | 三 | 四 | 五 | 六 | 七 | 八 | |
| | | | | | | | 14 | 18 | 13 | 18 | 18 | 18 | 8 | 16 | |
| 学科基础课 | | 基础色彩③ | 2 | 60 | 10 | 50 | | | 15/4 | | | | | | （人体） |
| | | 中画基础 | 1 | 30 | 5 | 25 | 15/2 | | | | | | | | （白描花鸟） |
| | | 书法 | 1 | 36 | 8 | 28 | | | | | | | | | |
| | | 中国画基础 | 1 | 30 | 5 | 25 | 15/2 | | | | | | | | |
| | | 设计基础① | 1 | 30 | 5 | 25 | | | 15/2 | | | | | | |
| | | 设计基础② | 1 | 30 | 5 | 25 | | | 15/2 | | | | | | |
| | | 设计基础③ | 1 | 30 | 5 | 25 | | | 15/2 | | | | | | |
| | 小计 | | 25 | 681 | | | | | | | | | | | |
| | | | | | | | | | | | | | | | |
| 专业必修课 | | 文学欣赏 | 2 | 36 | 36 | | | | 2/18 | | | | | | |
| | | 美术概论 | 2 | 36 | 36 | | | | 2/18 | | | | | | |
| | | 中国美术史 | 3 | 54 | 54 | | | | 3/18 | | | | | | |
| | | 外国美术史 | 3 | 54 | 54 | | | | 3/18 | | | | | | |

（续　表）

| 课程类别 | 课程编码 | 课程名称 | 学分数 | 学时数 | | | 学期、周时数、周学时 | | | | | | | | 备注 |
|---|---|---|---|---|---|---|---|---|---|---|---|---|---|---|---|
| | | | | 合计 | 理论学时 | 实践学时 | 一 | 二 | 三 | 四 | 五 | 六 | 七 | 八 | |
| | | | | | | | 14 | 18 | 13 | 18 | 18 | 18 | 8 | 16 | |
| 专业必修课 | | 中国建筑史 | 2 | 36 | 36 | | | | 2/18 | | | | | | |
| | | 西方建筑史 | 2 | 36 | 36 | | | | 2/18 | | | | | | |
| | | 设计表现技法：1- 建筑表现技法 | 1.5 | 45 | 20 | 25 | | | | 15/3 | | | | | |
| | | 设计表现技法：2- 室内表现技法 | 3 | 80 | 30 | 50 | | | | | 15/4 | | | | |
| | | 测绘与制图 | 2 | 60 | 20 | 40 | | | | 15/4 | | | | | |
| | | 计算机辅助设计—AutoCAD | 1.5 | 45 | 20 | 25 | | | | 15/3 | | | | | |
| | | 人体工程学 | 1 | 30 | 20 | 10 | | | | 15/2 | | | | | |
| | | 装饰材料与构造 | 3 | 80 | 30 | 50 | | | | 20/4 | | | | | |
| | | 公共空间设计1—专卖店设计 | 3 | 80 | 30 | 50 | | | | | | 20/4 | | | |

（续 表）

| 课程类别 | 课程编码 | 课程名称 | 学分数 | 学时数 | | | 学期、周时数、周学时 | | | | | | | | 备注 |
|---|---|---|---|---|---|---|---|---|---|---|---|---|---|---|---|
| | | | | 合计 | 理论学时 | 实践学时 | 一 | 二 | 三 | 四 | 五 | 六 | 七 | 八 | |
| | | | | | | | 14 | 18 | 13 | 18 | 18 | 18 | 8 | 16 | |
| 专业必修课 | | 公共空间设计2-餐饮空间设计 | 3 | 100 | 45 | 65 | | | | | | 20/5 | | | |
| | | 公共空间设计3-办公空间设计 | 3 | 80 | 30 | S0 | | | | | | | 20/4 | | |
| | | 环境景观设计 | 3 | 100 | 35 | 55 | | | | | 20/5 | | | | |
| | | 园林设计 | 3 | 80 | 30 | 50 | | | | | | 20/4 | | | |
| | | 环境规划设计 | 3 | 80 | 25 | 55 | | | | | | | 20/4 | | |
| | | 小计 | 44 | 1112 | | | | | | | | | | | |
| | | | | | | | | | | | | | | | |
| 专业限选课限选15学分 | | 快题设计 | 2 | 60 | 20 | 40 | | | | | | | | | |
| | | 室内设计原理 | 3 | 80 | 30 | 50 | | | | | | | | | |
| | | 城市规划 | 2 | 45 | 45 | | | | | | | | | | |
| | | 小计 | 31.5 | 839 | | | | | | | | | | | |
| | | | | | | | | | | | | | | | |

（续　表）

| 课程类别 | 课程编码 | 课程名称 | 学分数 | 学时数 | | | 学期、周时数、周学时 | | | | | | | | 备注 |
|---|---|---|---|---|---|---|---|---|---|---|---|---|---|---|---|
| | | | | 合计 | 理论学时 | 实践学时 | 一 | 二 | 三 | 四 | 五 | 六 | 七 | 八 | |
| | | | | | | | 14 | 18 | 13 | 18 | 18 | 18 | 8 | 16 | |
| 专业课任选7学分 | | 版画基础（丝网版画） | 1–5 | 45 | 15 | 30 | | | | | | | | | |
| | | 漆艺基础 | 1.5 | 45 | 15 | 30 | | | | | | | | | |
| | | 陶艺基础 | 1 | 30 | 10 | 20 | | | | | | | | | |
| | | 商业展示 | 1.5 | 45 | 15 | 30 | | | | | | | | | |
| | | 装饰表现 | 1.5 | 30 | 15 | 15 | | | | | | | | | |
| | | 传播学 | 2 | 45 | 45 | | | | | | | | | | |
| | | 摄影技术 | 3 | 80 | 30 | 50 | | | | | | | | | |
| | | 字体设计 | 2 | 60 | 20 | 40 | | | | | | | | | |
| | | 版面设计 | 2 | 60 | 20 | 40 | | | | | | | | | |
| | | VI 设计 | 3 | 80 | 30 | 50 | | | | | | | | | |
| | | 工艺美术史 | 2 | 45 | 45 | | | | | | | | | | |
| | | 网页设计 | 3 | 80 | 30 | 50 | | | | | | | | | |
| | | 染织设计 | 2 | 60 | 20 | 40 | | | | | | | | | |
| | | 小计 | 26 | 705 | | | | | | | | | | | |

（续　表）

<table>
<tr><th rowspan="3">课程类别</th><th rowspan="3">课程编码</th><th rowspan="3">课程名称</th><th rowspan="3">学分数</th><th colspan="3">学时数</th><th colspan="8">学期、周时数、周学时</th><th rowspan="3">备注</th></tr>
<tr><th rowspan="2">合计</th><th rowspan="2">理论学时</th><th rowspan="2">实践学时</th><th>一</th><th>二</th><th>三</th><th>四</th><th>五</th><th>六</th><th>七</th><th>八</th></tr>
<tr><th>14</th><th>18</th><th>13</th><th>18</th><th>18</th><th>18</th><th>8</th><th>16</th></tr>
<tr><td rowspan="3">实践及毕业论文（设计）</td><td colspan="2">艺术考察</td><td>2</td><td>175</td><td></td><td></td><td></td><td></td><td>35/5</td><td></td><td></td><td></td><td></td><td></td><td></td></tr>
<tr><td colspan="2">毕业设计（包含毕业论文下厂实践）</td><td>18</td><td>26W</td><td></td><td></td><td></td><td></td><td></td><td></td><td></td><td></td><td></td><td></td><td></td></tr>
<tr><td colspan="2">小计</td><td>20</td><td></td><td></td><td></td><td></td><td></td><td></td><td></td><td></td><td></td><td></td><td></td><td></td></tr>
</table>

表2-13　华南师范大学15级环艺设计专业课程方案

| 课程类别 | 课程名称表 |
| --- | --- |
| 第一学年（综合教育课） | 思想道德修养与法律基础、中国近现代史纲要、毛泽东思想、邓小平理论概论和“三个代表”重要思想概论、马克思主义 基本原理、大学体育、计算机基础、大学英语、军事 |
| 第二学年（学科基础课） | 基础素描①、基础素描②、基础素描③、基础素描④、人体解剖学、透视、基础色彩①、基础色彩②、基础色彩③、中国画基础、书法、设计基础①、设计基础②、设计基础③ |
| 第三学年（专业必修课） | 文学欣赏、美术概论、中国美术史、外国美术史、中国建筑史、西方建筑史、设计表现技法、测绘与制图、计算机辅助设计（CAD）、人体工程学、装饰材料与构造、公共空间设计—专卖店设计、环境景观设计、园林设计、环境规划设计 |
| 第四学年 | 专业实践、毕业设计、毕业论文 |

表2-14　综合院校浙江大学艺术设计专业（环艺设计方向）课程方案

| 课程类别 | 课程名称表 |
| --- | --- |
| 第一学年（通识课程） | 思想道德修养与法律基础、中国近现代史纲要、毛泽东思想、邓小平理论和“三个代表”重要思想概论、马克思主义基本原理概论、形势与政策、军事理论、外语类、计算机类 |
| 第二学年（大类课程） | 平面构成、色彩构成、立体构成、色彩、素描、计算机辅助设计、写生 |
| 第三学年（专业课程） | 工程图学、机械制图及 CAD 基础、建筑制图、环艺设计概论、材料及构造、园艺绿化、环艺设计、园林规划设计原理、预算与工程管理、环境照明设计 |
| 第四学年 | 毕业论文、设计 |

从上述一所师范性院校和综合性学校，同是非艺术类院校的环艺专业课程设置表格分析，我们可以看出它们各自的课程结构的比例安排和课程方案，都是按照先基础后专业的 4 年制教学模式。采用的是目前大多数师范院校通用的二二制教育大纲，在大学一年级以素描、色彩、构成等综合教育课为主，不涉及环艺专业；二年级开设学科基础课程，直到三年级才真正接触专业课程的学习。这样的

教学模式大大减少了学生对本身专业知识的学习时间，专业针对性也不足。

也有大部分学校现在正渐渐采用一三制的两段式教学模式，用一年时间培养美术功底，后三年再逐步涉及专业课程的教学。但是也存在着教学内容不统一，缺乏实践性教学，如教学考察、装饰材料认识考察、施工工艺现场实习、教育实习、社会实践实习、应用性环境设计内容等。同时，部分师范院校过于注重绘画基础技能的训练。学生的质量水平，重要的是取决于所学专业的课程体系和教学内容，以及从中获得的专业知识、素质、能力。现在我国环艺设计专业教育课程体系不明，主干课程及其内涵、目标都模糊不清，课程名称不规范，因人设课，盲目随意增加课程的现象还依然存在。笔者调查了曾任教的师范院校的100位环境设计专业学生，有98%的学生认为学校相对来说课程体系不够明确，用于学习具有专业性知识的时间是不够的，从而导致了大部分学生专业水平不够高，毕业后他们的缺陷也就会暴露在社会实践中。

## 二、师范类院校对于培养环艺设计人才的方向性

就目前来看，对于多数的师范院校来说，教育方向是以美术教育为主、设计为辅、以教师型人才为侧重点，而环艺类设计专业不是以培养美术师资人才为目的，而是为面向具体市场需求而发展的这样一个专业。所以，我们不应该套用原来在计划经济体制下师范院校培养工艺美术类人才的概念去培养环艺设计类人才，毕竟环艺专业人才是直接面向市场的，不像以往的包分配，什么都按照原先学校规划好的一切前进，甚至几年不变的教学模式。这就存在着教学方针模糊不清、培养环艺设计类人才方向不明确的问题。

毕竟环艺设计专业在中国的起步较晚但发展却比较快，社会对人才的需求也不尽相同，不同院校所拥有的历史传统和办学条件都不一样，无法在教学上强求一律性，也没有必要强求一致。我们应提倡多样的、多层面的、各有特色的办学。

针对环境艺术设计专业的办学方向大多主要倾向于两类：一类是往建筑、景观设计方面拓展；另一类就是倾向于室内设计的办学方向。目前，国内许多师范院校对于这种办学方向存在着部分偏差，许多师范院校存在着把室内设计或室内环境设计专业笼统地称为环境艺术专业或者艺术设计专业的问题，对于此专业的教育虽然大体已经初见模型，不同师范院校也分别建立了自己的教学体系。但是从不同层面，如具体到设计专业的部分课程，这类办学的倾向就存在着专业针对性不够强的问题，采访了20位以往毕业的师范院校环境设计专业学生，最后真正一直从事设计职业的人只占了不到40%，大多都已转行，他们普遍觉得在学校的时候能够学习到真正能涉及本专业的课程比较少，前面两年所上的课程完全是和

师范班的课程一致，也是大三才真正独立成一个环艺设计班，之前两年的时间都是在重温我们高中时已经熟练的绘画课程、基础课程，到大三才开始学习真正要学习的东西，此时的起步就已经相比显得过晚。在这 20 位师范院校环艺专业的毕业生中，95% 的人反映自己毕业后择业选择面比较狭窄，走上社会后的适应性相对较弱，一届当中也只有个别两三个同学是选择去学校当老师的。所以在教学培养方向上，师范类院校相比于专业性院校就稍显含糊，培养方向不明确，导致学生对本身专业不精、就业方向模糊，而学校对环艺设计专业的培养目标就是要使他们能够很好地运用自己所学的知识承担不同的社会任务，清楚自己正在从事的，明白自己想要做的。

## 三、专业艺术类院校对于环艺设计专业的课程设置

分析调查目前国内具有一定影响力的专业艺术类院校，发现它们对于环艺设计人才的教学培养都在不断地更新，不断地力求与市场接轨，适应发展。

例如，我国八大美术学院之一的广州美术学院，在教学上以不断推陈出新的创举，在国内众多的艺术设计院校中一直发挥着“先锋队”的作用。环艺专业创建之初，以该专业教师为基础成立的“广东省集美设计工程公司”，成为国内高校教学单位中最早探索现代设计实践教学与经营的知识群体。该校也十分重视完善各项教学条件，投资建立模型工作室，课程方面均已实现多媒体辅助教学。此外，还建立了多个校内外实践基地，让学生接触市场实际项目。

环境艺术设计系成立于 1996 年，其前身为 1987 年创办的工艺美术系环境艺术设计专业。在教学上，环境艺术设计系强调两个基本点：一是建筑；二是艺术。把培养“未来设计师”的概念作为教学定位，以此指导课程设置及确定对毕业设计的要求。

### （一）广州美术学院环艺专业课程设置情况

教学模式为一三制。第一学年的“设计基础”板块由设计学院基础部统一教学，主要课程有：平面色彩构成、空间形态、观察记录、思维表述、创意表达、设计社会学、审美心理学、当代艺术与设计、信息方法、设计史等。

第二至第四年由系里组织教学，主要三大板块的专业课程如下。

A 专业基础课：设计初步、建筑图学、模型基础、建筑结构与造型、环境工学、设计实施、设计表达。

B 专业理论课：空间设计方法、设计策划、空间设计概念、空间设计史。

C 专业设计课：建筑设计创意篇、建筑设计深化篇、室内设计创意篇、室内

设计深化篇、景观设计创意篇、跨专业设计专题、毕业设计与论文专题（含专业考察）。

在 4 年学习中，学生必须按规定修完所有规定的必修课和选修课程，且所有成绩均达到 60 分以上或“合格”方可准予毕业并得到本科毕业证书；毕业设计和毕业论文成绩均达到 75 分以上方可得到学士学位。

### （二）中国美术学院环艺专业（室内设计方向）课程设置情况（见表 2–15 和表 2–16）

表2–15　中国美术学院环艺专业（室内设计方向）课程设置情况

| 学期 | 课程名称表 |
| --- | --- |
| 大一（一年开课） | 素描、色彩基础、模型基础、设计初步（一）、设计初步（二）、专业绘画、民居考察、设计语言、专业设计（一）、设计概论、外国建筑史 |
| 大二上学期至大三上学期（一年半课程） | 设计初步（CAD 制图）、专业绘画①（效果图线稿）、独立住宅建筑设计、独立住宅室内设计、建筑设计原理、建筑概论、专业绘画②（效果图上色）、民居测绘、办公建筑设计、办公建筑室内设计、建筑结构概论、场地设计原理、室内设计概论、风景区规划、计算机辅助设计、中国建筑史、建筑材料与构造、景观概论 |
| 大三下学期至大四（室内设计专业方向课程） | 高级住宅室内设计、园林考察、公共艺术、室内构造与模型、中西方雕塑史纲、建筑室内概论、园林设计原理、毕业考察、度假宾馆室内设计、设计院实习、中国古建筑构造分析、室内设计材料与构造、室内设计专业方向毕业设计、毕业论文 |

表2–16　中国美术学院环艺专业（景观设计方向）课程设置情况

| 学期 | 课程名称表 |
| --- | --- |
| 大一（一年开课） | 素描、色彩基础、模型基础、设计初步（一）、设计初步（二）、专业绘画、民居考察、设计语言、专业设计（一）、设计概论、外国建筑史 |
| 大二上学期至大三上学期（一年半课程） | 设计初步（CAD 制图）、专业绘画①（效果图线稿）、独立住宅建筑设计、独立住宅室内设计、建筑设计原理、建筑概论、专业绘画②（效果图上色）、民居测绘、办公建筑设计、办公建筑室内设计、建筑结构概论、场地设计原理、室内设计概论、风景区规划、计算机辅助设计、中国建筑史、建筑材料与构造、景观概论 |

（续 表）

| 学期 | 课程名称表 |
| --- | --- |
| 大三下学期至大四（风景建筑设计专业方向课程） | 造园设计、园林考察、公共艺术、景观构造与模型、建筑设备概论、景观设计史、园林设计原理、城市设计原理、毕业考察、景观设计专业方向名作解读、公园（居住区）景观设计、设计院实习、中西方雕塑史纲、园艺栽培学、景观设计专业方向毕业设计、毕业论文 |

从上述所调查的广州美术学院和中国美术学院环艺专业课程的设置中不难看出，艺术类院校对环艺专业人员的培养方向是很明确的，撇开其他不谈，只从课程的设置方面来看，它就具有较强的针对性，也形成了一个比较系统的教学体系。

结合表 2–15 和表 2–16 师范类院校环艺专业的教学大纲与上述艺术类院校环艺专业的教学大纲的分析比较，我们可以发现，师范类院校在教学上偏重综合基础性的教学，对于专业课的安排也只是占到总学时的 37% 左右（去掉两年基础课和半年毕业设计、毕业论文时间），而艺术类院校的专业课的安排是首尾贯穿的，几乎是占总学时的 62%( 去掉一年基础课和半年毕业设计、毕业论文时间）。按照中国美院建筑学院艺术环境设计系的最新教学结构调整，四年全部由本系安排课程，专业课占总课时量的 85% 左右（去掉一年级部分绘画基础课以及半年毕业设计、毕业论文时间），将主干课程列为重中之重，使学生能够较全面系统地了解相关专业，不断强化自己的专业知识，提高设计水平。

## 四、如何解决非专业院校环艺设计专业教学问题

环境艺术设计本身具有非常理性、技术性和实践性的内涵，与传统的美术教育大相径庭，它是与人类生活、社会生产密切联系的艺术门类，整个过程脱离不了实践这一关键环节。对于这种比较宽泛的学科，不同院校对它的教育水准也是参差不齐，因为不同院校有着各自不同的办学方向和教学计划，从而不可避免地会出现对此专业概念认识的偏差及其教学方面的差异和不足。

结合上述的调查数据分析，笔者认为调整教学模型是师范院校对环艺设计专业课程改革的当务之急，特提出以下四方面改革内容，供参考。

### （一）教学方向性的调整

面向市场化的教学，与市场接轨，摒弃师范教学思路，注重实用性实践教学。设计教育应与市场相适应，随时都要处在一种为适应不断变化的市场需求而改变

的状态之中，学生只有接收新信息，掌握新材料，才能创造新的设计，不单单只是院校的教学，这也就需要学生自身的努力和学校、教师教育水平的不断强化来提高整体的教学质量。调查了60位历届师大环艺专业毕业的学生，他们目前的工作单位大都分布在珠三角地区，50%的人是在普通的中小型设计公司工作，一部分都已转行做其他，个别几个去了教育局当美术老师，他们说刚毕业在公司，由于自己的实践基础、专业基础不足，一切都要重新开始，感到盲目，无从下手。正是由于教学方向性的偏差，导致了环艺设计类学生能够真正学习到专业知识的时间很少，从之前师范院校环艺专业教学计划和艺术类院校环艺专业的教学大纲对比分析，我们可以了解到，相对来说艺术类院校对于环艺专业的教学体系要比师范类院校的合理很多，他们具有较强的教学针对性，教育上有明确的专业方向性，尽可能将课程与社会实践相结合，为学生提供了良好的发展平台。对于这一点师范类院校就体现得相对较弱，所以在今后的教学安排上应该偏重于市场化，专业性的教学，让学习有针对性、有方向性，让学生能对自己的专业心中有数。精于此项，在他们毕业面临社会的时候才不会感到无助而迷茫。

### （二）构建合理的课程体系

具有严密而科学的课程结构是专业教学的基础。在制定教学大纲、安排课程进行教学时，我们应该要注重设计思维的启发教育，注重设计的理论教育，适当地扩充知识面，提高专业素养，而不是注重绘画的基础技能训练。调查已经在设计公司工作的60位毕业生，有80%的人认为在校期间素描、色彩的训练不是一点必要都没有，而是在教学目的上一定要有针对性。不能太多，根据自身所学专业在学习之初一年级一个学期里面开设一次的素描、一次的色彩训练就足够了，并且这些素描、色彩训练是要有专业针对性的，不是单纯地画画静物、人体、头像等，而是用专业针对性的形式去训练。例如，设计结构素描、画建筑、画风景、画交通工具、画室内的一些用具等对我们将来环艺专业设计有用的素描、色彩课程。这是我们应该注意的，我们不能只为绘画而画。就像上述广州美术学院、中国美术学院环境艺术设计系对设计课程的安排，基本没有过多的对素描、色彩这些老生常谈的基本功练习，而是将这些绘画联系结合在专业课程的学习中，主要训练学生的设计思维、专业理论的学习。以培养学生的空间感、研究物体结构为手段，关注材质、比例、环境光影的变化等，通过眼—脑—手的有机结合，再加上创新性思维的设计修养让绘画为设计服务。

所以对于设计的教学，最重要的还是课程的设置，目的就是能有一个好的合理的课程去引导启发学生去深入系统的学习专业知识，如果课程都没有安排合理，学生对所学专业的了解程度肯定不会很深。如表 2–15 和表 2–16 所反映出来的问题，在大一时开设的这些课程（中国画基础、书法），并不是说学了没有用，但是对环艺专业的学习就没有起到重要的作用，跟我们专业将来所要求掌握的知识结构是没有大的关系的，可见其专业教学的不明确性。所以对于师范院校在专业课程的设置方面，绘画基础等课程教学所占比重要减少，并且还要具有专业针对性，再者多注重培养学生的设计思维能力，完善课程体系，使学生能够在一个良好的专业学习体系下不断增强自身的专业素养。

### （三）建立适应时代发展的教育模式

顺应时代发展的需求，逐步建立一个开放式的全方位教育体系，培养学生具有良好的文化和艺术修养，增强学生们的研究能力、创造能力、表达能力和竞争能力。几乎所有师范院校的教学模式都是突出以“教”为基础，也就是以课堂、教师和教材为中心，这种显得比较传统的教学方法，过多注重知识的讲解，综合能力的培养，对于真正本专业知识的接触相对会少许多，忽视了对学生分析和解决问题的能力以及自学能力的培养。设计教育还存在专业划分过窄、缺乏交叉综合等问题。在校的学生普遍都觉得这种教学模式过于单调，上课很难集中注意力，并且对自己的专业学习也提不起兴趣。往届毕业生们一致表示，自己的社会阅历少，实践能力较差，在工作岗位上对实际操作环节的能力薄弱，专业知识匮乏。要让学生能学到更多的专业知识，不断提高理论素养，提高实际操作能力。对目前设计类毕业生就业竞争的情况看，一些企业单位不一定看中名牌大学的毕业生，而是对有一定设计经验的学生感兴趣，市场要求我们在教育模式上的改变势在必行。

不断更新教学内容，不仅要把设计观念传达给学生，更重要的是以培养有思想、有文化、懂市场的高素质复合型人才为基础。建立教学、研究、创造三位一体的教育模式。让教学为研究和创造服务，研究为教学和创造提供理论指导，创造为教学和研究提供试验基地。

### （四）加强实践教学

结合本专业的特点，要重视课堂教学与社会实践的关系。学校要有相应的设计工作室等专门针对环艺专业的学生开放，让学生有更多的动手、动脑、动嘴的机会。调查了 60 位师范院校的毕业生中有 98% 的人反映，当初到社会后，真正投入到实际专业工作中发现，自己所掌握的相关专业实践知识太少，特别是对于施工工艺、项目设计流程、装饰材料的认识程度、场地测绘、装饰设备与工程实例、考察与实践环节，还有环境心理学这些需要了解学习的，在学习时没有具体课程的引导学习，很难会对此有一定了解。相对于艺术类院校来说它们在教学中强调社会实践能力的培养，例如中国美术学院就有专门分别针对不同的专业需求开设实验室和实践环节的课程，如建筑构造与模型、景观构造与模型、室内构造与模型、民居测绘、园林考察等，鼓励引导学生经常到工地，与外面社会工作人员联系，了解新材料，熟悉每种材料的使用特性，懂得一些基本的专业常识，也可以组织带动学生去通过调查研究，拓展设计思路。大多数已经在公司的毕业生表示，毕业招聘中，社会或公司往往需要的是有实践经验的学生，在具有相关专业技能下才能进入到最佳工作状态中，自己所缺的就是这方面的知识。如果环艺专业学生有参加一个自己专业工程的全过程设计实践，将会学到书本上学不到的东西，拉近学校与社会的距离，学生毕业后的社会适应能力会更强。

随着这几年来环境艺术专业日益激烈的国际的竞争，在市场中日益凸显的重要地位，我们应该清楚地意识到对于环境艺术设计教育发展的紧迫感。高等师范院校必须根据社会的实际需求，根据自己的实际教学情况，确定办学层次和类型，制定适合自己发展的措施，大胆地对教育培养模式进行更新改革，突破传统的师范院校的教育模式，不断为社会培养出受欢迎、有特色、高质量的人才。

# 第三章 环境艺术设计专业教学实践的现状及问题

## 第一节 环境艺术设计专业的人才现状及需求

### 一、环境设计概念

#### （一）环境设计的缘起

环境设计，即常说的环境艺术设计。虽然环境自古就与人类生活息息相关，但环境设计却是个相对年轻的概念。环境艺术的概念最早主要出现于20世纪70年代，在H.H.阿森纳的书籍《西方现代艺术史——绘画、雕塑、建筑》中，提到环境艺术是“模拟自然”的艺术作品，是由各式各样的建筑组成并创作在特定的场所，集绘画、概念雕塑艺术、视觉表演、运动和光为一身，进入城市环境融入城市大地的艺术作品，是“场景的蒙太奇”。

因此，环境艺术概念最早是一种艺术创作与环境场所共同作用的西方现代艺术形式。而中国的环境艺术是在经济发展和社会环境问题的综合需求下，由室内设计学科扩张衍生所产生的一个新型学科的概念，主要是对室内外综合环境关系的职业化的设计艺术实践。

1986年，原中央工艺美术学院室内设计系主任张绮曼老师提出了环境艺术设计综合设计体系的新概念，希望改善室内设计专业的发展滞后状态，拓宽专业知识面，完善知识体系，以满足社会市场的需求。1988年，中央工艺美术学院室内设计专业正式改为环境艺术设计专业。随着环境艺术设计专业在同济大学、重庆大学等高校首批试点基地陆续成立，标志着环境艺术设计专业发展在我国进入了新的历史篇章。

### （二）从“环境艺术设计”到“环境设计”

环境艺术设计作为研究人居环境的新型学科，所涉及的专业内容非常广大，因此环境艺术设计专业的概念具有很多的行业模糊地带和专业争议性，对其定义也有很多理解。

从专业教学者的观点出发，环境艺术并不是随意的环境和艺术的组合，是人类生存环境微观到宏观的整合。其是涵盖城市建筑、园林景观雕塑、环境设施并精心设计所共同形成的有机整体，是一项具有复合型的具体工程，更是一种美化环境、创造美好生活空间、引导人与人互动行为的场所的设计。

从建筑学研究者的角度来看，环境艺术不是“工艺、美术、艺术”的简单堆砌和叠加，而是要兼顾视觉艺术与实用艺术，把其打造成为艺术信息的载体。要涵盖环境科学、环境艺术、环境生态等多方面内容，发挥环境艺术的生态实用性和视觉欣赏的精神审美性。把握环境艺术设计的精髓——环境的艺术化和艺术的环境化，把处于社会整体关系的艺术生产中间层这个作用发挥得淋漓尽致。

综上所述，对于环境艺术的理解是多样的，但实质上来说，环境艺术就是创造良好的人与场所关系的艺术。环境设计的范畴始终是围绕人的生活所展开的，其设计内涵也会随着时代的发展而发生变化，设计内容也会在具体的实践中不断根据社会市场的需求拓展调整。从实践的角度出发，正是由于人类对环境肆无忌惮的征服行为，以及现代设计活动所带来的各种弊端，才使得环境设计理论应运而生。20 世纪 60 年代以后，西方建筑设计师与城市设计师逐渐认识到建筑设计和城市设计本质是不同尺度、不同层次、不同功能的人工环境设计，相互之间是协调统一的整体关系。美国学者理查德 · 多伯认为：“环境艺术作为一种艺术，它是比建筑范围更大，比规划的意义更综合，比工程技术更敏感的艺术。……这是一种实用的艺术，胜过一切传统的考虑，这种艺术实践与人的机能紧密相连，使人们周围的事物有了视觉秩序而且加强和表现了人所拥有的领域感。”

因此，环境设计是整体人居环境发展的未来方法论，是建筑设计、景观园林设计、城市规划设计等在城市发展过程中相互交叉影响作用下衍生出来的整体设计观念，是一种动态变化的设计形式，强调“系统”与“关系”。当下的环境艺术设计的专业要求越来越复杂，在专业需求性与知识延展性的发展下，“环境设计”更加明确地概括了专业的特点与内涵。

## 二、专业培养目标

环境设计作为一种关系型学科，决定了其专业的高度综合性。当前环境设计的基本内容主要是对建筑的室内空间的设计及对建筑外部空间环境的整体规划和造型设计，旨在为大众创造出具有视觉审美效益和良好生活体验的环境空间。

因此，在专业学习中，学生应首先树立起的一个学习理念就是环境艺术设计不仅仅是有一定的美学、哲学基础作为支撑即可，而是要对相关学科的知识要点都有所涉猎。

首先，了解专业的基本概念，同时涉猎美学、哲学、社会学等人文科学知识，使自身不断提高文化修养，构建起独立的审美感觉、具备科学的审美观。

其次，因为环境设计与人们的生活环境紧密相连，不仅涉及城市的持续发展，而且其还要对所在区域的民族特色、生态发展、地域文化等进行多方面的考量，所以环境设计专业需要满足上述要求进行高技能综合型人才的培养。在教学学习过程中不仅要统筹运用可持续发展的设计观念，还要将专业知识与人类生活联系在一起，善于观察、分析与总结，找出能均衡生活需求的关系。

再次，环境设计专业与环境的可持续发展息息相关，只粗浅地掌握基础知识是不够的。要掌握城市规划、公共设施设计、景观园林设计等领域的知识，要在学习中不断完善各专业方向的能力，从而设计出兼具艺术性与功能性的综合环境项目。

最后，在实践中，要对造型创作和设计表达有一定的掌握，并对环境设计的专业理论及相关的制图、设计技能都能熟练地掌握，还要结合材料颜色机理等方面因素进行考量，采用多种多样具有创造性和优化性的设计方法，将理性的设计结合感性的创造力，做到理论结合实际，来参与完整的环境设计方面的工程项目。

环境设计专业所涉及的学科范围较为广泛，除了室内设计和景观设计，还涉及建筑设计、城市规划。其学科还包括美术绘画、雕塑、心理学、植物学、人体工程学、装饰材料、灯光照明、生态学等多个领域。各类学校的教学倾向不同，在专业教学上的侧重点也都有所差别。但最终目标都是让学生达到能自如运用所学知识从事建筑、工作，解决设计中的实际问题，服务于社会现代化的建设的目标。

## 三、环境设计教育的特点

环境设计教育作为我国当代艺术设计教育的发展与扩充，从 20 世纪 80 年代至今，一直处于高速发展的状态。随着生态环境的破坏，人居关系的日渐复杂，环境设计的专业领域也在不断地拓展。环境设计已然不是一个单一的学科方向，而是复合型的专业门类，是设计艺术的共生关系学、环境生态学及行为心理学。它具有学科的边缘性、行业的综合性、实施的协调性等特点。从实践应用上来说，环境设计是更像是一个艺术设计的宏观统筹指导系统，设计的内容涵盖自然生态学与人文环境的多个领域，而环境设计教育和其人才培养的模式，对人居关系及城市建设的发展有着直接影响。

“宽口径、厚基础、强能力、复合型”，是环境设计专业教学的目标，也是培养专业人员的方向。因为环境教育的自身特点就是极具综合性、广泛性和多层次复合性。作为环境设计专业的学生在学习期间要培养一系列的能力，比如在规划城市景观的时候不仅要研究环境美学中的视觉表现能力、空间环境的形态特征，还要综合考虑到环境工程学、景观的生态价值，即最终是否有利于改善周围居民的生活环境质量。这是一项综合系统全方位的工程。

环境设计专业实质上要培养的就是一专多能型的专业人才，因此必须建立系统的专业构架，加强基础教育的建设，发展专业通识课程，让学生掌握扎实的专业基础和设计能力，这样才能根据自己的专业特长与喜好自主选择具体深化方向，明确自己的未来发展走向，实现环境设计的人才培养。

## 四、环境设计人才现状及其需求

### （一）环境设计缺乏职业化人才

我国的室内设计从业者数量在2013年大概有30万左右，设计师在上海、深圳、广州等人才聚集的一线城市都呈现出紧缺状态，可见其他城市的需求就更加难以满足了。我国的环境设计教育虽然已有20多年的发展，也培养了十几万的专业学生，但实际上真正从事环境设计工作的专业人员还是比较少的，其中能具备较高设计能力的优秀设计人才则更加紧缺。这主要是社会主流就业形势的价值观所造成的设计艺术市场关注低、设计方向就业环境差，使设计人才缺乏职业化支持。

### （二）环境设计水平不高

由于环境设计教育体系的不平衡发展，各个学校在专业教学上都存在很大差距。师资结构不全、教学资源匮乏，导致教学水平偏低；同时对设计市场、教育理念、新兴技术不关注不敏感，没有与可持续发展相结合，学生眼界低，设计意识差，设计方法老套陈旧，设计项目无法真正做到艺术与技术的统一完善，关键是没有创新思想，按部就班、拿来主义，设计成果自然可见一斑。

### （三）环境设计人才的素养良莠不齐

环境设计是设计理念与设计技术的综合展现。因此，除了设计方法、实践能力的学习，对设计师的文化艺术素养的培养也是至关重要的。由于我国艺术教育的低文化要求，以及艺术通识教育的不完善，我国的很多环境设计师的职业素养普遍较低，致使设计出的很多作品既缺乏美感，又欠缺实用价值，仅仅只是一种无用的摆设，更无法追求所谓的艺术性高度。在城市的环境建设中虽然也有采纳、引用一些国外的优秀设计，但没有考虑到社会环境背景，只是进行一种生硬的移植设计，完全没有融入地域的文化特色，缺失了环境设计的人文意义。

### （四）与国际环境设计的整体水平差距较大

环境设计专业一开始本就是由国外的相关专业及国内设计市场的共同发展衍生而来的，因此，发达国家设计教育体系更加成熟，实践经验丰富，它们的相关专业的发展是非常先进的，水平也较高。虽然我国的环境设计专业也在不断成长中，但教学理念、设计形式、设计方法在很多时候都是对国外的盲目效仿，并没有结合自身需求，寻求自我特色。什么样的专业发展教学形式是最合理的？市场需要和关注的设计热点是什么？这些问题都需要我们进行思考与探索，同时还应加强对文化、哲学等领域的相关研究，将设计与整体环境形态、居民文化特点联系起来，才能对环境设计赋予属于我们的特色。

### （五）环境设计作品缺乏时代与文化精神

现代设计的千篇一律，带来了很多可以放置于任何场所的无价值设计。现代主义反而成了设计无根无魂的最佳借口。环境设计与人居生活、环境质量紧密相连，如果不融合国情发展、时代的背景、社会文化的特点来进行设计，那么这种环境设计永远不是以人为本的，对环境关系的贡献十分微薄甚至可能变成一种阻碍。民族的才是世界的，我们所处的环境空间是具有时间特性的，不同的时代会赋予其不同的面貌，城市的发展本身就是一个继承与发展历史传统的过程。艺术设计不是独立存在的个体，而是需要与时空背景发生互动的，是在文明的传承中随着时代不断裂变的。文化与艺术之间是一种镜像关联，文化与时代的不断碰撞、交融，才让艺术设计充满了生命力。中华民族的5000年文明，有太多可以提炼的文化精华。而环境设计作为与人们生活空间最为密切的专业，在设计中继承与发展传统文化是不可忽视的社会使命，只有以传统和民族为立足点，设计出符合城市精神、人文需求的作品，才能真正实现物质空间与精神场所的统一，才能为人类创造出真正以人为本的居所环境，也才能实现环境设计对于城市发展、人居关系协调所具有的积极价值与意义。

## 第二节　环境艺术设计专业存在的教学困境

### 一、课程体系没有特色，缺乏可持续优化

环境设计专业的教学本身没有一个统一的课程参照标准，除了室内设计、景观设计等核心课程，很多开设环境设计的普通高校都是根据自身的办学条件和师资结构开设课程，良莠不齐，甚至很多专业教师对于自己担任的课程只是略知一二。环境设计是与社会、时代发展联系最为紧密的，环境生态、市场需求总是处于日新月异的变化发展中，而教学内容陈旧、不注重新材料和新技术的研究，常导致专业知识的滞后，设计的教学脱离市场，教学与社会联系不紧密，设计的市场性、功能性、时代性缺失，使教学无法实现适应市场的可持续优化。同时从发展的角度来看，借鉴吸收各国先进有益的设计经验是非常有必要的，但是各个国所处的社会、政治、经济、文化背景的不同，其设计教育的发展模式也是不同的。我国的环境设计专业也应找到适合中国国情的、符合中国环境市场发展的、具有中国特色的、呈现各校专业竞争特点的办学模式。

### 二、基础教学彼此分离，难以支撑专业深化

设计通识课程没有实现有机结合，基础教学似乎与其他专业学科教学是平行和相对独立的关系，造成基础课与基础课之间、基础课和专业课之间，都呈现出一种“各自为政”的教学现象。环境设计学科体系复杂，基础课教学面临对多专业方向给予支持的问题，对“大基础”平台要求高，而当下很多高校的专业基础课程所制订的教学计划、教学大纲都完全源于自己学科的传统思维方式和规律特点，教学上也只考虑单一课程的学习方法。缺乏与其他基础课程及后续专业教学的有效沟通，最后就常常导致基础与专业无法做到有效衔接，难以为后续的专业深化阶段提供更好的基础支撑，课程安排与课程结构均无法实现学科关系所需的知识串联。

设计教学中最常见的问题就是造型基础与设计基础的分离。从传统意义上来说，造型基础课程主要包括素描、色彩、速写，最原始的目的在于提高学生的绘画能力与观察能力。环境设计专业的造型基础课通常会安排在大学的第一学年，主要是由考前传统绘画学习进入专业学习的过渡，所以除了是对学生绘画基础能力的一个温故与提高过程，同时也是开展其他课程教学的专业预备教育与先导课

程（陶伦《艺术设计基础教学体系研究》）。但很多设计专业的造型基础课程只是从传统绘画教学的形式出发，延续纯美术专业的教授方法，但又达不到绘画类专业的训练强度，尴尬之余，教学目的其实是不明确的。学生在课程中只是单纯的绘画训练，与设计基础乃至环境设计全无关系。这种基础教学过于单一简陋，学习意义与专业价值颇微。

因此，传统的基础教学对于环境设计学科而言已经过于狭隘，我们需要的是打破专业界限、有效整合的基础课程，同时各门课程的教师也应明了环境设计专业的特点，互相沟通交流，共同根据专业特点定制教学。只有实现课程结构的整体规划、提高课程针对性，专业基础教学才能真正完善，做到有效、实用。

## 三、设计思维的培养欠缺，培养目的不清晰

创新思维与逻辑思维是衡量设计师优秀与否的一个重要标准。一直以来，环境设计并没有建立起系统的、整体的理论研究体系，在教学上往往为了迎合设计市场的职业化需求，而多强调电脑制图、工程操作等应用技能的培养；而对于拓展设计思维、运用设计方法等培养创新能力方面的投入极其有限，像设计方法学、市场调研、建筑思考等引导学生进行设计思考的课程非常少，相关的设计研究与实践经验也非常缺乏，只有一些少数院校开设了这类课程，而且一些高校即使开设了思维培养的相关课程，关注度和教学投入度也非常低，教师不重视，学生就更加没有学习意识，致使设计作品缺乏思想和创意，丧失了环境艺术整体设计观念的表达。当下的毕业生普遍表现出设计创新能力弱，环境设计专业的毕业生很难做出艺术与技术价值双高的环境设计作品。因为其只关注形式训练、没有专业特色创新观念，学科教学中关于设计的创新型思维训练课程稀缺，缺乏逻辑思维培养，忽视了艺术概念的引导性对实践的重要意义。环境设计不光只有人文艺术内涵，其是由科学技术、逻辑推导技术、艺术形象技术共同融合的专业，因此设计思维的培养是非常重要的。关于环境设计培养的是设计师还是制图工匠，是目前很多高校的课程体系难以回答的。

## 四、文化综合素养缺失

在设计中，优秀的设计作品除了能满足基本的使用功能，还应具有一定的视觉审美价值和文化精神内涵。环境设计作为对人居社会关系的统筹规划，必然要考虑到设计对象的文化背景与地域因素。这就要求设计者在设计方面能做到因地制宜、以人为本，具备一定的文化素养。而很多专业教学构建不够完善的院校所培养的学生，由于在基础学习阶段没有文化素养的培训和意识，在方案训练和实

践工作中都比较缺乏设计品位和文化内涵，在之后的职业化发展过程中也很难达到一定的设计高度。所以在环境设计的基础教学中，美学知识、相关哲学理论、文化历史概论、生态学等内容都是不可忽略的。同时在实践训练中，应多引导学生对设计项目的相关历史背景、地域人文进行调研了解，综合物质与精神层面的各种知识来认识环境、理解环境，通过对设计的理性认知来加强感性创作，做出真正有文化价值的设计作品。

### 五、教学实践缺乏职业化指导

不断提高的审美要求和精神内涵，导致人居环境的需求不断上升。环境设计作为一种动态设计，其市场需求也在不断发生变化。人们艺术欣赏的水平提高，对设计者的要求在不断上升，给环境设计专业的教学也带来了更多的挑战。从市场需求的角度出发，设计行业的专业人才需求量呈现增长趋势，环境设计的内容也更加广阔和复杂，对设计人才的专业素质及实践能力的要求也增加了难度。

目前环境设计专业的人才培养质量难以达到社会所需的专业标准，甚至专业认可度在不断降低。追根溯源是因为现阶段我国部分高校在环境设计教学中专业知识滞后性明显，教学计划赶不上市场变化，导致环境设计的教学与设计市场之间的矛盾日渐突出，课题训练与实际工程差异过多，学生缺乏实用的动手能力，人才适应能力偏低。无法解决实际工作中的设计问题，致使设计者与设计市场断层而无法满足社会的需要。

因此，只有毕业生能在走出校园后适应社会的需求才是好的专业教育。环境设计教学也不会例外，其应该从市场的需求为出发点，将专业教学和市场需要揉捏成一体，培养学生在专业理论水平和实践操作水平上的全方位能力发展。只有这样才能为社会实现专业人才的有效输送，才能提高教学水平的发展。

## 第三节　环境艺术设计专业基础教学的重要性

### 一、环境设计专业基础教学的特点

对于设计教育而言，基础教学的作用就如同实现建筑的地基、培育植物的土壤，是设计教育最根本、最重要的环节。设计的基础，实际上就是设计专业的共性特征与必备技能，直接影响未来设计创造的高度与广度，是艺术设计实现创造价值的必要条件和关键要素。设计基础教学最早源于包豪斯的三大构成基础课以及传统美术教学，并沿用发展至今。随着时代的发展，设计专业研究的不断深化以及市场需求的不断丰富，传统的构成与造型基础已不能为知识体系庞大的设计分支提供完备的理论及技术支持了。只有创建符合设计专业市场规律的、与时俱进的基础教学模式，才能实现设计教学的可持续发展，让设计教育能够保有时代性与科学性，具有实用意义。

设计基础教学属于专业教学前期的一个预备与辅助阶段，在课程结构上必须能满足后续设计教学的发展。在这个阶段，教学知识点安排的连续性、合理性至关重要。基础与基础之间既要有机地紧扣关联，又要避免教学内容的重复投入。在教学过程中，设计基础应更有效地服务于专业设计，设置针对性强、拓展面宽的课程内容，让基础知识能真正地被学生吸收消化，并在之后的专业设计实践中学以致用。

环境设计专业因为其本身复合型的学科特点，内容丰富、学科结构错综庞大，对于基础教学有着更复杂、多面的需求。基础课的内容要求面广而技精，在教学上，应该考虑专业综合基础课程如何与多方向专业设计课程实现有机结合，专业设计的意识应贯穿在整个基础教学的课程中。环境设计教学要想实现基础课与专业课的链接，就要抓住各个大学科方向的知识交叉点与共同方法论，并由浅到深的编织大基础平台，形成递进、有序的知识链接。

## 二、基础课程在环境设计教学中的重要性

环境设计学科的基础教育是一种“宽平台、厚基础”的课程结构，基础教学的完善度与合理度对之后的专业深化有着决定性的影响。其重要意义主要在于对设计意识、设计方法、设计语言三方面的引导培养。

首先是设计意识的建立。环境设计是对整个人居环境空间的整体设计，因此不是对单一环境问题的表象研究，而是将各门艺术收纳在一个共享空间中的统筹协调。其设计对象是多变的空间场所形态，具有时间的流动性和空间的相对性。所以，整体环境观意识的确立和统筹型设计思维的培养在基础课中显得至关重要。设计作为创造性的劳动，设计意识、设计思考直接作用于设计行为的表达。环境设计专业在基础教学阶段中必须让学生养成良好的整体设计意识，了解环境设计的规律。

其次是设计方法的形成。环境设计专业包含的设计方向较多，因此在基础阶段就要让学生形成观察、分析、理解、再思考等一系列的设计方法。而人文地理是存在差异性的，没有万能型的设计方法可以解决一切设计问题。所以，环境设计的基础教学中的设计方法，其实就是培养学生从理性认知到感性表达的过程。

理性的认知需要通过物象观察、市场调研、分析比较等，最终整理确定设计的需求和实践可行性，为下一步深化设计做准备；而感性的表达则是在了解设计对象后，结合创意的设计意识对其进行符合共性需求的个性创造。在基础训练课程中，市场实践型的课程以及方法论课程能够让学生快速理解市场、方法、创意之间的关系。让学生学会主动思考，懂得如何看待设计问题，并知道怎样参与到设计活动中去，做到有的放矢。

再者是设计语言的表达。有了设计意识，学会了设计方法，那就要通过技巧展现设计的语言。这里说的语言主要是形象构思能力和科学表达能力。由于美术专业的学科背景，学生在进入专业学习之前，已具备一定基础的绘画表达能力。但这些传统的绘画表达是感性的、主观的，环境设计基础教学中的形象构思能力是在感性基础上对设计构思更加理性化的、概括化的呈现，这就需要眼手脑能力的综合运用，最有效的训练就是设计素描和速写。由于环境设计有工程特征，与自由的绘画方式相比，还需要更加严谨和规范的科学表达方法。以建筑制图课程为例，建筑制图是一门要求精准的设计语言，它是设计师与业主、施工方以及同行间交流的工具。这种语言就是训练学生掌握规范、准确的建筑绘图方法，学会运用投影法去理解、表现建筑。可见，环境设计专业的设计表达方法是有其独特的特点的，若能掌握形象表达与科学表达，做到得心应手，那在之后的设计中处理构思、应用问题都会顺利很多。也只有在基础阶段就进行这样的表达方法训练，才能提升设计表现能力，并养成良好的作图习惯。

## 第四节　环境艺术设计专业教学的现有模式

环境设计是一个综合性的设计学科，我国高校的环境设计专业在本科阶段多以室内设计和景观设计为两个主要专业方向展开相关课程学习，不同的高校侧重点不一样，也就形成了不同的教学模式，在课程设置也各有特点。

### 一、环境艺术设计专业教学的现有模式

#### （一）以室内设计为主要方向的专业模式

室内设计作为环境设计专业的源头，是环境设计专业非常重要的一部分，甚至很多高校的环境设计专业几乎就是一个扩大化的室内设计专业。以室内设计作为环境设计专业的主要方向开展教学是当下高校环境设计专业最常见的一种模式，

多见于综合类大学。这种模式开展的课程多是为室内设计服务或为其延展，以家居室内空间设计和公共室内空间设计为主，学习建筑基础、家具设计、照明设计、人体工程学、装饰材料、装修工程、设计表达等主要相关课程，景观设计及公共设施相关的课程多以辅助课程或选修课形式出现。在这种教学模式中，室内设计专业课与相关的软件类课程、制图类课程占学科教学的主要比例，以实践型课程为主，旨在培养学生的设计操作能力。

在这种专业模式中，看似完整的教学结构和课程安排将环境设计变成了一个很狭隘的定义，学科范围局限，专业课程的拓展度也不够，设计教学中更重视操作能力，之所以说是操作，是因为这样的教学中忽略了设计里重要的创造能力的培养，不能算是真正有价值的实践能力，与其说培养的是设计师，更准确地说其实是在培养制图工匠。

同时，建筑基础并不被予以重视，多以鉴赏、理论课程形式出现，实践课程偏少。而建筑作为室内、景观等学科体系的始祖，对空间关系的理解及结构和材料的应用都有着重要的意义。对建筑基础的忽视会导致学生对室内空间设计的理解非常有限，不能构建更好的立体思维能力，并对空间的结构常识了解甚少，在实际设计中常会出现一些基本的设计错误，比如不能更有效地利用空间、不能恰当地处理空间关系、无法很好地理解楼梯的空间关系、不懂得承重结构等，这些问题常常会局限设计能力的展开。

### （二）多专业方向发展的专业模式

多专业方向发展的环境设计专业模式常见于专业美院的设计教学中，现在也有些综合类大学采取这种教学模式。多以丰富的通识教育作为支撑基础，为学生构建一个丰富的综合知识体系，在这个体系中让学生拓宽专业视野，了解专业组成，再由知识的全面化走向专业的精细化，给予学生更多的专业方向和就业方向的选择。这种模式也有两种主要的类型——均衡型和专业型。

1. 均衡型

均衡型主要多见于部分综合类院校，以环境设计专业宽泛的知识特点为出发点，全面涉猎相关专业领域。多以室内和景观为核心学科向外辐射，构建强大的学科支撑体系，完善核心学科专业知识的同时，也能兼顾环境设计体系中的其他次核心学科的学习。从就业形式来看，学生除了核心学科方向，还可以根据专业兴趣和自己的专业优势选择次核心拓展学科方向，如照明设计、展览展示设计、家具设计、城市规划等。

均衡型在大一、大二的基础教育部分多以技能型课程、边缘学科课程为主，为大三大四开展的专业学习提供理论与技术支撑。其优势在于更全面地理解了环境设计的含义，融会贯通各学科的知识，能够培养全面发展的环境设计人才。但这同时也对专业课程的设置、设计教学及教师专业的领域结构提出了较高的要求，做到专业教学广大而不泛滥，且能有点睛之处是非常难以把握的。均衡型中的次核心学科容易存在多而不精的问题，但这也是伴随均衡优势所无法避免的，也正因如此，建筑基础薄弱也是均衡型教学中常见的问题。

2. 专业型

专业型主要是专业美术学院和部分综合性大学的建筑学院中常用的教学模式，学制多为 5 年，尤其重视设计思维和设计方法的培养，设计创新能力比起其他模式显得尤为突出。多以建筑学为专业拓展基础，开展专业的设计通识教育，并采用工作室制度，提高专业针对性。

专业型更接近欧美国家的设计学科建设模式，将环艺设计教学分为综合性基础培养和针对性专业深化两个部分。基础部分以建筑学基础作为媒介，串联并融合环境设计的相关学科内容，增强专业交织互融的专业通识教育；专业部分则将环境设计中的室内、景观、建筑分开再进行针对性的专业深化培养，并结合工作室制度增强专业性与实践动手能力。

专业型依托建筑学背景展开专业教学，丰富了建筑和环境设计专业的人才结构。建筑成为基础教学的核心关键词，这种教学模式下能够很好地培养学生的专业基础及审美能力。

## 二、环艺设计教学新模型的意义和定位

### （一）环境艺术设计教学新模型的意义

环境艺术设计和其他设计学科一样，“它的定位、方向、特点、优势、瓶颈、盲区、作为和理由，是需要随着时代的发展不断界定、不断调整、不断梳理、不断寻求、不断思索的问题”。环境艺术设计专业是一个与时俱进的专业，纵观几十年来的专业教学及市场变化，可以为这一结论写下了注解：稳定是相对的，变化是永恒的。设计一个相对稳定的动态专业教学模型，将为不规范的专业教学提供参考示范，建立一个相对稳定的专业评价体系，将从控制论的角度反馈市场和教学效果信息，这将为教学向市场提供合格的专业人才提供保证。

从环境艺术设计教学的现状来看，复杂的学科背景下产生的同一学科，其差异性显而易见。作为一个实用性很强的学科，它的市场指向性是很明确的，这种市场的明确指向性并不会因为环境设计专业所依托的不同专业院校和不同的学科

背景而产生大的改变。那么目前这种差异性很强的环境设计教育现状，如何在市场的背景下进行整合，从环境设计教育系统本身上做深入的调查和研究，建立较为完善合理的环境设计教学模型及控制体系，这正是需要研究本课题的基本思路。面对目前环境设计学科教学的问题及困境，与其说我们要研究这个课题，不如说形势逼迫我们不得不面对这个问题。正视这个问题的存在，研究这个问题，解决这个问题，实际是环境设计专业教学发展的现实需求和历史必然。

在微观层面，该模型可以对不完善不成体系的专业教学提供具体的参考，以期在专业结构方面的设置、配置更趋合理，在人力和物力上减少浪费，节省教育资源，有益于培养与时俱进的更适合市场需求又兼具创新精神的环境设计人才。为社会培养切合实际的人才，是对教育资源最合理的配置和应用。

在宏观层面，笔者希望这个建立在模块理论基础上的动态模型对环境设计专业教学能够起到方法论方面的参考，一种认识论的启示，一种具体的可行性试验。

毫无疑问，如果建立在这种认识论和方法论上的这个新模型对于环境设计教学在以上两方面具有可行性，笔者相信这种认识论和方法论对于整个艺术设计学下属子目录的具有与环境艺术设计专业相同性质的各个学科均具有相同的参考价值，其意义和影响力将大大超越本书论述的主题和内容。

### （二）环境艺术设计教学新模型的定位

环境艺术设计教学新模型应当是一个开放的不断更新发展的相对稳定的动态模型。首先它应该是不断吸收当今发达国家本专业新技术、新方法、新材料、新文化的信息。中国是一个发展中国家，在这一点，我们应该面对现实，虚心学习外来的先进文化和技术，不断丰富我们自己的设计文化营养。其次，我们更应该把中外传统文化尤其是中国传统文化作为长期研究的目标，把“传统出新”“中而新”这个永恒的课题继承下去。当下人们都意识到现在的社会是一个由传统向现代转型的时期，表现在文化上则是一个多元共生的格局。随着中国经济的和平崛起，和中国在国际社会中的地位提高，中国人能够面对自己的历史、自己的文化和现实的创作进行思考，站在自己的文化立场上，用自己的价值观念和文化意识阐释自己的主张和观点，这对于中国文化在转型过程中持有一种学术批判的态度极为重要。作为新的历史时期代表中国本土色彩“中而新”设计艺术形态的中心话语的应运而生是理所当然的。

环境设计也是如此，这种“传统出新”的概念可表述为：现代性视域中的新传统主义。它不再是一般意义上传统与现代之间的两极对立，而是传统在现代性的型构方面所可能扮演的角色。其时代特征可表现为：①民族性。大家都有一个共同的责任心要捍卫民族文化设计艺术。②开放性。通过吸收、消化外来文化不断丰富和建构自己的文化内涵。③批判性。通过社会历史批判、文化批判探索和改建新的设计艺术理论。④兼容性。通过与外来文化的碰撞、交融和包容接纳，形成具有民族特性的新的设计文化。⑤多样性。由过去的中心话语走向多姿多彩的设计艺术空间和多元、多维看问题的非中心模式。

中国美术学院前院长潘公凯在20世纪末曾指出：设计不像纯艺术教学那样，基本上不涉及意识形态问题，不强调个体性，较多侧重于共性、国际流通性。而广州美术学院设计学院的童慧明教授则认为："统一化"的办学思维，与设计教学鼓励创新特点、鼓励多元化、鼓励个性化的核心背道而驰。笔者想这是否可以理解为一个问题的两个方面：设计学科，尤其是环境艺术设计是技术和艺术的结合，技术部分就是不强调个体，较多侧重于共性、国际流通性。而艺术部分就鼓励创新特点、鼓励多元化、鼓励个性化。同时，童教授强调的个性化特征还包括区域特点以及所在地区的社会经济发展需要等元素。这两种观点是很有代表性的。所以，笔者建立的这个专业教学模型，是结合目前的专业教学状态给出一个参考性的教学模型。在前面，笔者就强调模型的动态性和开放性，"它的定位、方向、特点、优势、瓶颈、盲区、作为和理由，是需要随着时代的发展不断界定、不断调整、不断梳理、不断寻求、不断思索的问题"。它的基础部分、技术部分、相对稳定；它的艺术部分，我们可以用发展的眼光，动态的、灵活的、个性化的眼光去看它，来决定它的状态，这同时也给参考使用者充分的回旋余地和发展个性化的空间。

环境艺术设计是一个跨专业、跨学科的边缘学科，因此它涉及面广。这就决定了我们必须在课程模块建设上，以多种方法进行立体研究，设置面要宽。专业知识面宽，看东西多，善于从大系统上去把握一些现象，创造性就会增强。这一点是从对环艺系已毕业的学生调研资料显示出来的。

### （三）建立环境艺术设计教学新模型的方法论引用

对于这个问题笔者尝试引用系统工程学和模块化理论，以及用辩证的观点以及整体论和还原论来构建这个教学模型。系统工程可以用于一切有大系统的方面，包括人类社会、生态环境、自然现象、组织管理等，成为制订最优规划、实现最优管理的重要方法和工具。系统工程是以大型复杂系统为研究对象，按一定目的进行设计、开发、管理与控制，以期达到总体效果最优的理论与方法。环境艺术设计专业教育也是一个系统工程，各教学段式之间的前后因果关系，各课程模块之间的前后逻辑关系，专业教育和工程实践之间磨合的关系，专业设计理论和专业设计教学之间的关系，专业设计教学和专业工程实践的关系，本专业和其他专业的学科交叉关系等，构成了一个复杂的系统工程。把专业教学提高到系统工程的角度去认识，从方法论上开拓新的专业视野，同时从理论上找到依据。

在具体的教学模型建构中，尝试引用“模块化理论”。教学模型中的各教学板块具有模块的特征。“模块”指半自律属性的子系统，可以通过和其他同样的子系统按照一定的规则相互联系而构成更加复杂的系统。

教学模块就具有“半自律性”。因为它还受到教学整体系统“规则”的限制，它是一个子系统。“教学模块”之间的联系是按一定的“规则”联系的。它在“规则”的指导下是相对独立的，“教学模块”可以“模块分解化”和“模块集中化”。理论上，通过“模块分解化”和“模块集中化”可以集成无限复杂的系统。这也就是教学模型千差万别的原因。

“教学模块”是可操作的。在教学的体系结构中，教学模块是可组合、分解、重复、更换的单元，包括：（1）分离教学模块；（2）用更新的教学模块设计来替代旧的教学模块设计；（3）去除某个教学模块；（4）增加迄今为止没有的教学模块，扩大系统；（5）从多个教学模块中归纳出共同的要素，然后将它们组织起来，形成设计层次中的一个新层次。（6）为教学模块创造一个“外壳”，使它成为待在原来设计的系统之外也能发挥作用的模块。

有了“系统工程学”和“整体论”作为宏观上的方法论，有了“模块化理论”和“还原论”作为微观上可操作的方法论，建立一个环境艺术设计教学新模型的思路就很清晰了。

## 三、环境艺术设计教学模块化新模型探索

### （一）环境艺术设计专业模块化教学模型结构

运用模块化理论将整个模型逐级模块化，逐级深化、细化，根据国内、国外环境艺术设计教学进行横向和竖向分析研究以及通过对比国内主要院校的环境艺术设计教学模式，得出研究结论：重视整体环境观的教育，树立整体的建筑观、景观设计观和室内设计观，运用生态审美意识去培养“开拓型、会通型、应用型”的环境艺术设计创新人才是适合于21世纪可持续发展的现代设计教育模式。针对环境艺术设计专业的特点，接轨学院共同教育实行分段式本科教学机制具有科学依据，强化学生的基础能力，有助于使学生获得较为全面的训练，提高学生的整体控制能力。强调跨学科、多技能与全视界的素质教育，培养专业基础扎实、思维活跃、学术视野开阔，具有较高艺术修养，较强设计能力的复合型人才。

本科教学对教学模型的探索是一个永恒的话题。基于以上内容的种种分析，基于笔者20多年的环境艺术专业从大学到博士研究生的求学经验、设计实践经验、工程实践经验以及在大学环境艺术设计专业的教学经验，以及从博士论文开题以来对国内这个领域的专业人员长达三年的采访和收集资料过程中获取的资料、直接和间接经验，以及基于长期以来笔者在这个领域工程具体实践和教学中耳濡目染遇到的问题，尝试着去发现这个领域的问题的原因，以及试图以系统工程学、模块化理论、整体论、还原论为方法论——建立一个环境艺术设计专业模块化教学新模型，作为尝试解决这个问题的办法。其基本思路是：先将整个教学系统按照模块化理论分离出七个大模块，再按照这七个大模块去设计更多的相关子模块来构成整个教学系统，这些子模块根据需要可增加或减少，以及更新内容，升级换代，再按照子模块中更小的模块的逻辑性归纳成新的层次，形成每学年的课程表。

关于教学模块的分离、更新、增加、减少、归纳以及为模块创造一个“外壳”，也就是在这里所说的建立一个模块系统或模型。通过将模块不断地分离、更新、增加、减少、归纳以及为模块创造一个“外壳”，导致模块本身的内涵以及模块内部子模块之间以及模块与模块之间的相互关系发生变化，最后导致教学模型的不断发生变化，同时，教学控制体系内容也要做相应调整。所以我们说，伴随着教学模块的分离、更新、增加、减少、归纳以及为模块创造一个新的“外壳”，专业教学模型呈现为动态的、开放的教学模型体系。本书所说的专业教学模型与教学控制体系都是动态的、开放的模型和控制体系。稳定是暂时的、相对的，变化是永恒的、绝对的。

教学模块和电脑模块这类模块性质不同。在这里，一个教学模块里面的子模块是按相近的性质来划分从属，便于从宏观把握，但是一个教学子模块不一定全部都固定在一个时空段使用，它多半是根据课程模块的性质、特征、功能，将子模块中的更小模块，按照教学的逻辑性分散在不同时空段来使用的。

教学模块及教学模型构成了环境艺术设计教学的知识系统，这个系统是不断进行新陈代谢的。根据目前中国美术学院环境艺术设计系以及国内其他校的经验，一般4 ~ 5年，要根据环境艺术设计行业的不断发展和知识与技术手段的更新，对教学模块和模型进行调整修订。

### （二）环境艺术设计专业教学新模型的五项核心内容

环境艺术设计专业模块化教学模型结构图，即环境艺术设计专业教学新模型的核心内容是基于以下五个方面，如表3-1所示。

表3-1 环境艺术设计专业教学新模型的核心内容的五个方面

| 序号 | 核心内容 |
| --- | --- |
| ① | 五年制教学模型 |
| ② | 四段式教学模型 |
| ③ | 增加工程实践类课程 |
| ④ | 增加有关工学课程 |
| ⑤ | 文理兼收模式 |

基于以上五项核心内容和模块化理论，设置模块化的教学模型，以下逐一解释这五项核心内容。

1. 五年制教学模型

环境艺术设计专业以5年制的教学模型为宜。环境设计专业范围较广，实践性强，涉及学科门类较多，如：设计基础、建筑基础、建筑设计、专业基础、室内设计、景观设计、设计历史及理论、电脑软件学习及使用、毕业设计及论文等。尤其是专业实践一项耗费时间较多，环境艺术设计专业是一个实践性很强的专业，现在几乎所有学校的学生参与实践的时间不够，以至于所学专业知识与实践连接不上，以至于造成了学生对专业的认识深度不足，影响了后续课程的深入学习，造成了参加工作后工作单位要花很多时间培训新人。因此，要想把这些课程扎扎实实地学好，培养出市场合用的合格人才，笔者认为，以5年制较为适宜。中央工艺美术学院在20世纪50年代开办室内装饰系时，采用的也是5年制教学模型。现在国内的建筑设计专业也多为5年制教学模型。

2. 四段式教学模型

设置四段式教学模型，是参考了国内外的专业教学模型以及目前国内的专业教学及实践的实际情况而定的。

（1）有针对性地设计基础教学模块（1学年）

现在许多学校的设计基础部教学，是将所有设计专业的学生放在一起统一教学，不分专业，强调共性，忽略个性。但是在有些院校，如清华大学美术学院基础部的教学在经历了20多年的历史后，逐渐变成了现在的状态，即：在共性当中保持个性教学，强调设计基础教学的专业适应性、方向性，并非每个专业的基础教学都一样，而是有相同部分有不同部分，而不同部分的课程及内容正是针对各自不同的专业特点而设的。

通过设计基础训练，学生可获得一个相对全面的有关设计的基本认识和基本的设计理解能力（见表 3–2）。

表3–2　第一学年设计基础教学模块课程设置参考

| 课程名称 | 设计素描（器物、室内、建筑、景观），专业色彩（器物、室内、建筑、景观），专业速写（器物、室内、建筑、景观），平面构成，立体构成，色彩构成，装饰图形，形态研究，摄影基础、设计概论，西方现代设计史，中国设计史 |
| --- | --- |

（2）建筑设计课程模块（2 学年，含建筑设计实践）

建筑设计是环境艺术设计的重要基础之一。据笔者访谈专业人士统计，无论是装饰设计公司的业务领导还是环境艺术设计专业毕业的从业人员，在谈到建筑和室内设计、景观设计的关系时，无不强调环境艺术设计专业的毕业生在建筑知识方面的匮乏导致在工作中的被动。建筑学院背景的环境艺术设计专业，如东南大学建筑学院环境艺术设计专业，工科背景，更是将学制定为“2+3”，即 2 年建筑设计课程，3 年景观设计课程（含半年设计实习和半年的毕业设计）。同济大学建筑学院内设的室内设计专业也是工科背景，与东南大学环境艺术设计专业的办学思路基本一致，只是专业不同而已。

该阶段以建筑基础、建筑专业设计及其理论为主，环境艺术设计专业的主要共学课程均在该阶段完成。因为建筑基础、建筑专业设计及其理论是环境艺术设计的母体，无论是室内设计还是景观设计，都和建筑设计基础有着千丝万缕的联系。目的是使学生通过此阶段的学习，为下一阶段室内设计及景观设计专业教学做准备。此阶段为环境艺术设计专业学习的基本阶段，也是作为室内设计以及景观设计教学环节中承上启下的关键阶段。

表3–3　第二、三学年建筑设计课程模块设置参考

| 第二、三学年建筑设计课程模块设置参考 | |
| --- | --- |
| 第二学年 | 画法几何，建筑与室内透视基础，专业表现技法（手绘效果图），专业表现技法（手绘快速表现），人体工程学，专业色彩设计，居住区规划，风景区规划，户型设计，计算机辅助设计 (AUTO–CAD)，设计院实习（侧重制图规范及规划内容）<br>建筑设计原理，建筑概论，中国建筑史 |

（续 表）

| 第二、三学年建筑设计课程模块设置参考 | |
|---|---|
| 第三学年 | 建筑模型，建筑构造与结构，建筑物理（声光热），建筑设备基础（水暖电），建筑设备选型，民居测绘，城市设计，风景建筑设计，独立住宅建筑设计，计算机辅助设计，设计院实习（侧重设计规范、法规）；<br>中国古建筑构造分析，外国建筑史，建筑经济学 |

在这里，需要强调的是，环艺系开设的工科内容和开在建筑系的工科内容是不完全一样的，即使科目名称一样。在这里的工科内容重点更多是强调该科内容和室内设计的关系，那是一个室内设计师所必备的知识技能。

（3）模糊景观设计与室内设计专业教学模块

这一阶段主要学习室内设计及景观设计的基本理论、基本知识和相关的设计技能，使学生通过学习室内设计及景观设计理论锻炼设计思维能力，通过专业造型基础、设计原理与方法、工作室及工程实践能力的基本训练，具备了解室内设计及景观设计的历史及现状，了解专业最新成就的发展趋势。

这一年实际上是将景观设计与室内设计课程模块交叉安排，以便将前两年的建筑设计知识结合在景观设计与室内设计课程上。同时也是希望学生对建筑设计、景观设计、室内设计三者之间的相互关系再思考，用整体的、系统的思维方式去理解环境艺术设计范畴内相关的各种因素，及其如何协调这些因素，而不是孤立地考虑单一的设计对象。据笔者调研，中国美院环艺系毕业生数人，这种综合性的课程设置，为以后的设计实践提供了较宽的设计视野和宏观把握设计能力。

表3-4　第四学年环艺设计课程模块设置参考

| 第四学年环艺设计课程模块设置参考 | |
|---|---|
| 第四学年 | 室内材料与构造，室内设计程序，室内陈设设计，家具设计，室内设计原理，西方室内设计史，中国室内设计史；<br>景观植物学，植物配置，造园设计，公共艺术，设计院实习（侧重相关条例、标准、防火、安全）；<br>景观概论，园林设计原理，中国园林设计史，西方景观设计史 |

（4）景观设计或室内设计教学模块，并以所选方向作为毕业设计

最后一年的分专业教学，是让学生在前面的一年设计基础、两年建筑设计基础和一年“景观、室内模糊教学”基础上，根据自己的喜爱学有所专，学有所长，

同时也在毕业之际做出一个有深度的设计项目。笔者认为：一个学科不可能承受太多的期望和寄托，更不要搞“万金油”。环境艺术设计只能以建筑设计为基础开出两个专业方向——景观设计和室内设计，而建筑设计由专门的建筑系来完成正规的专业教学。无论是美院建筑系还是工科建筑系，一般还要5年，环艺系在有限的时间里既不要去重复别人的路子，更不要忘记了自己的任务。

学生在此之前取得合格的学分，毕业设计主题定位和论文的开题报告通过审批过关，才能顺利进入毕业学位课程的学习。学生在前面课程的基础上在最后一年有所侧重地去发展自己的爱好和特长，以景观设计或室内设计为方向进行毕业设计和论文，毕业设计课程包括综合性较强的毕业设计与毕业论文。

表3-5　第五学年环艺专业的两个专业方向课程模块设置参考

| 学年 | 专业 | 第五学年环艺专业的两个专业方向课程模块设置参考 |
|---|---|---|
| 第五学年 | 室内设计 | 展示设计，建筑装饰设计，度假宾馆室内设计，建筑、室内照明设计，建筑与室内摄影，高级住宅室内设计，室内设计风格概论，中西方雕塑史纲，设计营销与管理；<br>毕业实习（侧重职业道德、设计营销、业务关系、合同），毕业设计，毕业论文 |
| 第五学年 | 景观设计 | 园艺植栽学，园林考察，公共设施设计，景观设计，建筑与景观摄影，建筑、景观照明设计，自然系统或场地生态学；<br>中西方雕塑史纲，设计营销与管理；<br>毕业实习（侧重职业道德、设计营销、业务关系、合同），毕业设计，毕业论文 |

四段式5年制教学模式，一年级培养学生从“自然人”到掌握一定专业知识的“专业人”；二、三年级开始打好专业基础——建筑设计基础课程；从四年级到五年级，则重点培养学生从专业人到具有一定职业能力的设计者，以开拓型、会通型、应用型的创新人才为育人建设重点；从五年级到毕业则选择一门作为突破，再提高，并对本科阶段的学习做一总结。

3. 增加工程实践类课程

实践类课程的缺失或不足或流于形式几乎是该专业国内外教学的通病。美国麻省理工学院（MIT）成立于1895年，是美国最古老、最优秀的建筑系之一，但是近年来一直在走下坡路，陷入了“只谈社会政治问题，却忽略设计的基本问题”的教育怪圈。2005年春天，中国建筑师张永和受邀就任美国麻省理工学院（MIT）建筑系主任，成为首位执掌美国建筑研究重镇的华人学者。吸引MIT的是张永和的建筑师出身和多年在美国执教的经验。与那些只谈理论的建筑学家不同，张永和拥有自己的建筑师事务所，有深厚的实践经验，并曾在美国多间大学执教，对美国的建筑系教育现状都非常了解。张永和到任后，立即进行教学改革，他修改教程，其中最重要的就是增加学生的专业实践的内容。任期过半时，MIT 建筑系在他的带领下，地位迅速提升。在张永和到来之前，MIT 在美国大学建筑类专业排名中排在第 8 名，而张永和任期后的排名则跃升到了第 2 名。无独有偶，早期的广州美术学院的工艺美术系在国内同行中没有什么特色和名气。改革开放后，由于广州地处改革开放前沿，设计市场空前繁荣，设计实践机会多，于是工艺美术系日渐壮大改为设计学院，下属各专业设计系，其中以环境设计系（现改为“建筑与环境设计系”）最为出名。专业创建之初，以该专业教师为基础成立的“广东省集美设计工程公司”，成为国内高校教学单位中最早探索现代设计实践教学与经营的知识群体。从此，该系产、学、研一体化的教学队伍及其教学成果，一直在社会上取得良好反响，十几年来成为中国建筑与环境艺术教育的一支重要力量。

4. 增加有关工学课程

这一块内容具体落实在四段式教学的第二段里面，“两年制的建筑设计课程模块”，主要包括建筑物理、建筑结构、建筑材料等课程，增加有关工学课程的出发点是基于工程设计及施工实践的需要。工学课程的缺失是目前国内艺术院校环境艺术设计专业的软肋，基于文科类艺术院校的学生的理工基础，可以将有关工学课程的内容在难度上区别于工科类建筑学院，但是一定要有。环境艺术设计专业是一门艺术和技术结合的专业，这在业内和实践中已成共识，在这里所说的技术，正是工学内容。于是，这就引出了另一个内容，即下面“文理兼收模式”的内容。

5. 文理兼收模式

笔者曾采访江南大学研究生院原院长张福昌教授，张福昌先生在 20 世纪 80 年代曾留学日本千叶大学，据张先生介绍千叶大学的许多设计专业就是文理兼收。张先生留学回来后于 1985 年率先在江南大学室内设计专业实行文理兼收制度，后来进而蔓延到产品设计专业。该教学改革项目后来获全国优秀教学成果奖。据跟踪该校毕业学生调查（采访浙江工业大学之江学院设计学院院长，原江南大学工业设计专业毕业生），工科生源学生毕业后也有不少转行改行，但是中间层次较少，大部分普遍有发展后劲，上升空间较大，比较成功，整体成一头大一头小的不规则哑铃型分布。由于现行的学科设置，进校前期主要是基础课，艺术类学生成绩较好，但过了这个时期就优势不在。艺术类生源毕业后比较差的较少，中间状态较多，由于普遍后劲不足，故比较成功的也较少，整体呈菱形分布。文理生源两者相加，就成为一头大一头小的梯形，这是比较理想的形态。故文理科兼收的优势就在于使该专业学生进入社会后，在该专业的高端和中段都有相当数量的学生保持优势。现在的专业设置状态是：几乎所有美术学院的环境艺术设计专业均为文科类生源，国内的一些工学院及林学院的一些相关专业是理工科生源。这样的状态使学生在个人优势上不断扩展，但是在专业“短板”方面却没有得到长足的长进和补充。文理兼收的模式不仅可以使文、工科学生在专业技能上互通有无，取长补短，共同进步，甚至在思维方式、学习方式和工作态度等诸方面都有互补优势。

## 第五节　各类高校环境艺术设计基础教学模式的比较

### 一、综合类大学环境设计专业的基础教学概况

北京林业大学的环境艺术设计专业在国内高校中以其较强的专业性而位列前茅，有着较高的优质报考率与就业率。北林的环境艺术设计专业为艺术设计大专业下的分支专业，其他的分支专业还有视觉传达设计、动画设计和工业设计。

近 5 年来，北林的环境设计专业从以室内设计为主的单一型模式逐渐调整发展成为多方向的均衡型专业模式，有着非常鲜明的专业发展对比。

在单一型模式阶段时，北林就非常重视专业的拓展性，也不是完全意义上的单一。教学上以递进式学习方式展开，大一以造型基础、构成基础、制图基础、理论基础为主，培养学生的专业基本能力，并有大量的专业选修课以供学生拓展学习；大二开始设计基础及软件基础，以建筑基础、设计表达、手绘表现技法、人体工程学、CAD、3D 等为主要课程；大三进入专业学习，主要以室内设计为主，分为家居空间设计、公共室内空间设计两个部分，并配合开设家具设计、陈设设计、展示设计等课程；大四第一学期开设景观设计，并配合照明设计与公共设施设计等课程。

而现在的均衡型模式中，大一仍以造型基础、构成基础和理论基础为主，专业课程为素描、色彩、三大构成、美术史和专业概论，专业概论分成四个大节让学生了解四个设计专业方向；大二以设计基础和理论基础为主，课程包括建筑设计基础、设计表达、透视制图、空间构成、计算机辅助设计、模型制作、综合材料、专业赏析、家具史、设计史等；大三开始进入设计专业课，课程以室内设计和景观设计为主，两门专业课每学期理论课 48 学时，实习课 8 学时，教学内容为做项目与设计方案，并围绕核心课程开展基础支撑学科，围绕室内仍开设家具设

计、陈设设计、展示设计及装饰与施工工程等课程；围绕景观设计，除了原有的公共设施设计课程，还利用北林顶尖的园林及园艺学科的优势，加设了园艺基础、植物基础等课程，构建更全面的专业知识体系。

北林的基础教学与专业设计形成完整的支撑体系，内容丰富合理。但造型基础教学上与专业结合不算紧密，各个支撑学科之间没有实现完全的有机结合。且综合类大学在大学一、二年级有较多其他类型的必修通识课程，这在一定程度上也会制约专业基础课的合理安排，众多课程同时开展，学生很难消化。再者就是建筑基础的薄弱，虽然现在建筑基础课有所增加，但真正意义上解决建筑基础问题是有难度的。

## 二、专业美院环境设计专业的基础教学概况

中央美术学院建筑学院，建筑与环境设计系的本科分为两年的基础教学、两年的专业教学和最后一年的毕业班工作室教学三个阶段。第一年和第二年的基础部教学面向建筑、景观、室内三个专业方向，专业教学内容主要包括造型基础、设计初步、建造基础和专业通识课程等必修课程；后两年进入专业教学阶段，以学科大方向为基础，教学内容以突出专业特点为主，同时兼顾相关学科的交叉与融合。除了设计专业课程之外，建筑学院还提供理论和技术方面的专业通识课程，以完善学科课程结构；最后一年采取工作室教学制度，强调专业方向和导师导向相结合，内容包括工作室的课题训练与毕业设计，由工作室导师负责组织教学与学术活动，实行个性化的精英教育。

整体学科建构强调艺术与人文的学科背景，以建筑学必备知识为基础，在课程内容上强调“宽基础和多口径”，课程结构上强调“系统化与模块化”，模糊相关学科的边界，主张学科相互交叉。从基础教学上就要求建筑设计、室内设计、景观设计专业的学生能够具备基本的设计与审美能力。以造型训练、设计训练、建造训练、表现训练和理论培养五个部分组成完善的专业构建网，让学生打下扎实的专业基础，并关注人文教育与通识培养，让学生形成良好的设计素养与审美素质。

在教学方法与教学组织上，以解决实际问题为出发点，将建筑、室内、景观等方向的基础课进行有机结合。一年级的教学以空间塑造能力的培养、基本功和专业表现技法的训练、造型能力的提高及一定审美素质的培养为核心来展开；二年级教学以初步设计能力培养、建筑基本问题的初步认识为主，同时交织设置理论课和建造技术类课程，以丰富学生专业知识，同时使学生具备一定的学习和研究能力。

## 三、师范类高校环境设计专业的基础教学概况

在师范类高校开设艺术设计专业，是多年来我国高校师范类美术教育调整专业结构、改革课程设置及教学内容体系、创新人才培养模式和提升人才培养质量的实践探索。环境艺术设计作为一门与社会生活互动紧密的应用型专业，实践性强、灵活度高、就业空间广阔，在这样的背景下，大部分高校都争相开办，逐渐向综合型大学发展的师范类高校也不例外。

师范类高校中的环境艺术设计专业主要有两种形式：一种是基于美术学专业基础的设计方向；一种是非师范性质的设计专业。但在教学模式上都存在明显缺点：从专业技能训练来说，过于重视基础绘画技能训练，专业课被压缩，缺乏实践性教学；从教学技能训练来说，完全秉承师范教育体制的公共技能，没有专业教育的针对性。师范类院校环境艺术设计专业的学生普遍认为学习专业课的时间过少，这也导致了大部分学生专业水平不够高，社会实践能力较差，专业不精，且无特色，师范类环境艺术设计专业的学生在就业上既没有单一优势，也没有综合竞争力。

以贵州师范学院艺术学院美术学专业环境艺术设计方向为例。贵州师范学院属于二本师范类院校，其环境艺术设计为美术学专业中的专业选修方向，是典型的二二制师范教育模式。大一、大二以美术学基础课和师范类课程为主，大二下学期根据学生意向分专业方向。这就导致真正的环境设计专业课程从大三才开始，专业课程种类少、课时少，用一年或一年半的时间来完成别人三年或三年半的课程，专业教学的质量已很难保证，和五年制的专业型教学相比，更是距离甚远，完全没有专业优势可言，如果课程结构差可能还达不到职业技术教育的水平。

专业课程主要包括中外建筑史 40 课时，手绘表现技法 48 课时，人机工程学 64 课时，CAD 64 课时，3D 80 课时，装饰材料与施工工艺 48 课时，室内设计 192 课时，景观设计 192 课时。其中，室内设计与景观设计课程都分为两个学期完成，平均每学期 96 课时。单独以一门课程来看，课时不少，但实际上要在 192 个课时里完成的教学内容是非常有限的，这其中需要解决别的高校在大一和大二完成的必要的专业基础问题，如制图、空间、设计风格、设计思维等；还需要让学生具备大三和大四必备掌握的一定的设计能力；同时还需要在一定范围内横向纵向的拓展相关学科知识，如家具、照明、植物、公共设施等。师范类环境设计专业被师范类的公共必修课已经占去很大部分课时，加上大一、大二美术学重比例的造型基础课程，所剩的专业课课时已寥寥无几。

师范类高校自身办学体制的师范教育培养模式，与环境艺术设计专业的实践

应用型教学体系形成了一个相互制约的关系，在专业教学带来了诸多方面的困境。在基础教学上实行一种“大美术”教育制度，不管是绘画方向、雕塑方向，还是设计方向都采取大比例造型训练的基础教育方式。基础教学中只有造型训练、构成训练及一定的美学概论、艺术史论教学，没有与环境设计相关的专业通识教育，缺乏专业基础培养、专业结构粗糙、课时比例失衡、教师专业体系混乱、学生培养的方向性不明确，和专业美院、其他综合类大学相比，专业竞争力薄弱。因此，师范类的设计教育中，在有限的教学背景下，课程设置必须有很强的合理性和针对性，更加需要能增加专业理解与学习能力的基础教学系统。这种把单一的绘画技术作为主要基础的知识结构应该得到彻底改变，传统的美术型基础课程在设计学科发展的新形势下已无法满足学科的教学，甚至成了阻碍。

## 四、国外环境设计类专业的教学模式

在欧美国家的设计学院或综合大学里，与“环境艺术设计”相契合的室内建筑设计和景观建筑设计是完全独立的专业体系，因而在专业构建发展上非常全面。

### （一）室内设计

美国的室内设计教育相对于大多数国家而言，开始得较早。作为高等教育的室内设计，其专业开设在各种不同规模的学校中，提供从大专到研究生阶段的、不同的学位和课程。第一个有大学室内设计课程的高校是纽约美术与实用艺术学校，于在 1904 年开设了室内装潢课程。1940 年，该校更名为帕森氏设计学校。第二个开设这类课程的是创立于 1916 年的纽约室内设计学院 NYSID，其至今在美国北部还是比较有影响的专型或专门学院，在室内设计领域一直保持全美顶尖地位，毕业生遍布很多知名工作室。还有一些社区学院，多数提供 2 ~ 4 年制的课程，相当于中国的大专学历。小型或专门学院，一般都提供本科学位甚至研究生学位。综合性大学是以本科和研究生教育为主的，一般都提供各种本科和研究生学位。

以所处的学校环境来看的话，可将美国的室内设计专业分为三种类型：艺术为第一类，所占比例最大；经济或社会人文科学为第二类，为数也不算少；建筑为第三类，比例最小。由于各类学校的背景不同，教学的重点也有所不同。艺术类学校比较重视艺术与创造性课程，如纽约室内设计学校、旧金山艺术研究学院和萨凡纳艺术设计学院等。但大多数是设置在综合性大学里的艺术分院，如佐治亚大学艺术学院和弗吉尼亚州立大学艺术学院等。人文类学校对人的行为及小型环境的研究比较感兴趣，在课程设置上，以理论课程和居家设计课题为主。这类学校往往都是综合性大学，其代表有康奈尔大学生态学院，伊利诺伊州立大学家政经济系和密苏里—哥伦比亚大学人类环境科学学院。第三类学校利用其环境的特长，多侧重于室内建筑设计。如亚利桑那州立大学建筑与环境设计学院，辛辛那提大学建筑、艺术与规划设计学院和路易斯安那理工大学建筑学院。

美国室内设计本科教育以 4 年制或 5 年制最为典型。室内设计教育随着社会需要而发展，本没有统一的课程标准。对于本科教育的指导思想，也是见仁见智的，每个学校都有不同。但总体说来，综合型大学要求相对比较高，强调学生不仅仅要掌握专业知识，更重要的是要培养学生全面的思维能力。在美国，本科教育的功能之一是要形成一个追求知识的社会。

美国室内设计教育院校的课程流程多为：基础内容—基本能力—实践能力—高级课程这样一个逐渐深入的设计思路。

当代美国高校艺术设计专业的课程设置的现状有以下特点。

1. 课程结构呈现灵活性与多样性

从艺术设计专业的课程结构上来看，美国高校基本是采用“基础训练 + 专业学习 + 职业实践（工作室训练）”的教学模式。不同的院校有着不同的文化发展背景，每个学校都有自己的专业培养目标与特色。在教学上强调专业的研究方法，摒弃程式化的教学，主张课程结构的灵活性与多样性，以对学生设计潜力与个性的发掘和培养为基础，让学生建立起独立、灵活、批判的设计意识，着重培养学生对艺术设计的感受与认知。

2. 课程设置上秩序与自由并存

在课程的设置上，美国高校的艺术设计专业并没有一个统一的标准和规定，主要由基础教学、理论教学和设计实践教学三大部分来构成一个基本的课程秩序。所有专业课程的核心都是培养学生在感性上的审美意识、创新思维，以及训练学生理性的系统化专业设计能力。在课程内容上则采取宽领域、多方向的知识组织形式，呈现出自由化特点，除了必修的设计专业课，还提供了很多不同领域的专业知识让学生来自主选修学习，并开展很多设计沙龙，组织多样的参观访问与交流活动，学生可根据自己的专业喜好及发展方向来自由选择想学习的专业领域知识。这种秩序与自由并存的课程模式，将严谨教学与自我发展实现有机结合，不但培养了学生自主学习的能力，还形成了有效的大知识平台，让学生的专业知识得到扩充，提高了学生的艺术修养与创造能力。

3. 与实践接轨的工作室文化

销售曲线是美国艺术设计教育的一个重要风向标，对市场的高关注度使实践性成了其专业课程设置的最核心原则。美国各大艺术设计院校在每个学期都会设置与当季开设课程内容相关的“工作室课程”，其专业工作室通常全年 24 小时为学生开放，并具备各种相关设施供学生进行辅助学习。除此之外，学生还可根据自己的需求随时到各个工作室进行实践创作。通过工作室的学习模式，学生能够真正实现学以致用。工作室就是一个链接学校与市场的实践平台，使学生能在实践过程中检验自己的学习成果、增长设计经验、明确专业发展方向，并与商业市场紧密接轨，为今后的职业发展创造有利条件。

### （二）景观设计

景观园林设计的发展历史悠久，且有不同的地域文化风格。经过千年发展，世界上主要形成了三大传统园林体系，即以中国为代表的东方园林、以古希腊为主的欧式园林以及阿拉伯国家的伊斯兰园林。19 世纪以后，由于工业革命的推进，西方经济发展迅速，传统的欧洲园林随着市场需求的变化，逐渐发展转变成为具有现代意义的景观设计，而景观设计教育也随之产生。

美国、英国等国家的景观设计学科就出现于 19 世纪末 20 世纪初，至今 100 多年的发展，使美国、英国在专业发展和学科教育上积累了非常丰富的经验，在现代景观设计教育的发展中起步较早、影响较大，有很多值得我们参考和学习的地方。

美国是建立现代景观设计教育体系较早的国家，美国景观设计之父奥姆斯特德与合伙人沃克斯于 1857 年共同完成的纽约中央公园成为景观设计的重要里程碑。奥姆斯特德坚持把自己从事的专业从传统的造园专业中分离出来，把自己从事的专业称为“景观设计”，把自己称为“景观设计师”，并于 20 世纪初在哈佛大学主持了景观设计课程。

纽约中央公园的设计成了美国景观专业的起点，景观规划设计由此开始发展为一门独立的新学科。在大量设计实践的基础上，奥姆斯特德的儿子弗雷德里克与舒克利夫在哈佛大学开设景观设计课程，并在全美首创 4 年制的景观设计理学学士学位，正式确立了其现代学科的地位。目前，美国有 60 多所大学设有景观设计学科专业教育，其中 2/3 设有硕士学位教育，1/5 设有博士学位教育。美国的景观设计专业大都设在建筑学院、农林学院和艺术学院。专业教学上各有特色，优势互补。

在哈佛大学景观设计专业刚建立的时候，对于课程的设置，主要是以文化教育为基础，侧重于景观艺术形态的设计与研究。随着现代主义运动的发展，20 世纪三四十年代，功能主义的推崇，让景观设计教学从形式美感的关注转向对社会生态、技术材料的关注与研究，带动了景观设计专业的教育变革。现在美国现代景观设计专业主要是采取一种将社会、生态和艺术三者融为一体的教学模式，侧重于对社会价值、生态价值和美学价值的统一思考及综合运用。

在课程设置上，现在的景观规划设计教学体系主要由设计课、讲课和研讨会和独立研究这三大类课程组成。其中，设计课是学习和研究的核心内容，在教学上打造宽泛的专业基础，注重对景观的形式美学、历史文化、专业实践和科学研究等方面的综合学习。同时强调对具体问题的分析，重视设计实践技能的培养，让学生对景观规划设计相关领域的各种知识与技术都有所涉猎；讲课和研讨会主要是对景观规划设计的历史人文、专业理论及设计方法论等知识的研究学习；独立研究课程有点类似于室内设计的工作室学习制度，是学生在通过基础学习后进入专业深化阶段，进行某一具体方向的专门性研究，并在导师的指导启发下独立完成研究与论文写作。在教学方法上，美国景观设计注重启发式教学方法的运用，非常重视挖掘学生的创造力和培养学生独立解决问题的能力。

英国景观设计教育的产生最早可以追溯到 1821 年，但真正开始现代景观设计学的教育是在 20 世纪 30 年代。英国的景观教育最初是在伦敦纽卡斯尔和雷丁诸大学进行小规模的训练。在 20 世纪中叶，泰恩河畔的纽卡斯尔大学成立了第一个景观系，之后伯明翰、切尔滕纳姆和爱丁堡等各个大学也都陆续成立了新的景观设计系，景观设计专业的教育体系由此在英国逐步地建立并成熟起来。

英国的景观设计教育以培养理论知识与设计实践能力并重的专业景观建筑师为目的，其景观教育的特点是注重理论与实际的结合。在这种体制下训练出来的学生知识面较广，对一般社会现象的理解也比较深刻，因而在进行景观规划和设计时考虑问题的层面也较深入，有自己独到的见解，对问题的思考也比较细致入微。

在课程安排上，英国景观设计注重对学生综合专业知识和综合设计能力的训练与培养。要求学生对自然景观和人文景观有全方位的认识理解，同时学会对设计可能面对的问题有所认识与判断，并要求学生具备科学和艺术的综合专业知识，使学生打下良好的学术基础、掌握实用的设计技巧，在设计中能对具体问题做出清晰敏锐的判断，学生实践能力优秀，具备较强的专业沟通协作能力。教学上，大学部的课程安排主要由设计习作、讲授课程及论文三部分来组成。其中，设计习作主要围绕景观建筑概论、景观元素、各种功能的景观空间以及景观整合设计等主题而展开；讲授课程单元主题分为设计研究与人文学、土地科学与技术及专业实务三部分，其课程内容主要包括景观设计史论、景观设计、地理学、规划学、自然环境科学、植物学、景观施工与工程以及法律法规等。综上所述，英国景观设计的课程设置是非常严谨的，重视专业知识体系的拓展与综合，强调学生解决现实问题的能力。

随着美、英等国景观设计市场及其学科教育的影响和发展，很多西方发达国家如法国、德国、加拿大、澳大利亚等都在20世纪上半叶结合自己国家的市场需求与文化，纷纷建立了属于自己的景观设计学科教育体系，进行了很多丰富的设计实践，并创造了大量有影响力的现代景观设计作品。欧美发达国家在景观设计教学上已有成熟的实践与系统的学科体系，而我国的景观设计专业职业化发展起步晚，学科教育还处于一个初级阶段，实践经验相对较少，在学科体系的建设上还欠缺完善。我国应该从市场出发，以实践为基础，借鉴欧美的先进教学理念，并结合中国特色的园林文化建立适合我国景观设计发展的教学体系。

# 第四章　环境艺术设计方案的综合表达基础

## 第一节　环境艺术设计的表达基础

技术性图纸是表达任何工程设计必不可少的部分，也是每个初学者必须掌握的基本作图技能。学习制图不仅应熟练掌握常用制图工具的使用方法，以保证制图的质量和提高作图的效率，还必须遵照有关的制图标准或规定进行制图，以保证制图的规范化。图纸除了要严格按照国家规定绘制外，还要求图面工整、清晰、合理并且提供的数据应做到准确无误。下面我们就制图的第一步工具线条图开始学习。

### 一、工具线条图

使用绘图工具（丁字尺、圆规、三角板等）工整地绘制出来的图样，称为工具线条图。它又可分为铅笔线条图和墨线线条图两种，主要依据绘图工具的不同而区分。工具线条图要求所作的线条粗细均匀、光滑整洁、交接清楚。因为这类图纸是以明确的线条描绘环境中物体的轮廓来表达设计意图的，所以严格的线条绘制是它的主要特征。图纸上不同粗细和不同类型的线条都代表不同的意义。

#### （一）线条的种类、交接及画线顺序

1. 线条的种类

剖切线：表示剖面图被剖切部分的轮廓线，图框线也用该线条表示。

轮廓线：表示实物外形的边缘轮廓线。

实线：线性最细，一般用于平面图、剖面图中的材料、图例线、引线、表格的分界线。

中心线：也称点划线，表示物体的中心位置或轴线位置（定位轴线）。

虚线：表示实物被遮挡部分的轮廓线或辅助线。

折断线：表示形体在图面上被断开的部分，多用于图中构件、墙身等的断开线。

2. 线条的交接

（1）两直线相交。

（2）两线相切处不应使线加粗。

（3）各种线样相交时交点处不应有空隙。

（4）实线与虚线相接。

（5）圆的中心线应出头，中心线与虚线圆的相交处不应有空隙。

除上述几点外，绘图时还应注意以下几点。

①虚线、点划线或双点划线线段长度与间距应各自相等。虚线线段长为 4 ~ 6 毫米，间距为 0.5 ~ 1.5 毫米；点划线的线段长为 10 ~ 20 毫米，间距为 1 ~ 3 毫米。点划线线段的端点不应是点。所绘图线不应穿越文字、数字和符号，若不能避免时应将线条断开，保证文字、数字和符号的清晰。

②线条的加深与加粗。铅笔线宜用 B ~ 3B 较软的铅笔加深或加粗，然后用 H ~ B 较硬的铅笔将线边修齐。墨线的加粗，可先画边线，再逐笔填实。如用一笔画出粗线，由于下水过多，线形势必会在起笔处显得肥大，纸面也容易起皱。

③粗线与稿线的关系。稿线应为粗线的中心线，两稿线距离较近时，可沿稿线向外加粗。

3. 画线顺序

（1）铅笔粗线易污染图面，因而铅笔画易被尺面磨落而弄脏图面，粗的墨线不宜，稿线应轻而细。

（2）先画细线，后画粗线。因为铅笔线容燥，易被尺面涂开，先画细线不影响制图进度。

（3）在各种线形相接时应先画圆线和曲线，再接直线，因为用直线去接圆或曲线容易使线条交接光滑。

（4）先画上后画下，先画左后画右，这样不易弄脏图面。

（5）画完线条后再标注尺寸与文字说明，最后与标题及圆边框。

### （二）制图工具用法及制图常规

1. 工具用法

（1）铅笔、针管笔和直线笔的用法。

根据铅芯的软硬不同可将绘图铅笔划分成不同的等级，最软的为 10B、最硬的为 10H，但在具体制图过程中还要根据图纸、所绘的线条和空气的温湿度加以调整，如纸面光滑、所绘线条较宽、空气湿度大、温度低时需相应地加大深度。2B 以上的绘图铅笔多用于素描，但也有不少设计人员喜欢用 3B 以上的软铅笔在拷贝纸上作草图或构思方案。除了用绘图铅笔制图外，也可用自动铅笔起稿线、作草图，铅芯有 0.5 毫米、0.7 毫米、0.9 毫米三种规格，硬度多为 HB。

铅笔线条是制图的基础，要求画面整洁、线条光滑、粗细均匀。为了保证所绘线条的质量，尽量减少铅笔芯的不均匀磨损，在作图前要将铅笔削尖，并使笔芯保持 5 毫米左右的长度，在绘制线条过程中将笔向运笔方向稍倾斜，并在运笔过程中轻微地转动铅笔，使笔芯能相对均匀地磨损。另外，还要注意，因用力不均匀线条还会产生深浅变化。为了使同一线条深浅一致，在作图时用力应均衡，并保持平稳的运笔速度。铅笔的运笔方向：水平线为从左至右，垂线为从下至上。

针管笔是专门为绘制墨线线条图而设计的绘图工具。针管笔因携带和使用方便而深受设计人员的喜爱。针管笔的笔头由针管、重针和连接件组成。针管管径的粗细决定所绘线条的宽窄，设计制图中至少要备有粗、中、细三种不同管径的针管笔。国产英雄牌 9 支装针管笔（管径为 0.2 毫米、0.3 毫米、0.4 毫米、1.0 毫米、1.2 毫米等）就能满足一般的制图工作的需要。

用针管笔作图时，应将笔尖正对铅笔稿线，并尽量与尺边贴近。为了避免尺子的边沿沾上墨水洇开弄脏图线，可以在尺子的底面用胶带贴上厚度相同的纸片，使尺面稍高出图面约 1 毫米。作图时笔应略向运笔方向倾斜，并保持用力均衡、速度平稳。用较粗的针管笔作图时，下笔和收笔均不宜停顿。针管笔除用来作直线外，还可以将其用圆规附件和圆规连接起来作圆或圆弧，也可以用连接件配合模板作图。

为了使针管笔保持良好的工作状态和较长的使用寿命，应正确使用和保养针管笔。当用较细的针管笔作图时，用力不得过大以防针管笔弯曲和折断。若笔尖常出现墨珠或笔套常被墨水弄脏，可能是墨水上得太多所致。因此，针管笔所上墨水量不宜过多，一般为笔胆的 1/4 ~ 1/3。针管笔不宜用过浓或沉淀的碳素墨水，笔不用时应随时套上笔套以免笔尖墨水干结。定时清洗针管笔是十分必要的，否则，笔头部分因干墨和沉淀堵塞会导致针芯堵滞、墨线干涩、下笔出水困难等现象。

直线笔又名鸭嘴笔，用墨汁或绘图墨水，色较浓所绘制的线条较挺，使用时要保持笔尖内外侧无墨迹，以免绘图洇开；上墨水量要适中，过多容易滴墨，过少容易使线条干湿不均匀；画线时，两片笔尖间一定要留有空隙，以保证墨水能流出。如笔尖的空隙已很小，画出的线条仍嫌太粗时，应检查画线笔尖。如已用钝，可用油石磨后再用。用直线笔画线时，笔尖正中要对准所要画的线条，并与尺边保持微小的距离；运笔时要注意笔杆的角度，不可使笔尖向外斜或向里斜，进行的速度要均匀。使用后注意务必放松螺钉，擦净积墨。

（2）图板、丁字尺、三角板的用法。

图板是制图中最基本的工具，有零号(1200 毫米 ×900 毫米)、壹号（900 毫米 ×600 毫米)和贰号（600 毫米 ×450 毫米)三种规格，制图时应根据图纸大小选择相应的图板。普通图板由框架和面板组成，其短边称为工作边，面板称为工作面。图板板面要求平整、软硬适中；图板侧边要求平直，特别是工作边更要平整。因此，应避免在图板面板上乱刻划、加压重物或置于阳光下暴晒。

丁字尺又称 T 形尺，由相互垂直的尺头和尺身组成，尺身上有刻度的一侧称为丁字尺的工作边。丁字尺分 1200 毫米、900 毫米、600 毫米三种规格。丁字尺是最常用的线条绘图工具，主要用来画水平线或配合三角板作图。使用前必须擦干净，其要领是：丁字尺头要紧靠图板左侧，不可在图板的其他侧向使用；三角板必须紧靠丁字尺尺边，角向应在画线的右侧；水平线要用钉子尺自上而下移动，笔道由左向右；垂直线要用三角板由左向右移动，笔道自下而上。

三角板可用来画平行线、垂线外，还可利用两种三角板画 15° 及其倍数的各种角度。为提高工具线条（包括铅笔和墨线）制图效率，减少差错，可参考下列作图顺序：先上后下，丁字尺一次平移而下；先左后右，三角板一次平移而右。

（3）比例尺、圆规、分轨和曲线板。

在设计制图中，必须将房屋或部件按比例缩小到图面上，比例尺是用来缩小或放大线段长度的尺子，一般为三棱形，也称三棱尺。比例尺有六种比例刻度；片条形的比例尺有四种，它们还可以彼此换算。比例尺上刻度所注的长度，就代表要度量的实物长度，如 1 ∶ 100 比例尺上的刻度，就代表了 1 米长的实物。因为尺上实际的长度只有 10 毫米，即 1 厘米，所以用这种比例尺画出的图形上的尺寸是实物的 100 倍，它们之间的比例关系是 1 ∶ 100。在建筑环境中常用的比例尺度如表 4–1 所示。

**表4–1　各类建筑图样常用比例尺举例**

| 图样名称 | 比例尺 | 代表实物长度 / 米 | 图面上线段长度 / 毫米 |
| --- | --- | --- | --- |
| 总平面或地段图 | 1 : 1000 | 100 | 100 |
| | 1 : 2000 | 500 | 250 |
| | 1 : 5000 | 2000 | 400 |

（续 表）

| 图样名称 | 比例尺 | 代表实物长度 / 米 | 图面上线段长度 / 毫米 |
|---|---|---|---|
| 平面、立面、剖面图 | 1 : 50 | 10 | 200 |
| | 1 : 100 | 20 | 200 |
| | 1 : 200 | 40 | 200 |
| 细部大样图 | 1 : 20 | 2 | 100 |
| | 1 : 10 | 3 | 300 |
| | 1 : 5 | 1 | 200 |

圆规是用来作圆或画弧的工具，有大调节螺钉，便于量取半径，但根据所画圆的大小，有小圆规、弹簧圆规和小圈圆规三种。小圈圆规是专门用来作半径弹簧圆规的规脚间有控制规脚分度的很小的圆或圆弧的工具。用圆规作圆时应按顺时针方向转动圆规，规身略向前倾，并且尽量使圆规的两个规脚尖端同时垂直于图面。当圆的半径过大时，可在圆规规脚处接上套杆作图。当作同心圆或同心圆弧时，应保护圆心，先作小圆，以免圆心扩大后影响准确程度。圆规既可作铅线圆，也可作墨线圆。作铅线圆时，铅芯不应削圆锥状，而应用细砂纸磨成单斜面状，使铅芯磨损相对均匀。

分规是用来截取线段、量取尺寸和等分直线或圆弧的工具。普通的分轨应不紧不松、容易控制。弹簧分规有调节螺钉，能够准确地控制分规规角的分度，使用方便。用分规截量、等分线段或圆弧时，应使两个针尖准确地落在线条上，不得错开。

曲线板是用来绘制曲率半径不同曲线的工具。曲线板是用可塑性材料或柔性金属芯条制成的柔性曲线条。在工具线条图中，水池、道路、建筑物等的不规则曲线都应该用曲线板。作图时，为保证线条光滑、准确，相邻曲线段之间应留一小段共同段作为过渡。

（4）其他用具。

模板。模板可用来辅助作图、提高工作效率，如在环境设计中就可用模板绘制厨房和卫生间中的设施。模板的种类非常多，一类为专业模板，如工程结构模板、家具制图模板等，这种模板上一般刻有该专业所常用的一些尺寸、角度和几何形状。另一类为通用型模板，如圆模板、椭圆模板等。用模板作直线时笔可稍向运笔方向倾斜，作圆或椭圆时笔应该尽量与纸面垂直，且紧贴图形边缘。当作墨线图时，为了避免墨水渗到模板下弄脏图线，可用胶带粘上垫纸贴到模板下，使模板稍稍离开图面 0.5 ~ 1.0 毫米。

擦皮。擦皮应软硬适中，能将笔迹擦干净，而又不擦伤纸面，留下痕迹。使用擦皮时应先将擦皮清洗干净，然后选一顺手的方向均匀用力推动擦皮，用最少的推动次数将笔迹清除，不可往复擦，否则纸面很容易被擦毛，难以再作出光滑流畅的线条。擦皮经常与擦图片配合使用。

擦图片。一般由薄金属片（以不锈钢为佳），或透明胶片制成。其作用是用橡皮擦除在板孔内的线段，而不影响周围的其他线条。擦线时必须把擦线板紧紧按牢在图纸上，以免移动而影响周围的线条。

纸张、透明胶带和绘图三眼钉。制图主要用制图纸和描图纸两种纸张。质量较好的绘图纸，有整张纸面平整均匀、经得起擦拭、不会因空气湿度变化而产生过大的变形、用墨水绘制线条时不会洇开等特点。质量较好的描图纸纸面透明性好、均匀平整、容易着墨。图纸固定于图板上时，应用透明胶带或绘图三眼钉，不得用图钉，否则将损伤图板图面，影响正常制图工作。

小刀、单面刀片和双面刀片。作线条的铅笔应用小刀削；图板上的图纸应用单面刀片裁；描图纸上画错的墨线或墨迹斑痕应用双面刀片刮，且刮图时，应平放图纸，下垫三角板，轻轻刮除。

小钢笔、墨水、清洁扫。墨线图上的工程字、数字和符号等常用小钢笔书写。制图常用墨水为碳素墨水和绘图墨水。前者较浓，后者较淡，所用碳素墨水不应有沉淀物。绘图时为了避免弄脏图面，应清扫除去图面上的铅粉等脏物。

2. 制图常规

（1）图纸幅面。

制图应采用国际通用的 A 系列幅面规格的图纸。A0 幅面的图纸称为零号图纸，A1 幅面的图纸称为壹号图纸等。

当图的长度超过图幅长度或内容较多时，图纸需要加长。图纸的加长量为原图纸长边 1/8 的倍数。仅 A0 ~ A3 号图纸可加长且必须沿长边。图纸长边加长后的尺寸如表 4–2 所示。

表4–2　图纸长边加长尺寸

| 幅面代号 | 长边尺寸 $L$ | 长边加长后尺寸 |
| --- | --- | --- |
| A0 | 1189 | 1338，1487，1635，1784，1932，2081，2230，2387 |
| A1 | 841 | 1051，1261，1472，1682，1892，2102 |

（续　表）

| 幅面代号 | 长边尺寸 L | 长边加长后尺寸 |
| --- | --- | --- |
| A2 | 594 | 743，892，1041，1189，1338，1487，1635，1784 |
| A3 | 420 | 631，841，1051，1261，1472，1682，1892 |

为了便于图纸管理和交流，通常一项工程的设计图纸应以一种规格的幅面为主，除用作目录和表格的 A4 号图纸之外，不宜超过两种，以免幅面掺杂不齐，不便管理。图纸以图框为界。图框到图纸边缘的距离与幅面的大小有关。图框的形式有两种：一为横式，装订边在左侧；二为竖式，装订边在上侧，A0 ~ A3 号图纸宜用横式。图框线的中央有时需标对中线，对中线宽为 0.35 毫米，伸入图框内 5 毫米。

（2）标题栏与会签栏。

标题栏又称图标，用来简要地说明图纸的内容。标题栏中应包括设计单位名称、工程项目名称、设计者、审核者、描图员、图名、比例、日期和图纸编号等内容。标题栏除竖式 A4 图幅位于图的下方外，其余均位于图的右下角。标题栏的尺寸应符合 GBJ 1—1986 规范规定，长边为 180 毫米，短边为 40 毫米、30 毫米或 50 毫米。需会签的图纸应设会签栏，其尺寸应为 75 毫米 ×20 毫米，栏内应填写会签人员所代表的专业、姓名和日期。许多设计单位为使图纸标准化，减少制图工作量，已将图框、标题栏和会签栏等印在图纸上。另外，各个学校的不同专业尚可根据本专业的教学需要自行安排标题栏中的内容，但应简单明了。

在绘制图框、标题栏和会签栏时还要考虑线条的宽度等级。图框线、标题栏外框线、标题栏和会签栏分格线，应分别采用粗实线、中粗实线和细实线加以区分表示，线宽详见表 4-3。

表4-3　图框、标题栏和会签栏的线条等级

| 图幅 | 图框线 | 标题栏外框线 | 栏内分割线 |
| --- | --- | --- | --- |
| A0、A1 | 1.4 | 0.7 | 0. 35 |
| A2、A3、A4 | 1.0 | 0. 7 | 0. 35 |

（3）标注与索引。

图纸中的标注和索引应按制图标准正确、规范地进行表达。标注要醒目准确，

不可模棱两可。索引要便于查找，不可零乱。

①线段的标注。线段的尺寸标注包括尺寸界线、尺寸线、起止符号和尺寸数字。尺寸界线与被注线段垂直，用细实线画，与图线的距离应大于2毫米。尺寸线为与被注线段平行的细实线，通常超出尺寸界线外侧2～3毫米，但当两不相干尺寸界线靠得很近时，尺寸线彼此都不出头，任何图线都不得作为尺寸线使用。尺寸线起止符号可用小圆点、空心圆圈和短斜线，其中短斜线最常用。短斜线与尺寸线成45°角，为中粗实线，长2～3毫米。线段的长度应该用数字标注，水平线的尺寸应标在尺寸线上方，铅垂线的尺寸应标在尺寸线左侧。

当尺寸界线靠得太近时可将尺寸标注在界线外侧或用引线标注。图中的尺寸单位应统一，除了标高和总平面图中可用米作为标注单位外，其他尺寸均以毫米为单位。所有尺寸宜标注在图线以外，不宜与图线、文字和符号相交。当图上需标注的尺寸较多时，互相平行的尺寸线应根据尺寸大小从远到近依次排列在图线一侧尺寸线与图样之间的距离应大于10毫米，平行的尺寸线间距宜相同，常为7～10毫米。两端的尺寸界线应稍长些，中间的应短些，并且排列整齐。

②圆（弧）和角度标注。圆或圆弧的尺寸常标注在内侧，尺寸数字前需加注半径符号 $R$ 或直径符号 $D$、$d$。过大的圆弧尺寸线可用折断线，过小的可用引线。圆（弧）、弧长和角度的标注都应使用箭头起止符号。

③标高标注。标高标注有两种形式。一是将某水平面如室内地面作为起算零点，主要用于个体建筑物图样上。标高符号为细实线绘的倒三角形，其尖端应指至被注的高度，倒三角的水平引申线为数字标注线。标高数字应以米为单位，注写到小数点以后第三位。二是以大地水准面或某水准点为起点算零点，多用在地形图和总平面图中。标注方法与第一种相同，但标高符号宜用涂黑的三角形表示，标高数字可注写到小数点以后第三位。

④坡度标注。坡度常用百分数、比例或比值表示。坡向采用指向下坡方向的箭头表示，坡度百分数或比例数字应标注在箭头的短线上。用比值标注坡度时，常用倒三角形标注符号，铅垂边的数字常定为1，水平边上标注比值数字。

⑤曲线标注。简单的不规则曲线可用截距法（又称坐标法）标注，较复杂的曲线可用网格法标注。用截距法标注时，为了便于放样或定位，常选一些特殊方向和位置的直线，如定位轴线作为截距轴，然后用一系列与之垂直的等距平行线标注曲线。用网格法标注较复杂的曲线时所选网格的尺寸应能保证曲线或图样的放样精度，精度越高，网格的边长应该越短。尺寸的标注符号与直线相同，但因短线起止符号的方向有变化，故尺寸起止符号常用小圆点的形式。

⑥定位轴线。为了便于施工时定位放线，查阅图纸中相关的内容，在绘制园

林建筑图时应将墙、柱等承重构件的轴线按规定编号标注。定位轴线用细点划线，编号应注写在轴线端部直径为 8 毫米的细实线圆内，横向编号应用阿拉伯数字（1, 2,3,⋯），从左至右顺序编写，竖向编号应用大写拉丁字母，从下至上顺序编写。为了避免与数字混淆，竖向编号不得用 1、0 和 Z 等字母。

⑦索引。在绘制施工图时，为了便于查阅需要详细标注和说明的内容，还应标注索引。索引符号为直径 10 毫米的细实线圆，并过圆心作水平细实线的直径将其分为上下两部分，上侧标注详图编号，下侧标注详图所在图纸的编号。涉及标准图集的索引，下侧标注详图所在图集中的页码，上侧标注详图所在页码中的编号，并应在引线上标注该图集的代号。如果用索引符号索引剖面详图，应在被剖切部位使用粗实线标出剖切位置和方向，粗实线所在的一侧即为剖视方向。被索引的详图编号应与索引符号编号一致。详图编号常注写在直径为 14 毫米的粗实线圆内。

⑧引出线。引出线宜采用水平方向或文字说明可注写在水平线的端部或上方。与水平方向成 30° 、45° 、60° 、90° 的细实线，索引详图的引出线应对准索引符号圆心；同时引出几个相同部分的引出线可互相平行或集中于一点。路面构造、水池等多层标注的共用引出线应通过被引的诸层，文字可注写在端部或上方，其顺序应与被说明的层次一致。竖向层次的共用引出线的文字说明应从上至下顺序注写，且其顺序应与从左至右被引注的层次一致。

（4）字体写法简介。

文字和数字是图纸的重要组成部分，要求工整、美观、清晰、易辨认。

①汉字——仿宋体和黑体字。仿宋体是由宋体字演变而来的长方形字体，其笔画匀称明快，书写又比较方便，因而成为工程图纸的常用字体。黑体字又称黑方头，为正方形粗体字，一般常用作标题和加重部分的字体。

字体格式 : 仿宋字一般高宽比为 3 : 2, 字间距约为字高的 1/4, 行距约为字高的 1/3。为了使字体排列整齐，书写大小一致，事先应在图纸恰当的位置上用铅笔淡淡地打好方格，按上述各项格式留好字体的数量和大小位置，再进行书写。

为了使字体排列整齐匀称，满型的字如“图”字、“醒”字等须略小些，而笔画少的字体如“一”字、“小”字等须略微大些。这样统观起来方能产生大小较为统一的视觉效果。

②数字、拉丁字母。拉丁字母的书写，同样要注意笔画的顺序和字体的结构，只不过它们曲线较多，运笔要注意光滑圆润。在一幅图纸上，无论是书写汉字、数字或外文字母，其变化的类型不宜多。有的学生在图面上，甚至在一幅说明或同一标题上，也变化字体，往往使图面零乱而不统一，至于自己“发明”的简化

字和奇形怪状的字，均须予以禁止。

字体练习，要持之以恒。要领并不复杂，但要掌握并熟练运用，却需要严格、认真、反复和刻苦练习，要善于利用一切机会来学习，做到熟能生巧。

## 二、平、立、剖面图的配景图例表达

“Entourage”源自法文，意思是指建筑物周围的环境，同时“Entourages”还有另一层释义，有“随从”“陪衬”之意。另外，“Entourages”一词加有的“s”，从语义上讲，表示“复数”，即有“很多”之意，在这里可理解为“设计主体的环境氛围烘托者”。在配景处理的分寸把握上，设计师与画家从事的艺术创作不同，设计师应将关注点放于设计的主题本身，而非精致的配景。在这里，重要的是掌握一套配景搭配的程式化方法，以保证能勾勒环境氛围来烘托主体，从而避免茫然不知从何下笔的尴尬。因为对配景知识的掌握重在运用而非配景本身。

### （一）植物图例表达

树木是表现各种环境制图中最重要的一项配景。树木种类繁多，其枝叶叉杂、相互交织、有疏有密、形态多变，不易表现。但树木也有共同点：树必有干、枝从干长、叶从枝生；而树枝偏离树干的整体形状，树干和树冠的相互对比，是决定树木整体形状的因素。所以，绘图前必须对所表达的树木的形态特征有深刻而清晰的认识。从树干特征到树枝结构，从叶片形状到树冠整体，都应进行认真的观察、分析、研究，从而准确地掌握树木的造型特点，并概括出简单的轮廓线来表示各种树木的基本特点，同时，还要使线条与树木的特征相协调。例如，针叶树（松柏）可用线段排列表现树叶，而阔叶树则可用成片成块的面来表现树叶。需要注意的是不论何种树木，其画法应该和环境主体相统一。

（1）平面图中树木的表示。

①树木的平面符号。树木在平面图中以有一定线条变化的圆圈作为符号来表示，象征着树冠线。符号可简可繁，最简单的可以是一个象征性的圆圈，最繁杂的可以是树木、树枝和树的形态相互缠绕、交织成的图形，一般常用的是由变化线条画出的圆圈来表示，以达到区别树木种类的效果。在方案设计图中，树冠线符号只要能给工程施工提供依据即可。因此，要求表示的符号易简单明晰，能区别不同的树木种类、直观效果强即可。

②关于树木种类平面图的表示。树木的种类，在平面图中是以树冠线平面符号表示的。在同一图样中，对不同种类的树木，树冠线平面符号应采用不同线条变化画出；树木种类相同，树冠线平面符号也应同步做到线条变化。对各类树木

的表示，没有具体的标准可循。因此，树冠线平面图符号的变化线条一般是根据所表示树木的树叶形状进行推敲、抽象和简化。

③树木形状的平面图表。在平面图上，树木的形状是通过描绘树冠线平面符号来表示的。对有些规则变化的树木，一般按比例用一定的线条描绘出象征性的圆圈作为树冠线平面符号；对不规则形状的树木，则按一定构思描绘出不同规则的树冠线平面符号。

④树木大小的平面图表示。不同的树木，其树干和树冠的大小也不相同，就是同种树木，树龄不同，其大小、形状也不相同。树木的大小，通常是用树木树冠线平面符号的大小来表示。对于某种树木或同一种树木的成形效果，应根据设计意图、图纸用途、图面要求来确定，但需根据树木应有的树干和树冠直径按比例画出。

对所示树木的成形效果，没有特别要求时通常从如下的几种方式考虑确定。

a. 若表示施工当时的成形效果，则按苗木出圃时的规格绘出。一般取干径 1 ~ 4 厘米，树冠径 1 ~ 2 米。

b. 若表示现状树，则根据现状实际成形效果，按比例表示。

c. 对原有大树、孤立树，可根据图纸的表现要求，将树冠径适当描绘得大一些。

（2）立面、剖面图中树木的表示。

树木的种类繁多且姿态万千，各种树木的树形、树干、叶形、质感各有特点，差异很大。树木的这些特点，在表现树木的平面图中是反映不出的，而在树木的立面、剖面图中就可得到较精确的表现。立面、剖面图中通过对树冠形状、树叶特点、树木枝干的组合和大小以及树木的粗细、形状和长度等特点的描绘，使树木的特征、树枝的形态、树叶的形状及树冠的轮廓等特征得到更好的表现。树木在立面图上的画法，既可用以实物为对象进行描绘的写生法，也可用只强调树冠轮廓，省略细部或在细部位置以一些装饰性线条（类似图案）进行描绘的概括法。

（3）灌木和花卉的表示方法。

灌木是无明显主干的木本植物，与乔木不同，灌木植株矮小，近地面处枝干丛生具有体形小、形变多、株植少、片植多等特点。因此，灌木的描绘和乔木相似，但其各有特点。

在平面图上表示时，株植灌木的表示方法与乔木相同，即用一定变化的线条描绘出象征性的圆圈作为树冠线平面符号，并在树冠中心位置画出“黑点”表示种植位置，对成片种植的灌木，则用一定变化的线条表示出灌木的冠幅边。绘图时，用粗实线画出树木边缘的轮廓，再用细实线与黑点表示个体树木的位置。画树冠线要注意避免重叠和紊乱，一般将较大的树冠覆盖于较小的树冠上面，而较小的树冠被覆盖的部分不画出，对常绿灌木则在树冠线符号内加画 45° 细斜线表示。

### （二）人物、车辆及指北针的表达

1. 人物

人体是很难把握的，往往专职的人物画家也需要花费毕生精力来研究人体。但在室内外表现图中，人物作为配景的主要作用，在于表达场地的尺度和环境气氛。因此，对设计师而言，重要的是抓住人体大的动势特点以及人群在画面构图中的聚散关系。在学习方法上，主要是掌握中景人的画法。以此为基础，进一步学习如何对中景人稍加刻画细部而成为近景人，略为概括而成为远景人的表现方法。

在画人体的结构、形态时，可将人体理解为若干体块的组合。人体的各部分之间存在着一定的比例关系，掌握好这个比例关系，是画好人物的关键。一般在表现图中的配景人物，最常见的形态是站立或行走。基本站姿的人物画法有正面、侧面、背面三种。行走姿态人物画法在站姿人物画法的基础上，调整一下手和腿的动态即可。对远景人而言，一般取站姿，用笔上宜简练一些；而近景人，则注意刻画一下人物衣饰；至于较近的能分清容貌的前景人，应根据画面需要来确定。

2. 车辆、天空

作为工业产品，“车”的造型始终随时代的发展而产生不同的变化，但从功能结构和体量关系上看，至今基本保持着相对的稳定性。画车辆时，应注意现代车型设计的两个特点：一为流线型；二为水滴型。流线型使车的外轮廓线呈圆弧状，水滴型使车在整体上表现为前低后高，车窗稍向前倾斜。总之，画车时应该把握大的形体关系，再按车型不同对车身的倾斜关系做局部的调整。

车的画法分以下几步。

第一步：一般可将车身侧立面网格竖向分为三等分，横向分为四等分。车长为 3.76, 车高 $3a$。

第二步：车头 16, 车前窗向后倾斜，后窗宽大致为 0.56，略向后靠，车底盘距地为 $0.5a$。

第三步：车轮侧板上边缘距地约 $1.5a$，车轮胎侧面嵌入车身一些，不与侧板平齐。

第四步：防撞杠伸出，下部稍向内收进，并画出细部。

初学者中常出现汽车“飘浮”在空中、扭曲等问题，主要是由于没有根据表现图的透视关系，来适当确定车体网格控制线及尺寸所造成的。由于表现图中的车都不大，不同车型在体量上的差异也就较小，在画汽车时，只要稍加留心，就不难得出这样的结论：车的类别主要表现在车头上。多收集一些车头的细部设计资料，会帮助我们表现出更丰富的配景车来。

室外环境中天空、船、火车、飞机等也是在作图时常会遇到的配景。另外，其他的配景还包括地面、水面、花絮、路灯、喷泉、雕塑、远山、建筑小品等内容，只要平时这里不再举例。

总之，室内外配景的画法不单单是人、车、树等配景的逐一表现，更重要的是配景间的组合模式。往往同学们感觉配景太难画了，认为只要主体画好了配景随便添加即可。实际上没有好的配景做烘托，设计主体的表现效果也会打折扣的。而在表现图中，配景其实为数不多，但传达给观众的信息却是很丰富的。

## 第二节　环境艺术设计方案表达的基本形式

### 一、环境艺术设计的推敲性表达基础

#### （一）草图表达

草图是在设计构思之初在图纸上的“勾勾画画”，是设计师寻找灵感、打开思路的开始。草图并不是最终的成稿，通常也不会提交给业主，它是设计者用来记录思维过程、反复推敲设计方案以及和设计团队相互沟通的一种方式。正因如此，草图不需要刻画设计的全部细节，而是重点表达整体的构思、空间关系、造型、创意等。以瑞士建筑师伯纳德·屈米为法国巴黎拉维莱特公园国际设计竞赛绘制的方案草图为例，在9种不同的思路中，他最终确定的是“Follies”方案。即在大片绿地上规则地摆放着国际象棋般的红色构架。他认为21世纪的城市公园应该采用有别于传统公园的形式，利用作为媒体的建筑学来提高法国的国际声望。从传统意义上讲，他的设计并不很“建筑”，如果将其描绘为“有趣的片段或部件的构图”也许更合适，但正是这种出奇制胜的思路，使其在470个竞赛方案中获胜。当然，如果在一个设计方案中设计师的目的就是要突出某个创意性的细节，并运用这个细节来作为整体设计的亮点，那就需要在草图的图纸上清晰而适当夸张地去刻画这个设计部分。

草图的表现方法很多，可用铅笔、钢笔、针管笔、马克笔、彩色铅笔等多种工具都可，要的是能快速地表达出头脑中一闪而过的灵感，而不必拘泥于线条的

描画和图面的草图绘制。无论采用何种表现技法，都需重美化。

### （二）方案研究性模型

方案研究性模型主要用途是分析研究设计方案、表现设计成果。与草图表现相比，方案研究型模型则显得更为真实、直观而具体。由于具有三维空间的表现可以进行全方位观察的优势，所以方案研究性模型对于表现空间造型的内部结构关系以及外部环境关系方面效果尤为突出。

环境艺术设计有很强的“过程性”，不同阶段设计任务各有侧重。由此，可以将方案研究性模型的制作分为两个阶段：①构思阶段，模型可以没有任何具体的形态，只有几个或若干个点、线、面、体所组合成的构成关系。这一阶段的模型可以是对总体环境布局的整体规划，也可以是对建筑形态的粗略塑造，还可以是对若干个建筑之间空间位置关系的推敲，甚至可以是对环境中的整体空间形态研究。②制作阶段，主要任务是建立和推敲方案的整体关系，对于环境景观中的节点、建筑立面上的细节、室内空间中的细部都可以暂时忽略。当设计方案的整体关系基本确定后，方案需进一步深入，研究性模型表现时也需要跟随着设计的进程，用三维的实体形式表现设计方案，以便对设计方案进行分析。

当然，此类研究性模型也有自身的弊端，由于模型大小的制约，观察角度多以俯视为主，过分突出了第五立面（屋顶）的地位作用，从而有误导之嫌。另外，由于具体操作技术的限制，模型在细部的表现方面有一定的难度，这也是在进行方案设计时应注意的问题。

### （三）计算机辅助表达

计算机以亲和的人机界面和分析模拟、检验、修改、复制等的强大功能为设计人员提供了广阔的艺术创作空间。计算机在帮助环境艺术设计语言的表达中，可以逼真地表现建筑的形象、室内外空间环境、城镇规模与环境空间的关系及物体的质地、光影、色彩，甚至动态效果。例如，Sketch Up 软件（又名“草图大师”），就是一个建筑景观专业的 3D 建模软件，由于运行速度较快、操作较方便，深得业内人士喜爱。

计算机辅助设计，可以激发设计师的灵感，帮助发展原始的设计构思；并且构思方案还可以随时以线框模型的形式在屏幕上显示出来，对设计体块、空间的推敲有着很妙的功效。相对于推敲性模型而言，速度是计算机辅助表达的第一优势。另外，除了可以完成传统的人工绘画绘图、图形设计及施工 JSI 的快速精确的表达以外，还可以与动态影视表达结合起来。将设计预想的形象与环境艺术效果，按照电影、动画的表达模式以连续、多角度、多层面地播映，更有助于方案的推敲和体现。

在电脑越来越多地应用于设计领域的今天，许多设计初学者越来越深地陷入不作为的泥潭：拒绝速写训练、拒绝手绘训练，并且振振有词地引入电脑作为论据认为手绘慢，一切都等待电脑解决，甚至到了本末倒置的地步，把最初创意阶段也用键盘和鼠标信手点来。这是一种错误的认识。

在这里要强调的是不要让“电脑”支配“人脑”的思维。环境艺术设计的创作不是靠电脑机械的公式计算就可以替代的，没有好的创意、扎实的绘画基本功和较高的审美素养，所绘电脑效果图的表现力和艺术性也会严重“缩水”。因此，要正确认识计算机辅助表达的功用，合理并恰当地运用于环境艺术的创作过程中。

### （四）综合表现

所谓综合表现是指在设计构思过程中，依据不同阶段、不同对象的不同要求，灵活运用各种表现方式，以达到提高方案设计质量之目的。在方案初始的研究布局阶段采用方案研究性模型表现，以发挥其整体关系、环境关系表现的优势，而在方案深入阶段又可采用草图表现，以发挥其深入刻画之特点等。

## 二、环境艺术设计的展示性表达基础

展示性表达是指能完整、准确地展现设计师设计方案的表达方法。能展现设计方案的“载体”很多，比较常用的基本形式大致有三视图、施工图、效果图、展示性模型、文字描述的表达等。

### （一）三视图

三视图分为正视图、侧视图和俯视图。三视图是绘画表达方法由感性走向理性，并由徒手绘画转向尺规绘图（或电脑绘图）的重要方法。由于三视图是从不同方向来看物体的三个正投影图，以严格精确的尺度为依据，以遵守制图规范等的原则。因此，三视图是从艺术构思表达走向施工规范的思维表达，是将设计构思付诸工程实际的图面语言表达。

### （二）施工图

无论是草图还是效果图都是方案阶段的表达方式，要进一步深化设计并将方案转化为直接指导施工的图纸，就需要设计师具备绘制施工图的能力。准确地说，施工图绘制是从项目的初期一直延续到项目施工完成的技术性工作。如果说设计草图或效果图可以带有一定的艺术性，其线条、笔触、构图、色调可以在一定程度上反映设计师的绘画功底和艺术修养，那么施工图则强调准确性和规范性。从图幅尺寸、版式、线条类型到标注方式、图例符号等都必须严格遵守制图规范，不能随意发挥和臆造。

施工图是在对“设计物”的造型或整体布局、结构体系等大体定位的基础上再重点考虑材料、技术工艺措施、细部构造的详细设计与表现的。施工图应包括总平面图、局部平面图、立面图、剖面图、节点大样图、局部构造详图及有关的各种配套图纸和说明。由于施工图是把艺术创作设计形成的形象与空间环境通过技术手段转化成现实中的事物形象与空间环境，故也是由理想转化为现实的过程，要求在具体绘制表现之前，对材料制作工艺及内在结构关系均须进行分析、研究、计算，设计人员必须考虑具体施工过程中的技术、工期、造价、安全等一系列问题。要求施工图正确无误，以便能将设计最终顺利地变成现实，并避免发生事故，造成不应有的损失。环境艺术设计、建筑设计、公共艺术设计等设计专业都是通过工程图的表达方法将艺术设计由构思走向实际项目的实现的。

目前，施工图基本都是用 CAD、天正等电脑软件来绘制的。从中可以看出，施工图在设计表达中的重要作用——建筑工人将严格按照设计人员所绘制的施工图纸来进行施工。因此，工程每一个细节的位置、尺寸、颜色、材料、施工工艺都要在施工图上绘制出来。

### （三）效果图

效果图就是设计者将设计意图和构思进行形象化的再现，有其自身的特点及优势。其一是效果图的直观性。效果图是最能直观生动地表达设计意图的，是将设计意图以最直接的方式传达给观者的方法，从而使观者能够进一步地认识和肯定设计者的理念与思想。其二是效果图的普遍性。效果图已经成为设计行业中的“通行证”或者说是行业内的“货币”，可以很方便地进行各种各样的流通，从而形成了一种观念：“要让我看你的设计，那就等于是看效果图。”没有效果图，就说明没有设计。渐渐地，原本只是属于表现设计师构思的一个阶段性或是设计方案一部分的效果图，却成了设计方案的总“代言人”，成了设计方案成功与否的必然条件，成了设计竞争中最重要的比拼内容。故对于效果图的制作效果的优劣，绘制水平的高低，其意义更大。常见的效果图绘制的分类大致有以下几种。

1. 依据表现工具分类

效果图的表现工具、手法很多。依据所用的工具不同可分为手绘效果图和电脑效果图。电脑效果图就是通过 3D、Photoshop 等软件做一些相关的环境模拟图。

手绘效果图是利用透视的原理借助多种表现工具（如彩色铅笔、马克笔、喷枪等）在图纸上进行创作，来展现设计的预期环境效果。目前，也有一部分设计师尝试将电脑与手绘相结合，用相关软件在手绘的透视图上进行着色或渲染，也取得了较好的效果。

（1）手绘效果图。在初步方案完成之后，为了能更加清晰地表达出设计的主要内容和关键点，设计师往往需要绘制相对详细的手绘效果图。手绘效果图的作用之一在于帮助设计师更清晰地认识空间，发现空间设计中的不足，发现设计中的比例与尺度中所存在的问题，以便于进行深化设计和必要的修改；同时，还有助于设计团队之间更好地沟通设计方案中的问题和不足。手绘效果图的作用之二还在于大多数业主都没有相关专业背景，很难通过阅读平面图、立面图等专业性较强的图纸想象出空间的形象，而手绘效果图则能较为直观地、形象地反映出空间的特点和设计的意向，帮助业主理解设计师的意图，进一步促进两者之间的沟通。手绘效果图的优点在于工具简单、绘制迅速、易于携带，能够将设计的方案直观地表达出来，但线条、颜料、马克笔等工具绘制的效果图缺乏真实性是其缺点，对于非专业人士来说，还是不容易准确把握未来空间的真实形式。手绘效果图的表现方法也很多，可以利用铅笔、针管笔、马克笔、彩色铅笔、水彩、水粉、透明水彩、色粉等诸多材料来表现。在表现方法上可根据不同的表达目的突出重点。比如，可以侧重表达环境空间或表现色彩的对比关系，还可以侧重渲染整体气氛或强调某个独具特色的结构创意。手绘效果图是环境艺术设计专业的重要专业技能，其技术的熟练程度和表现能力将直接影响到设计者能否顺利地使用“图纸”的语言表达出自己的设计意图或直接决定工程项目的成败。

（2）电脑效果图。电脑效果图是当前环境艺术设计行业中运用最广泛、最流行的设计表现方式。先是 1993 年出现的 3DMAX 的前身 3DS，后来逐渐发展为 3DMax.X.X，同期出现了 Photoshop 的前身 Photo styler，使后期图片处理成了可能。从此，设计效果图逐渐走向电脑化。因其表达效果较真实，无论是专业人士还是项目的业主或投资商以及其他非业内人士，都能够通过电脑效果图模拟的场景想象到未来的真实环境。当前的电脑效果图的表现也趋于细分化，有的倾向于尽可能地展现一个真实的环境空间场景，并对场景中任何细节都力求真实再现；有的则更倾向于用较为概念和抽象化的手法来表现其效果。设计者可根据不同的需要来选择不同的方式。例如，在家庭装修项目设计中，所面对的业主大多不是从事设计的业内人士，而且十分关注自己未来的“家”是什么样子，在这种情况下采用真实性较强的效果图更适合他们了解设计的最终效果。而在一些国际竞赛或概念性设计项目中，采用概念性、模型化的电脑效果图则更能充分表达出设计者对环境、建筑、空间本质创造性的思考以及设计者独特的表现意向。

2. 依据透视角度分类

在效果图的制作过程中，从不同视点选择角度来说，常用的图纸又可分为人高透视图、鸟瞰图和仰视图、轴测图等。

（1）人高透视图（一点、两点透视）。人高透视图是以施工图、空间透视原理和绘画技巧为依托，在二维平面上设计、表达出事物形象的三维体量及空间环境关系，以人的视平线高度为基准的三维视觉效果图。图面出现的效果与平常人所观察到的景物角度较为相似，有一定的亲切感。在人高透视图中，根据视点选择的角度和透视中灭点数量，又可分为一点透视图和两点透视图。

（2）鸟瞰图、仰视图（三点透视）。鸟瞰图和仰视图都属于三点透视。鸟瞰图是在总平面图或平面图基础上，从设定的空间高度上面，选择一定的角度俯视设计物以及空间环境所得到的视觉画面。鸟瞰图即俯视图，它用来表现设计物在大环境中的整体布局、地理特点、空间层次、结构关系等一系列具体的特定设计，它是表现环境艺术设计整体关系的效果图。仰视图是在总平面图或平面图基础上，从设定的视平线上定好视点，选择一定的角度仰视设计物以及空间环境所得到的视觉画面，适合于表达高耸的视觉效果。

（3）轴测图。可反映环境艺术设计整体关系。轴测图与一般透视规律、具有创造鸟瞰图相比具有绘制便捷的优点，但作为三维空间的一种独特的轴测投影画法，也会失真，视觉效果欠佳。

### （四）展示性模型

将创作设计的理想化阶段，按照一定的比例关系缩小，使用各种材料将其制作成具有空间效果的立体模型，它是表现手段的立体化。工程图的实际仿真，具有显著的手工艺性质和真实可信的直观性。因此，它同样具有广泛的使用价值。展示性模型一般用于商业展示或者展览会（房产会）上，这一类模型主要的目的是将环境艺术设计通过三维实体模型以十分直观的、具有一定艺术性的形式展现出来，尽可能真实地展示出设计的最终效果。这类模型需要注重场景中的每一个细节，从整体的规划到建筑立面造型，从场地的地形起伏到绿化水体，甚至于汽车、灯柱等配景，都尽可能做到形象逼真。有些展示模型还利用灯光、声效等手段进一步增强其表现力。

# 第三节　图纸设色的方法与要领

## 一、图纸设色的方法

凡是以色彩进行表现的任何画种，其色彩的理论知识都是一致的。但各画种因工具材料、功能作用及其性能的区别，对色彩表现的要求也不一样。油画、水彩、水粉等一些纯绘画性的作品是以欣赏为主，在色彩的表现技巧中，主要运用色彩的色相、明度、纯度、冷暖关系及色彩谐调等知识，进行写生或创作。在画面取得谐调的前提下，对色彩中补色和冷暖对比色的运用技巧的高低，是作品中色彩成功的关键。

宣传画和商品广告，都有其明确的目的，画面选取以鲜艳、强烈的色彩为主，舍弃很多中间层次的色彩，并用夸张对比的造型艺术手法，刺激观者的视觉和心理，以达到预期的效果。工艺设计多数为产品或商品服务，根据不同的品种，惯用明丽醒目的色彩，并采取略具抽象或装饰性的手法，以色块、线条、晕染等技巧唤起人们视觉的共鸣。

室内外效果图专为环境艺术设计方案服务。其造型近于写实，而表现手法兼具绘画和工艺设计技巧的双重性，色彩也须在写实、抽象和装饰性之间营造出最佳的表现形式。在此过程中，应追求色彩的单纯和谐调，舍弃复杂纷繁和强烈刺激的色彩效果，侧重冷暖色彩的运用，简化补色因素。

室内外效果图应在统一谐调、柔和单纯的概念中寻求色调，以合适的色调表现其设计的主题。

### （一）色调

色调，即画面总体倾向的色彩效果。这种色彩效果，是在某种或数种色彩整体的处理中产生的，使画面上的各种色彩在种种色彩因素的相互作用中，组成有明显倾向性的色彩感。

由于地区种族、文化信仰及习俗等的不同，不同地域的人对同一色彩或色调的感受也不一样。此外，色彩或色调还能对人们的视觉或心理营造出种种不同的氛围，并在人的内心中形成一种共鸣。色彩中以红、橙、黄等暖色系组成的色调，显得热烈、繁荣、富丽、豪华；以青、蓝冷色系组成的色调，呈现清丽、平静、抒情、典雅；以绿、紫中间色系组成的色调，展示出温和、丰富、朴素、安宁。

有了这些感受，可以从大致相同的习惯来分析和判定色调在环境表现中的运用。

政府行政机构、办公室、纪念馆、纪念碑等地，有严肃而又庄重的属性，色彩宜用偏暖偏灰的色调，可表现出其肃穆端正或雄壮伟大的精神。商场、歌舞厅、娱乐场等场所，为热闹活泼的空间，色调可用较暖较艳的明亮色彩，以显示其繁荣丰茂或华丽活跃的使用特点。住宅、别墅空间是人生活和休息的地方，色调可用偏冷的鲜丽色彩，以营造静谧幽雅或舒适安宁的环境。一些主题性的自然博物馆、地质博物馆等，是人们吸取知识的公共场所，色调可用暖灰色，能体现丰富博大、稳重和谐的意蕴。

人们日常生活的卧室、起居室，主要功能为休息，色调可用中间色系为主，使人们在休息时能感到温馨亲切、舒适惬意。有条件者，还可就季节的变化而改变室内的色调，冬寒夏暑气温悬殊，若冬日的主要陈设改用暖调夏日的布置改用冷调，生活的天地会另显一番情趣。商场内的环境，人货共存、人流如梭、货物层叠，色调宜在暖中降温，以中间色调为主，使其与艳丽夺目、丰茂繁杂的货品互为呼应。歌厅舞厅的外观已缤纷灿烂，室内可选用中间偏冷色，在光色变幻的动景中制造一片朦胧而神秘的氛围。

上述种种，并非定律，仅是一般常识而已。色调除涉及上述因素外，还得考虑建筑所处的地理位置和周围环境关系等因素。所以，应因地因景而异，才能做到尽善尽美。色彩、色调的知识运用得当，其魅力无限，能直接震撼、触及人的视觉和内心；而滥用色调，势必会粗俗平庸，低劣失真。

### （二）谐调

谐调即调和，要达到谐调的目的，应妥善运用色彩的均衡、对照和照应的知识。

1. 均衡

均衡就是把包括明度、纯度和色相在内的色彩属性，就其在画面上所占的面积互做比较；同时，又要把各种色彩所含的冷暖因素及其所属品质（如华丽、朴素、光滑、粗糙等感觉）也在画面上做比较。在这些比较中，有时候是画面上各种色彩所占的面积基本相等，所含的各种因素、品质也大致相同，即等量等质的比较，这时色彩必然均衡；有时是画面上各种色彩所占面积大小悬殊，这就要在悬殊的面积中调整色彩明度、纯度和色相的比例，改变其品质，使大面积的色彩对比、品质减弱，小面积色彩的对比、品质加强，这样也可得到均衡的效果。

2. 对照

当画面色彩在处于均衡的情况下，找出其相应性，采取措施，求得谐调。这种方法是在各种色彩的因素、品质优劣差距甚大的情况下做对比，如明与暗对比就是运用大面积亮色包围小面积暗色，或大面积暗色包围小面积亮色的手法；又如冷与暖对比，运用大面积冷色包围小面积暖色，或大面积暖色包围小面积冷色的手法。还可采用纯和浊、艳和素等对比手法，以求得在这些对比的总效果中达到谐调。

3. 照应

照应是指色彩与色彩间的类似关系。要求画面上的某种色彩整体地统治画面，或割裂地分布在画面上，不论整体统治或割裂分布，彼此都有从属和依存作用。那么，画面色彩必为相互关联，从而形成了画面的主色调；主色调既定，画面即谐调。均衡、对照、照应是探求色彩谐调的三要素，色彩既已谐调，色调自然产生。

## 二、绘图程序

（1）整理好绘图的环境，清洁整齐的工作区，有助于绘画情绪的培养；为使绘图人员轻松顺手，各种绘图工具应齐备，并放置于合适的位置。

（2）对室内外平面图的设计进行深入的思考和研究，充分了解委托者的要求和愿望，如经济方面的考虑及材料的选用等。

（3）根据表达内容的不同，选择不同的表现方法和透视方法、角度。例如，是用电脑表现还是用手绘；是选择一点平行透视还是两点成角透视。通常应选取最能表现设计者意图的方法和角度。

（4）用电脑表现：根据需要选择软件并按照实际尺寸建立场景以及模型，可用 3DMax、3DHome、SketchUp 等辅助软件。用手绘表现：用描图纸或透明性好的拷贝纸绘制底稿，准确地画出所有物体的轮廓线。

（5）用电脑表现：根据设计的内容给模型赋予材质，并在虚拟场景中设置灯光。用手绘表现：根据使用空间的功能内容等因素，选择最佳的绘画表现技法。例如，以环境氛围为出发点，是选择韵味无尽的水彩表现，还是选择超写实的描绘手法突出质感的色粉表现；按照委托图纸的交稿时间，决定采用快速马克笔表现，还是其他精细的表现技法。

（6）用电脑表现：根据需要选择相应的渲染的软件（如 3DMas、Lightscape、VRay 等）对场景进行渲染。用手绘表现：按照先整体后局部的顺序作画。要做到整体用色准确，落笔大胆，以放为主。局部小心细致，行笔稳健，以收为主。

（7）用电脑表现：将渲染完毕的场景，选择好适当的角度导入 Photoshop 软件做最后的图面效果处理。用手绘表现：对照透视图底稿校正，尤其是水粉画法在作画时其轮廓线极易被覆盖，须在完成前予以校正。

（8）用电脑表现：把电脑中做好的虚拟场景打印出图并装订。用手绘表现：依据透视效果图的绘画风格与色彩，选定装裱的手法。

## 三、各类表现技法的要领及常见错误

### （一）手绘

快速设计的表现，是环境设计中一个非常重要的环节。一般而言，首先要根据设计方案中的各平面、立面等二维空间的图纸，生成一个三维空间的视图。然后，再对三维效果形象进行表现。从二维平面生成三维空间视图（一般会采用带有远近关系的透视效果），需要掌握透视图画法的原理。当然，在快速设计中，不需要将所有的设计细节都按严格的几何制图法去完成透视的转换，而是将重要的、决定性的内容或重要的辅助定位线，用透视作图法精确求出一部分细节可以根据透视效果的规律快速直接表达出来。这样可以在较短的时间内完成透视图框架，将时间留给设计的其他环节。

透视图勾画出建筑空间、立体的主要结构关系，建立起相对完整的形体构架。然而，这仅仅表达了设计的空间关系，而对更进一步的材质、空间效果、整体氛围的表达，还需要借助一定的绘画手法进行表现。

1. 铅笔表现方法

铅笔表现，是所有绘画表现方法中最基本的手段。虽然铅笔只能表达有黑白灰的明暗对比关系，却同样可以具有非凡的表现力。一般绘图铅笔按软硬度区分，H 表示铅笔的硬度，有 1H ~ 6H 之分，数字越大硬度越高；B 表示铅笔的软度，有 1B ~ 6B，数字越大表示软度越高。H、2H 或 HB 硬度的绘图铅笔一般用来打底稿、勾勒草图与轮廓，2B ~ 4B 用来表现暗部或有灰度的区域，5B、6B 用于图中较重部分的表现。各类铅笔表达效果各不相同，用笔时的轻重缓急、力道变化等绘图技术需多加练习，仔细体会，应各种笔触、效果的协调配合，才能使画面达到既精致细腻又不失概括写意的艺术境界。铅笔表现法在快速设计中能有力地配合设计创作，使之具有朴实、单纯之美。

2. 钢笔表现方法

钢笔表现是墨水借助于钢笔来表现设计效果的一种形式。与铅笔表达不同的是，钢笔表现的黑白、明暗对比更加强烈，而对于中间过渡的灰色区域则更多地需要在用笔的排线和笔触的变化中来实现。虽然整张图纸只有一种单色却可以形成多种不同的明暗调子和肌理效果，视觉冲击力较强。在快题设计的表现中，可采用不同规格粗细的针管笔（从 0.13 ~ 0.15 毫米等较细规格到 0.5 ~ 1.2 毫米等较粗规格），利用笔触的粗细变化来适应不同效果的表达。钢笔表现还可以与彩色铅笔、水彩等手法结合起来，创作出表现力更加丰富的艺术效果。

3. 彩色铅笔表现方法

彩色铅笔的种类较多。在快速设计表现中，一般多采用水溶性彩铅。它的总体特点是操作简便，不易失误和笔触质感强烈。常有 12 色、24 色、48 色等几种组合包装。彩色铅笔由于笔触较小，所以，在大面积表现时应考虑到深入表现所需要的时间。常常也和钢笔或淡水彩配合使用。

4. 水彩表现方法

水彩是一种艺术表现力较强的表现手法。它既可以单独完成表现，也可和其他表现工具如钢笔等结合使用。这种表现方式在快速设计表现过程中，运用得当，可快速地、极富感染力地表达设计意图。需要注意的是，水彩的使用对纸张有一定的吸水性要求，应选择较厚的水彩纸来表现。

水彩渲染的一般步骤如下。

（1）在使用水彩渲染的图纸上描绘透视底稿。最好是将画好的底稿复制到正图上，避免在绘图纸上由于多次使用橡皮擦改图面，致使纸面肌理遭到破坏，从而影响水彩画表现的效果。

（2）先铺大面积较淡的底色，决定表现图的基本调子。

（3）对设计作品的主要体量进行表达。一般采用先浅后深、由明至暗的顺序。

（4）对一些重点表现的细部进行深入刻画，但注意不可主次不分或平均对待，把握好画面的整体效果，协调画面的主次、远近、明暗关系。

5. 水粉表现方法

水粉表现是一种常用的快速设计表现方法。水粉表现的色彩比水彩渲染的色泽更加鲜明。水粉颜料的颗粒较粗，具有一定的覆盖力和附着力，故有着可以多次反复上色和修改方便的特点。

水粉表现对纸张的要求没有水彩渲染的要求复杂，故对快速设计的图纸选择具有更多适应性的帮助作用。水粉表现一般采用先暗后明、先深后浅的顺序，但也可以反过来。应注意画面的层次和不同色块间厚、薄、干、湿的变化。

6. 色粉表现方法

色粉画（粉画、粉笔画）是用特制的干颜料笔，直接在画纸上干绘，是一门独特的绘画表现形式。色粉画既有油画的厚重又有水彩画的灵动之感，且作画便捷，并有独特的艺术魅力。色粉画在塑造和晕染方面有独到之处，且色彩变化丰富绚丽、清新典雅，它最宜表现变幻细腻的物体，如人体的肌肤、水果等。从工具的使用来看，它不需借助油、水等媒体来调色，它能直接作画，如同运用铅笔方便；它的调色只需将色粉之间互相搓合即可得到理想的色彩。色粉以矿物质色料为主要原料，所以色彩稳定性好，明亮饱和，经久不褪色。用色粉画来表现效果图，在我国还不是很盛行，但它对材料质感的表现是毋庸置疑的。

色粉笔颜料是干性的且不透明的，较浅的颜色可以直接覆盖在较深的颜色上，而不必担心深颜色被破坏掉。在深色上着浅色可产生一种直观的色彩对比效果，甚至纸张本身的颜色也可以同画面上的色彩融为一体。色粉画的固定，必须用特制的油性定画液，也可用透明玻璃（纸）来保护画面。在用色粉绘图过程中须注意以下几点。

（1）笔触和纹理。由于色粉笔的线条是干的，因此，能适应在各种质地的纸张上作画。要善于运用纸张的质地及纹理，一张有纹理的纸允许色粉笔覆盖其纹理凸处而凸凹纹理只能用更多的色粉通过擦笔或手揉来将其填满，故纸张的纹理决定绘画的纹理，恰当地运用纸张的纹理能有效地增加画面的艺术性。

（2）纸的颜色对色粉画亦很重要，因为色粉表现的特点之一就是有亮调子覆盖暗色背景的能力。

（3）用手指、布来调和色彩。布、纸制擦笔或手指都可以用作调和色粉笔的工具。布主要用于调和大的总体色调，而总体色调中的具体变化则多用手指。因为用手指刻画形体时更为方便，用力的轻重也更加容易控制，并且还可以控制所调和的范围，不至于弄脏周围的颜色。

7. 马克笔表现方法

马克笔表现是快速设计中最常用的表现方法。由于它有无须调和、快干、颜色易固定且品种繁多的特点，所以深受设计人士的欢迎。马克笔可分为油性和水性两种类型。油性马克笔适用于光滑、不易书写的基质表面如油漆表面、塑料、厚铜版纸等。水性马克笔适用于一般的绘图纸表现。马克笔的笔头采用化纤、尼龙等化工材料制成，形状为有一定角度的方楔形（或粗细不等的圆形），使用时通过变换笔法可以获得多种笔触的效果。马克笔对纸材的可选择面较广，包括有色及各类吸水率不同的纸，均能适应。

马克笔的特点适于快速表达，画效果图时用笔要干脆爽快，忌讳犹豫打抖及来回地拖描。在用笔较长的地方最好借助尺子来控制，对于画出界的颜色，可以后期弥补。假如一种颜色在画面上多处地方出现，可一次性把它画完。如果下笔前无法把握颜色是否恰当，可先在白纸上试色。另外，没有的颜色可以“调”出来。例如，把颜色间的空隙画得大一些，然后用两种或者几种颜色交叉重叠，产生色彩混合，可表现出无限可能的颜色；或者用彩色铅笔辅助上色来改变原有色彩的倾向。

画效果图主要目的是表现出预期效果和设计中的闪光点，所以首先要先画出大色调，然后在统一的色调中慢慢找出细节的部分。例如，画面的光影关系、物体的凹凸递进、材质的变化等，逐次解决细节的表现。在第一遍上色结束时，须重新审视画面的平衡感，是否存在有“画过”或“不足”的地方。如果“画过”就要通过白粉来提亮，并运用光影和细节的刻画来调整画面的整体感，尽量使画面平衡。如果感觉画面“不足”缺少重色块，可以再加重色彩，增加灰的色阶，使画面层次丰富。马克笔在深入表现上质感较有限，如玻璃、金属、石头等的刻画，其表现力完全比不上水粉。所以，通常只能依靠底色和钢笔稿来辅助表现。有时还可以根据画面的需要结合其他颜料自由处理。

用马克笔作图时，如果在画面未干的情况下接着画，画面易“脏”，所以一定要等画面干了再画，除非你有足够的控制能力或者追求那样的表现效果。马克笔在绘画过程中反复覆盖也会弄“脏”画面，这时可用水粉颜料的“白色”来提亮画面，改变“脏”感，表现出通透的效果。例如，灰颜色使用过多，会令人感觉沉闷，想要预留白颜色是比较困难的，不妨敞开来画，最后用白粉提亮，白颜色会为画面增色不少，这种方法还可以用于修改“画灰”“画坏”的地方。

8. 喷绘技法

喷绘，也称喷色画、喷笔艺术，国内常称为喷绘。尽管名称各异，却都贯穿着一个“喷”字，这就充分体现了它的基本特征：单一的喷色造型艺术和喷、绘相结合的造型艺术。喷绘与其他绘画的根本区别在于使用的工具不同。它借助于气泵压力经喷笔喷射出细微雾状颜料，能形成轻、重、缓、急等的效果；同时，配合专用的阻隔材料，遮盖不需着色的部分进行作画。用不同的喷绘方法，可绘出不同的效果，既能光滑细腻，又能浑厚粗犷。它能逼真地表现清朗明净的天空，色彩斑斓的光柱，透亮泽匀净精密，与画笔技法是完全不同的。

喷绘较小的画面可用喷笔，作较大的画面要用喷枪，目前上海产的喷笔和喷枪已被广为采用。由于采用半自动化的喷绘设备和多种绘制手段，所以绘图快慢自如，浓淡随意，并可按需叠加，还可以在放大的照片上喷制作品，使作品产生另一种艺术表现形式。

9. 混合技法

所谓混合技法，也就是非单一工具表现法，是多种工具混合在一起使用的画法。它是在充分掌握了多种技法之后的一种绘画行为。实际上没有什么技法可言，重要的是最后的效果如何。事实上，许多熟练的设计师，多采用混合技法来表现作品。因为每一种工具都有其特点，也都有其局限性，如果能发挥各种工具的优点并把它们有机地结合在一起，那当然是一件好事。事实上，不可能也没有必要把所有的工具结合在一起，只要表现对象能恰当地达到预期目的就可以了，为技法而技法是一件本末倒置的事情，应根据设计需要决定和取舍。

10. 其他工具及技法

快速表现的方式种类很多，由于规定的限制较少，常常也会采用其他的技法以期获得独特、强烈的表现效果。例如，用油画棒、炭条或丙烯等工具来制作效果图。如果平时多加练习，熟练掌握它们的特性和技术要求，这些方法也可以在快速设计表现中获得出色的效果。

### （二）电脑效果图

随着科技的不断发展，电脑效果图日益受到广大设计人员的重视，它能准确、直观地反映空间的形象和环境而深受业主的青睐。电脑绘图的运用范围很广，设计师可利用电脑绘制简单的草图，制作反映体量效果的模型图，也可以快速从不同的角度选取视点，还可在以较短的时间内做不同的色彩搭配。这些都为设计人员节省了大量精力和时间，使环境艺术设计创作更加深入、合理及艺术化。电脑的另一优势是它的精确性和操作的便捷性及易修改性。它应对各种复杂的曲面、折面都能求出准确的透视数据；还可以随着时电脑所体现的造型、色彩、质感、环境和空间的变化，模拟绘制某个地区、某个季节的间变化，来研究环境设计和探讨各类型的透视和阴影图。这样，设计师就可以通过环境创作。

电脑效果图的绘制过程，首先要建出线框模型，对环境所采用的不同材料的颜色进行分类、归纳，并适当地配制周边的道路和环境；也可运用扫描设备对环境进行扫描制作，真实地反映设计项目周围的景况，再用渲染软件进行渲染。渲染过程中，灯光的处理、贴图材料的运用是做好一张图的关键。出图时，图形分辨率应根据所剩余的绘图时间和图幅大小来选择。后期制作除了加上配景中的树木、车辆、人物以外，还可以运用电脑中模拟手绘的方法，用画笔、喷笔对不足之处进行“手工”喷绘，以弥补电脑图呆板、程式化的弊端。

## 第四节　环境艺术设计空间造型的基础练习

### 一、环境艺术设计的基础调研与设计展开

调查研究是进行环境艺术设计前期重要的基本任务和内容，无论是大型综合的总体设计项目，还是小型的单体项目设计，前期调研对于后续设计工作的展开

起着重要的基础作用。本节以公交系统的相关设计案例为例，来学习如何进行前期的调研及提出并分析存在的与设计相关的问题；并以厦门市公交候车亭为调研对象，主要围绕城市自然环境、人文环境、地域环境等内容进行调查研究，收集较为全面和系统的前期调查研究的基础数据资料，并包括与之相关的人流预测、主要使用的材料、规格等诸方面的研究与分析。

公交系统是联系城市空间的纽带及城市形象的主要体现，公交车站及设施也是组成城市景观重要的内容，其设计功能与形式的视觉意象直接影响着城市空间的整体品质，也是反映一座城市经济、文化发展水准的重要窗口。因此，公交系统设计既是组成城市形象的重要内容，也是城市文明程度的重要体现。

城市公交系统设计是城市整体规划中的一部分，必须服从和服务于城市的整体，才能高效有序地服务于社会大众。作为社会大众的载体，公交设施在人与环境的交流中起着重要的媒介作用。城市候车亭的设计，其主要功能体现在保障人们在等候、上下车辆时的安全性、方便性、信息符号的清晰性和准确性等几个方面。此外，通过其形状、色彩、质感、体量、特征等信息便能使人们快捷理解、判断和使用这些设施，候车亭及系统设施的设计对城市的美观亦起着到较大的作用。所以，作为一个环境艺术工作者的使命就是要满足这些社会大众的使用功能及提升城市的品位，并不断创造出新的艺术形式，凸显城市的文化魅力和文明水平。

### 例 1：公交车候车亭设计前期的基础调研。

要求：

1. 根据班级学生人数，以 3 ~ 6 人为一小组，分组对所在市区现有的候车亭及附属设施采用测绘、拍照及相关信息采集、记录等调研工作。

2. 采用问卷调查、随访统计等记录形式，分别对如不同职业人群的乘客、公交站牌的图文信息内容、广告位的位置等进行调查和统计，并形成图文表格形式的 PPT 文件。

目的：

考查学生对所调查对象的图像采集技术、数据测绘记录的能力及计算机软件（如 3DMax、AutoCAD）的应用水平，有利于学生建立起一种与调查研究所必须具备、较为全方位的技术应用能力。

根据例 1 的要求所做的图文调研情况汇总。对所调查的候车亭运用 AutoCAD 软件绘制三视图。在绘图的过程中，一方面会暴露出诸如线条粗细、尺寸标注等诸多对制图规范熟悉与否问题；这些问题能在教师反复修改的要求指导下予以纠正，增强了学生原有学习制图的实际应用水平。另一方面，经历了前期测量和建立起在图纸与测绘出的真实空间中尺寸经后期绘出正式图的过程，能使学生在心中建立数据之间的尺度感。

运用计算机的 3DMax 技术及平时所学 3D 软件的技术，通过自己亲自对该候车亭所做的三维立体效果图及其手绘的数据基础上做出电脑效果图，目的是使学生在 3D 技术的渲染过程中得以应用和检验。

小结：培养平时注意观察环境中事物的学习意识

通过完成上述简单的图文测绘、数据的理性记录与换算等粗略统计（见表 4-5）的基础调研工作，能培养学生细致、耐心的工作态度。

表4-5　相关数据信息的统计汇总

| 厦门市湖里山公交站候车亭的主要材料及构成组件 | | 面积 / 平方米（略） |
|---|---|---|
| 候车亭主体部分 | 不锈钢长柱子、不锈钢短柱子总面积 | |
| | 顶部不锈钢顶遮阳板面积 | |
| | 地面铺装部分 | |
| 候车亭辅助部分 | 广告牌不锈钢面积 | |
| | 广告牌有机展板部分 | |
| | 车次站牌信息所占面积 | |
| | 不锈钢座位面积 | |

## 例 2：根据测绘调研的资料，列出与测绘相关的施工内容和工程预算。

目的：

通过上述基本材料信息的分析，在教师的指导下，模拟列出与该候车亭工程项目。

A. 该设计的造型样式虽有变化，但缺乏反映与该地区文脉特征相应的形象特点，显得较为“大众化”。

B. 站位线路站点图文清晰，但缺乏不同路线的平面走向图、盲文信息、公告信息，以及周边公共设施图（如厕所分布图）等，内容不够完善或者根本未涉及。

C. 从长远考虑，当采用 GPS 系统等跟踪显示技术实现用于公交系统上时，候车亭应设有预留电子站牌的位置及电路的接口。

D. 针对弱视盲人或残疾人群的乘客，应设计采用电子报站牌等辅助手段。根据车辆到达的时间，自动地进行语音的提醒，这也是设计人性化的体现，正是因为公交系统大多未涉及此相关的领域，也说明了上述“几乎看不到残障乘客人群”的原因。由此说明，今后的公交系统设计应关注那些残障群体，这也是一个国家、一座城市文明的体现，也是设计师的责任之一。

要求：

1. 计算并列出与测绘尺寸相吻合的相关材料的面积、数量、造价等数据内容。

2. 不能忽略 ±0.001 以下基础工程的内容及数量。如表 4–6。

表4–6　厦门胡里山车站相关工程量清单

| 序号 | 项目名称 | 计量单位 | 工程数量 | 金额 / 元 | |
|---|---|---|---|---|---|
| | | | | 综合单价 | 合价 |
| 1 | 挖基础土方<br>土壤类别：三类土<br>基础类型：独立基础<br>垫层宽度：<br>挖土深度：<br>弃土运距： | | | | |
| 2 | 土（石）方回填<br>土壤类别：三类土<br>人工夯实 | | | | |
| 合计 / 万元 | | | | | |

注：用的材料、技术、尺寸、面积及其优缺点等。

通过对上述基础性相关调研内容的整理有一个初步的认知，更重要的是通过这种整理，使学生能对一般性公交候车亭的基础调研能建立起提出问题和调查分析的能力，从而培养出一种平时能够良好地观察学习、分析环境中事物的能力。

### 例 3：借助互联网及其他手段，搜索国内外与候车亭设计相关的信息，并做出简要的、比较性的图文分析报告。

目的：

通过对不同城市公交系统设计信息的收集和横向的比较分析，能拓宽学生的视野，培养对周边事物的关注能力，在比较的过程中辨别出设计的优劣，为后续相关课题设计的展开提供保证。

要求：

1. 在调查自己周边所熟悉的城市公交亭后，应进行与横向城市的比较研究，以有利于对所调查的对象能有一个更清晰准确的把握和认知。

2. 结合图表的方式，对其内容给予相应的分析评价，如现状分析、设计风格、设计建议、文字表达等内容。

通过对发达国家普遍存在于当今空间内的各种无障碍设施和对各类不同性质人的周密的、与环境和谐沟通的设计案例的赏析。笔者认为，这其实体现出的是设计者是否拥有一种公共意识或者说是一种公共价值观、一种公共管理观；培养学生这方面的公共意识和对不同人群的尊重理念，是学习设计专业的学生头脑中应具备的、重要的思想基础。这实质上就体现出了：优秀的环境艺术设计，应是兼具功能、艺术和无障碍的设计，能沟通各种不同性质、不同层面的人与人、人与环境之间的、无障碍交流的和谐关系。换言之，只有建立在这种基础上的设计意识和思想，才能促成优秀环境艺术设计作品的产生。

## 二、从简约空间到复杂空间的练习

设计的本质是解决问题，而对设计问题提出的能力也需要一定的训练。因此，本节拟以我们生活环境中普遍存在的元素为设计切入点，并以一把椅子的研究为例，针对其相关问题进行分析，让学生学习设计的思考方法，从中去发现与设计相关问题所在。这样，既能使学生学会如何在进行创作之前做好与基础相关的准备工作，又能使学生通过一些简单元素的练习后，对设计的理解做出更深层次的思考，并从中探讨基础训练中所含有的、能激发丰富性、创造性思维的方法，培养学生的观察能力和对普通素材的积累能力，从而提高未来的创作能力。本节通过对一把普通椅子的测绘、制作及空间的延伸学习和练习为内容，即通过从一把椅子这一“简单”设计到延伸出室内空间这一“复杂”设计的体味过程，来学习和理解基础训练与设计创作的关系。

### 例 1：测绘一把椅子，并临摹不同风格的椅子。

目的：

1. 通过对一把简单而普通椅子的测绘，考查学生对制图规范的掌握程度及基本手绘制图的表达能力和计算机软件的掌握能力。

2. 椅子测绘的过程也是对椅子基本尺度了解和掌握的过程。椅子及其家具是构成空间的重要内容，对于它基本尺度的了解是进行空间设计的基础。

3. 通过临摹学习优秀作品，一方面开拓学生视野；另一方面，使其能在临摹的过程中体会不同风格的椅子设计。

要求：

1. 在进行绘制之前，介绍并重申相关制图的规范及知识。

2. 测绘过的椅子须借助尺子等工具手绘制图细致、严谨、规范。

3. 做到临摹 20 ~ 30 幅相关作品，且线条优美、工整。

### 例 2：根据测绘临摹所掌握的基本尺度及风格设计一把椅子。

目的：

1. 让学生懂得任何一简单形体中均含有无限设计元素的可能。

2. 在设计的过程中，加深对美的造型艺术的理解，并由此激发学生对美的创造热情。

要求：

设计思维的角度、风格须多样，表现手法不限。

作业：任取一普通而简单的造型物对其进行空间造型艺术的延展设计。在我们身边的周围环境中，一些看似普通、常见而简单的物体或元素，其实均含有任何设计的可能。如抽象的符号、文字及各种物件等，这些被人们习以为常的元素，能为设计者的创作提供无尽的源泉。本节的教学目的就是通过教师的引导，使学生了解并从中明白其中所蕴含的道理。

### 例 3：从自然环境或任取自己熟悉、感兴趣的元素为联想，设计一把椅子。

目的：培养学生观察生活的能力和由此而产生的创造能力。

要求：

1. 采用摄影、图片记录的手法收集感兴趣的图片资料，数量为 30 ~ 50 幅。

2. 对所收集的资料进行进一步的筛选，找出自己喜欢或感动自己的部分，试以此作为创作的灵感或依据，以理性的几何解析的方式，从中分离出基本形体，并使之成为设计椅子的元素。

# 第五章　环境艺术设计的程序与基本方法

## 第一节　环境艺术设计的程序

科学有效的工作方法可以使复杂的问题变得易于控制和管理，环境艺术设计工作亦不例外。在解决实际设计问题的工作中，按时间的先后顺序依次安排设计步骤的方法称为设计程序。设计程序是设计人员在长期的设计实践中发展而总结出来的，它是一种有目的的自觉行为，是对既有经验的规律性的总结，其内容会随设计活动的发展与成熟而不断更新。由于环境艺术设计涉及内容的多样性而导致其步骤烦琐、冗长而复杂，故以合理的、有秩序的工作程序为框架来开展工作是设计成功的前提条件，也是在有限时间内提高设计工作效率和质量的基本保障。

虽然设计步骤会因不同的设计者、设计单位、设计项目和时间要求而有所不同，但大体上可以分为以下六个阶段：①设计前期；②方案设计；③扩初设计；④施工图设计；⑤设计实施；⑥设计评估。这六个阶段基本包含了从业主提出设计任务书到设计实施并交付使用的全过程，如图 5-1 所示，具体分析如下。

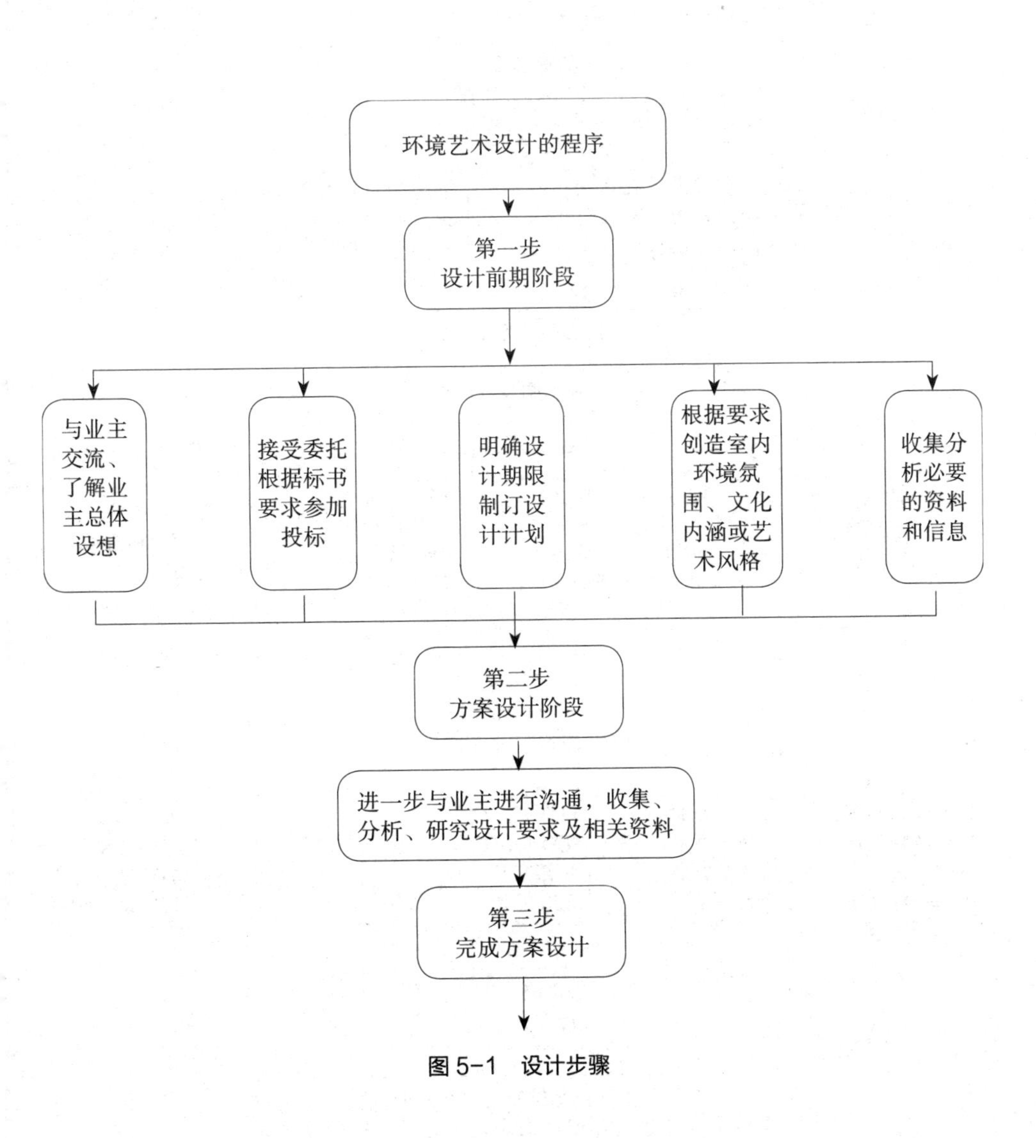

环境艺术设计的程序
第一步
设计前期阶段
与业主交流、了解业主总体设想
接受委托根据标书要求参加投标
明确设计期限制订设计计划
根据要求创造室内环境氛围、文化内涵或艺术风格
收集分析必要的资料和信息
第二步
方案设计阶段
进一步与业主进行沟通，收集、分析、研究设计要求及相关资料
第三步
完成方案设计


图 5-1　设计步骤

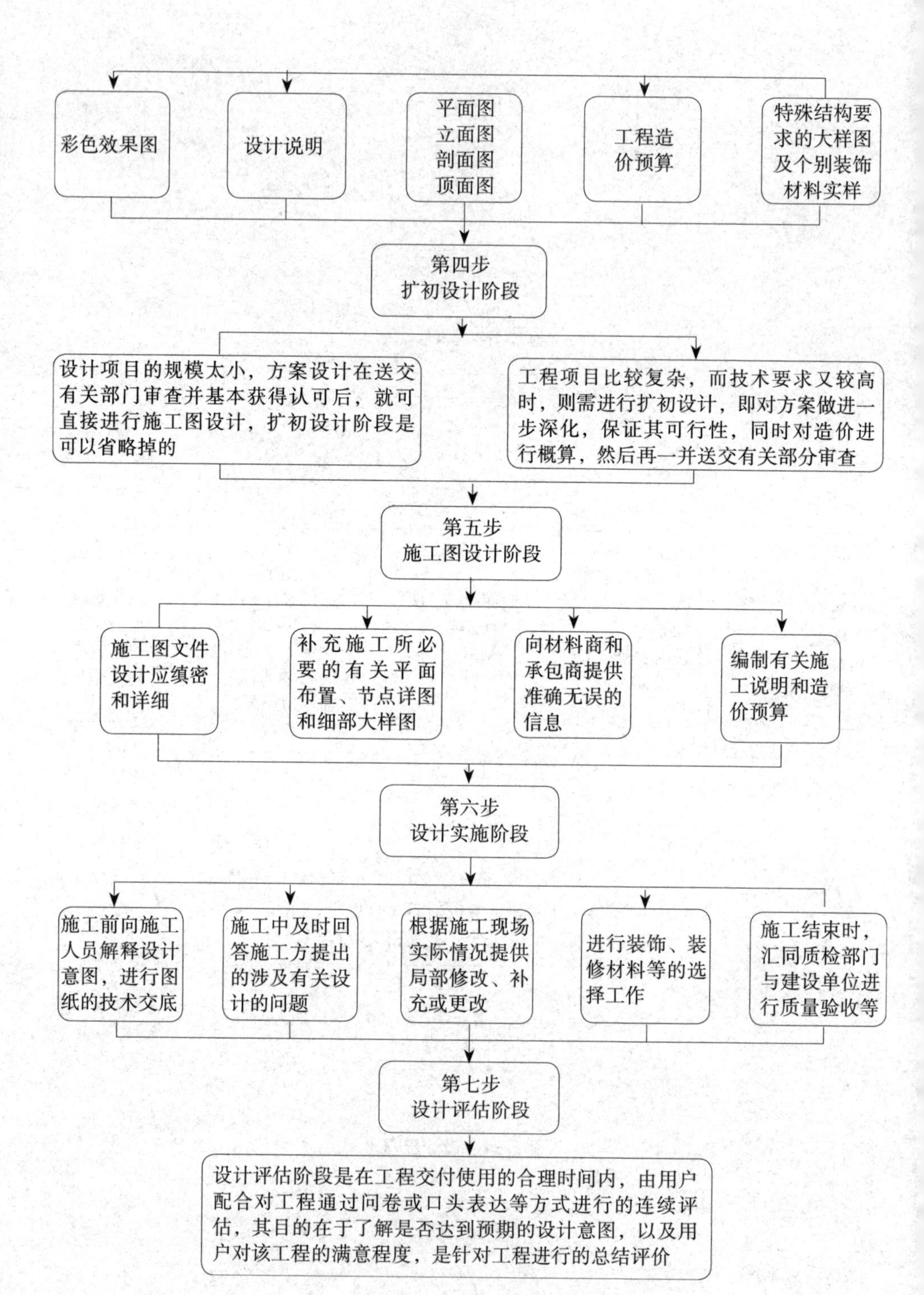
彩色效果图
设计说明
平面图
立面图
剖面图
顶面图
工程造价预算
特殊结构要求的大样图及个别装饰材料实样
第四步
扩初设计阶段
设计项目的规模太小，方案设计在送交有关部门审查并基本获得认可后，就可直接进行施工图设计，扩初设计阶段是可以省略掉的
工程项目比较复杂，而技术要求又较高时，则需进行扩初设计，即对方案做进一步深化，保证其可行性，同时对造价进行概算，然后再一并送交有关部分审查
第五步
施工图设计阶段
施工图文件设计应缜密和详细
补充施工所必要的有关平面布置、节点详图和细部大样图
向材料商和承包商提供准确无误的信息
编制有关施工说明和造价预算
第六步
设计实施阶段
施工前向施工人员解释设计意图，进行图纸的技术交底
施工中及时回答施工方提出的涉及有关设计的问题
根据施工现场实际情况提供局部修改、补充或更改
进行装饰、装修材料等的选择工作
施工结束时，汇同质检部门与建设单位进行质量验收等
第七步
设计评估阶段
设计评估阶段是在工程交付使用的合理时间内，由用户配合对工程通过问卷或口头表达等方式进行的连续评估，其目的在于了解是否达到预期的设计意图，以及用户对该工程的满意程度，是针对工程进行的总结评价

图 5-1　设计步骤（续）

## 一、设计前期阶段

设计前期阶段也就是设计准备阶段。它主要包括：①与业主的广泛交流，了解业主的总体设想。②接受委托，根据设计任务书及有关国家政策、法规或文件签订设计合同，或者根据标书要求参加投标。③明确设计期限和制订设计计划进度，并考虑安排各有关工种的配合与协调；明确设计任务和要求，如室内设计任务的使用性质、功能特点、设计规模、等级标准、总造价等。④根据任务使用性质的要求而需创造的室内环境氛围、文化内涵或艺术风格等。⑤熟悉与工程设计有关的规范和定额标准，收集分析必要的资料和信息，包括对现场的调查勘察以及对同类型实例的参观与研究等。在签订合同或制定并最终交付投标文件时，还包括设计进度安排、设计费率执行的国家或地区标准，即设计单位收取业主设计费占工程总投入资金的百分比等文件资料。

## 二、方案设计阶段

在设计前期工作成果的基础上，需进一步收集、分析、研究设计要求及相关资料；进一步与业主进行沟通交流、反复构思和进行多方案比较，最后完成方案设计。设计师需提供的方案设计文件一般包括：彩色效果图、设计说明、平面图、顶面图、立面图、剖面图、工程造价预算、特殊结构要求的大样图及个别装饰材料实样等。

## 三、初设计阶段

对于环境艺术设计所牵涉的其他专业工种所需的技术配合在相对比较简单的情况下，或是因为设计项目的规模较小，在进行方案设计时就能够直接达到较深的设计深度。此时，方案设计在送交有关部门审查并基本获得认可后，就可直接进行施工图设计。这时，扩初设计阶段是可以省略的。但是，如果工程项目比较复杂，而技术要求又较高时，则需进行扩初设计，即对方案做进一步深化，保证其可行性；同时，对造价进行概算，然后再一并送交有关部门审查。

## 四、施工图设计阶段

施工图设计是设计师对整个设计项目的最后决策性实施和保证工程顺利实现的重要阶段，必须与其他各专业工种进行充分的协调，综合解决各种技术问题。施工图设计文件应较方案设计更为缜密和详细，需要时还需进一步补充施工所必要的有关平面布置、节点详图和细部大样图，以能够向材料商和承包商提供准确无误的信息，并且编制有关施工说明和造价预算等。

### 五、设计实施阶段

在前述阶段的设计过程中，虽然前期方案阶段的大部分设计工作已经完成，项目开始施工。但是，设计师仍需高度重视工程项目在实施过程中所产生的实际问题。否则，就可能难以保证设计所能达到的理想效果。在此阶段，设计师的日常工作常包括：①在施工前向施工人员解释设计意图，进行图纸的技术交底。②在施工中及时回答施工方提出的涉及有关设计的问题。③根据施工现场实际情况提供局部修改、补充或更改（须由施工方根据实际施工情况提出更改意见并出具修改通知书，再由设计单位认可和进行正式的变更图纸交接）。④进行装饰、装修材料等的选样工作。⑤施工结束时，会同质检部门与建设单位进行质量验收等。

### 六、设计评估阶段

设计评估阶段是在工程交付使用的合理时间内，由用户配合对工程通过问卷或口头表达等方式进行的连续评估，其目的在于了解是否达到预期的设计意图，以及用户对该工程的满意程度，是针对工程进行的总结评价。设计评估目前逐渐受到越来越多的重视。因为，很多设计方面的问题都是在工程投入使用后才能够得以发现的，这一过程不仅有利于用户和工程本身，同时也有利于设计师为将来的设计和施工增加、积累经验或改进工作方法。

## 第二节　环境艺术设计的任务分析

环境艺术设计须经过一系列艰苦的脑力分析和创作思考阶段。在此过程中，需要对每一因素都给予充分的考虑，而任务分析则是进行设计的初始步骤，也是十分重要的设计程序之一。这一步骤包括对项目设计的要求和环境条件的分析，对相关设计资料的搜集与调研等，这些都是有效完成设计工作的重要前提。

### 一、对设计要求的分析

对设计要求的分析主要从两个方面展开：一是针对项目使用者、开发者的信息进行分析；二是对设计任务书的分析。不同的项目任务书详尽程度差别很大，如果不了解并分析项目书中使用者及开发者的信息，或没有现场勘查调研一切设计就只能在设计人员自“说”自“画”中实现。设计师对环境功能的分析越清晰，就越能对环境进行细致深入的设计。因此，做好设计要求分析是创造出宜人空间的第一步，应从以下几个方面着重考虑。

### （一）从项目使用者、开发者的信息中分析设计的要求

1. 使用者的功能需求

分析使用人群功能需求的重点是对该人群进行合理定位，了解设计项目中使用人群的行为特点、活动方式以及对空间的功能需求，并由此决定环境设计中应具备哪些空间功能，以及这些空间功能在设计方面的具体要求。在此，本节以两个不同类型的校园空间设计为例进行说明。

（1）中小学校园环境　　主要服务人群为中小学生及教师。这些人群需要的功能空间包括道路、绿地以及供学生运动、游戏、种植、饲养、劳动所需的各类场地。如果是盲人学校，在满足以上功能的同时还须在各种空间中加入无障碍设施。

（2）大学校园相对于中小学而言规模较大，一些综合类大学还能独立成为一个大学城。校园一般包括教学区、文体区、学生生活区、教职生活区、科研区、生产后勤区等部分，具有与中小学校园环境截然不同的功能。

由此可见，一个设计如果不能做到对其功能科学地分析并按需设置，甚至连基本功能都不能满足，或强行加入不需要的功能，即使它的设计再美观，也绝对称不上是一个成功的设计。从以上两种不同校园的环境分析中，我们可以看出，对使用人群功能需求的分析十分重要，这些分析都是在设计落笔前要思考清楚的问题。

2. 使用者的经济、文化特征

经济与文化层面的分析是指一个空间未来所服务人群的消费水平、文化水平、社会地位、心理特征等。之所以对这一层面进行深入细致的分析，是因为环境艺术设计不仅要满足人们的物质需求，还应创造出满足人们精神享受的空间环境。例如，一个高端的五星级商务酒店，在这里活动的客人大多是拥有一定工作经验，拥有相对较高的职位、较好的经济基础、较高的学历和文化修养的人。因此，在设计此类酒店环境时就需要精心打造高品质、高品位、高标准、高服务的星级酒店水准。无论是材料的运用、色彩的搭配、灯光的调和、界面的处理都要适应这类人群的心理需求；而一个时尚驿站式酒店，它的消费人群主要是都市中的年轻人士，他们时尚、前卫、风风火火、有朝气，为这类人群设计酒店环境应当充分考虑住宿的舒适、便捷，注重设计元素的时尚感和潮流性，突出个性和创新。与五星级酒店强调豪华、气派不同，时尚驿站式酒店不一定要使用昂贵的材料与陈

设，因为使用人群很少会去关注墙面或脚下大理石的价值，他们更感兴趣的是酒店所渲染的时尚氛围和生活方式。

3. 使用者的审美取向

除了对使用者的功能需求、经济、文化特征进行充分的分析研究外，对使用人群的总体审美取向有一个整体上的把握也十分重要。“审美”是一种主观的心理活动过程，是人们根据自身对某事物的要求所做出的看法，它受所处的时代背景、生活环境、受教育程度、个人修养等诸多因素的影响。审美取向的分析主要以视觉感受为主体，包含空间的分割、界面的装饰造型、灯具的造型、光环境、室内家具的造型、色彩及材质、室内陈设的风格、色调等方面。分析使用人群的审美取向就是要满足目标客户人群的审美需要。例如，艺术家个性的“张扬”、官员眼中的“得体”、商人追求的“阔气”、时尚人崇尚的“奢华”、西方人眼中的“海派弄堂”等，这些都是他们眼中的美。满足不同人群对美的理解不是设计师茫无目的地迎合，而是在了解、研究人群需求后做出的符合他们审美要求的设计决策。因此，在前期调研分析中慎重、准确、有效地判断使用人群的审美取向对于整个设计是否能够得到认可有着重要的意义和作用。

4. 与开发商有效沟通

环境艺术设计师在设计工作中的沟通是很重要的。在沟通与交流的过程中，客户可能通过表情、神态、声音、肢体语言、文字、语速等诸多方面，传达出自己的思想，表现出自己对事物的好恶。这样，设计师就有机会充分感受或觉察到对方的主观态度、关注的重点、做事的目的、处事的方式等，而这些对后续的设计工作来说均是宝贵而有效的信息。

环境艺术设计在具备多学科交叉的特征之余，还带有十分强烈的商业性。诸如展示设计、店面设计、餐厅设计、酒店设计等这些细分的环境设计更经常性地被称作“商业美术”。其商业性表现在两个方面：对于设计者而言，这种商业性就是获取项目的设计权，用知识和智慧获取利润；对于开发商而言，则是通过环境设计达到他们的商业目的——打造一个适合于项目市场定位和满足目标客户需求的环境空间，使客户置身其间，能体验到物质、精神方面的双重满足感，心甘情愿为这样的环境“埋单”，并使商家从中获得商业上的赢利。因此，与开发商的良好沟通，有利于设计者充分了解项目的真实需求，准确定位开发商的意图，以及客户心中对项目未来环境的遐想，才能创造出符合市场需求，并能为项目商业目的服务的环境艺术作品。

5. 分析开发商的需求和品位

经过与客户有效沟通后，项目设计者后续的任务就是对在沟通中获得的相关资料进行认真的、理性的分析，包括以下几个方面。

（1）分析开发商的需求。对开发商的需求分析主要包括两个方面：其一，通过沟通，分析出开发商对该项目的商业定位、市场方向、投资计划、经营周期、利润预期等商业运作方面的需求。例如，同样是餐饮业，豪华酒店、精致快餐、异国风味、时尚小店、大众饭店等均是餐饮业的表现形式，但一旦投资者确定了一种定位和经营方式，那么无论从管理模式、商品价位、进货渠道、环境设计等任何一个方面都须符合其定位。在此时，设计师需要更多地从商业角度去分析并体会投资者的这种需求，从而制订出设计策略，考虑在设计中将如何运用与之相适应的餐饮环境的设计语言，最终创造出一个完全符合投资者合理定位下的室内外环境。其二，通过沟通，分析投资者对项目环境设计的整体思路和对室内外环境设计的预想。此时，设计师将以“专家”的身份提出可行性的设计方案，需要兼顾项目的商业定位和室内外环境设计的合理性及艺术性原则，还需要考虑到投资对项目环境的期望，包括对项目设计风格、设计材料、设计造价的需求。

（2）分析开发商的需求品位。“品位”一词已成为当今潮流中被提及最多的词汇之一。无论是时尚界、地产界、餐饮界、服装界、汽车界、食品界，每个行业都在以“品位”为噱头，标榜“品位”。其实，品位如果抛去时尚的外衣，其实质应当是一个人内在气质、道德修养的外在体现。

对开发商品位的分析并不是要片面地对投资者“本人”进行调查、分析，而是希望通过沟通，感受到投资者乃至整个团队的品位，从而判断出投资方在环境艺术设计项目上的欣赏水平。这种判断和分析对于设计师而言不是最终目的，目的是要在了解开发商品位的前提下，分析业主对该项目环境的个人主观意愿及期望。但同时，设计者有义务在投资者主观意识偏离项目整体定位的情况下，建议开发商适当地调整自己的思路，让设计团队以专业的设计技术来达到更高的环境艺术设计标准。

在此需要指出的是，作为一名专业环境艺术设计师，要具有专业精神和职业素质。在考虑投资者的要求，满足他们对项目环境设计期望的同时，应该以积极的态度去对待环境艺术设计，要科学而客观地分析设计可能达到的效果和实施的可行性。当遇到投资者的意愿阻碍到设计效果实现的时候，作为设计师有义务在充分尊重投资者的前提下，以适当的方式提出建设性的意见，并说服业主。

### （二）对设计任务书的分析

在设计任务书中，功能方面的要求是设计的指导性文件，一般包括文字叙述和图纸两部分内容。根据设计项目的不同，设计任务书的详尽程度差别较大，但无论是室内还是室外的环境艺术设计，任务书提出的要求都会包括功能关系和形式特点两方面的内容。

1. 功能需求

功能需求包括功能的组成、设施要求、空间尺度、环境要求等部分。在设计工作中，除遵循设计任务书要求的同时，还一定要结合使用者的功能需求综合进行分析。另外，这些要求也不是固定不变的，它会受社会各方面因素的影响而产生变动。例如，在室内设计中，当按以往的标准设计主卧时，开间至少达到3.9米，方能在满足内部设施要求的同时兼顾舒适度。但伴随着科技的发展，壁挂式电视走入千家万户，电视柜已无用武之地，其以往所占的空间就得以释放，此时3.6米开间的设计足以达到舒适度的标准，而节约下来的不仅仅是0.3米的空间。

2. 类型与风格

不同类型或风格的环境设计有着不同的性格特点。例如，纪念性广场，需让人感受到它的庄严、高大、凝重，为瞻仰活动提供良好的环境氛围。而当人们在节假日到商业街休闲购物时，这里的街道环境气氛就应是活泼、开朗的，并能使人们在这里放松一下因工作而紧绷的神经，获得轻松、愉悦的感受。这时环境设计可以考虑自由、舒畅的布局，强烈、明快的色彩，醒目、夸张的造型，使置身其中的购物者深受感染。因此，对环境进行艺术设计时应始终围绕其性格特征进行设计。

## 二、对环境设计条件的分析

环境艺术项目设计之初，需要对室内外环境进行诸多的实地分析和调研。这种设计分析包括对项目所在地的自然环境、人文环境、经济与资源环境以及周边环境的分析。通过分析将有助于设计更加人性化。

### （一）对室内设计条件的分析

大多数情况下，室内环境设计会受到各种条件的制约。例如，房屋的楼层、房间的朝向、景向、风向、采光、外界噪声源、污染源等都会影响室内环境设计的思路和处理手法。因此，应先分析出哪些外在条件对设计有利，哪些不利，以便在设计中分别有针对性地进行处理。此外，室内环境设计还受到建筑条件的影响，设计师必须对建筑原始图纸进行分析，其内容包括以下几个方面。

1. 对建筑功能布局的分析

建筑设计尽管在功能设计上做了大量的研究工作，确定了功能布局方式，但仍难免会出现不妥之处。设计师要从生活细节出发，通过建筑图进一步分析建筑功能布局是否合理，以便在后续的设计中改进和完善。这也是对建筑设计的反作用，也是一种互动的设计过程。

2. 对室内空间特征的分析

分析室内空间是围合还是流通，是封闭还是通透，是舒展还是压抑，是开阔还是狭小等室内空间的特征。

3. 对建筑结构形式的分析

室内环境设计是基于建筑设计基础上的二次设计。在实际的设计工作中，有时由于业主对使用功能的特殊要求，需要变更土建形成的原始格局和对建筑的结构体系进行变动。此时，需要设计师对需调整部分进行分析，在不影响建筑结构安全的前提下做出适当调整。因此，可以说这是为了保证安全必须进行的分析工作。

4. 对交通体系设置特点的分析

分析室内走廊及楼梯、电梯、自动扶梯等垂直交通联系空间在建筑平面中是怎样布局的，它们怎样将室内空间分隔，又怎样使流线联系起来的。

5. 对后勤用房、设备、管线的分析

分析建筑物内一些能产生气味、噪声、烟尘的房间对使用空间所带来的影响程度，以及怎样把这些不利影响降到最低。还要阅读其他相关的工程图纸，从中分析管线在室内的走向和标高，以便在设计时采取对策。

据此阶段的条件分析应该是全方位的，凡是从图中可以看出的问题都应该加以分析考虑。分析能力也是衡量设计师业务素质的重要评价标准之一。需要指出的是，有时由于实际施工情况和建筑图纸资料之间存在误差，或者是由于建筑图纸资料缺失，那么这就需要设计师到实地调研，对建筑条件进行深入的现状分析。

### （二）对室外设计条件的分析

调查是手段，分析才是目的。基地条件分析是在客观调查和主观评价的基础上进行的，对基地及其环境的各种因素做出综合性的分析与评价，使基地的潜力得到充分发挥。基地条件分析在整个设计过程中占有很重要的地位，深入细致地进行基地分析有助于用地的规划和各项内容的进一步详细设计，并且在分析过程中还会产生一些很有价值的设想。

1. 自然因素

每一个具体的环境艺术设计项目都有其特定的所在地，而每一个地方都有其特有的自然环境。自然环境的不同往往赋予环境设计独特的个性特点。在一个设计开始进行时，需要对项目所在场地及所处的更大区域范围进行自然因素的分析。

例如，当地的气候特点，包括日照、气温、主导风向、降水情况等，基地的地形（坡级分析、排水类型分析）、坡度、原有植被、周边是否有山、水自然地貌特征等，这些自然因素都会对设计产生有利或不利的影响，也都有可能成为设计灵感的来源。

2. 人文因素

每一座城市都有属于自己的历史、文化印记。辉煌的古代帝王都城、宜人的江南水乡、曾经的殖民租借口岸、年轻的外来移民城市……不同城市有它独特的演变和发展轨迹，孕育出了不同的地域文化，形成了不同的民风民俗。所以，在设计具体方案之前，有必要对项目所在地的历史、文化、民间艺术等人文因素进行全面调查和深入分析，并从其中提炼出对设计有用的元素。

以上海“新天地”为例，该商业街是以上海近代建筑的标志之一——石库门居住区为基础改造而成的集餐饮、购物、娱乐等功能于一身的国际化休闲、文化、娱乐中心。石库门建筑是中西合璧的产物，更是上海历史文化的浓缩反映。新天地的设计理念正是从保护和延续城市文脉的角度出发，大胆改变石库门建筑的居住功能，赋予它新的商业经营价值，把百年的石库门旧城区，改造成一片充满生命力的新天地。而这一理念正好迎合了现代都市人群对城市历史的追溯和对时尚生活的推崇。在环境艺术设计的具体实施上，新天地保留了建筑群外立面的砖墙、屋瓦，而每座建筑的内部，则按照21世纪现代都市人的生活方式、生活节奏、情感世界度身定做，无一不体现出现代休闲生活的气氛。漫步其中，仿佛时光倒流，犹如置身于20世纪二三十年代的上海，但跨进每个建筑内部，则非常现代和时尚，每个人都能体会新天地独特的魅力：继承与开发同步，传统与现代同步，也都能从中品味到海派文化独特的韵味。

3. 经济、资源因素

对项目周边经济、资源因素的分析包括经济增长的情况、经济增长模式、商业发展方向、总体收入水平、商业消费能力、资源的种类和特点以及相关基础设施建设的情况等，这些因素对项目定位、规划布局、配套设施的建设都有一定的影响。

4. 建成环境因素

对景观设计项目而言，建成环境因素是指项目周边的道路、交通情况、公共设施的类型和分布状况，基地内和周边建筑物的性质、体量、层数、造型风格等，还有基地周边的人文景观等。设计者可以通过现场踏勘、数据采集、文献调研等手段获得上述相关信息，然后进行归类总结。这是在着手方案设计之前必须进行的工作。

对室内环境设计项目而言，建成环境的分析主要是指对原建筑物现状条件的分析，包括建筑物的面积、结构类型、层高、空间划分的方式、门窗楼梯及出入口的位置、设备管道的分布等。对原环境的分析越深入，在以后的设计中才越能做到心中有数，少走弯路，提高方案的可实施性。

## 三、资料的搜集与调研

### （一）现场资料收集

尽管借助现代地理信息系统技术，尽管人们坐在办公室里就能从不同层面认识和分析远在千里之外的场地特征，尽管凭借建筑图纸就可以建立起室内空间的框架和基本形态，但设计师对场地的体验和对其氛围的感悟是任何现代技术都无法取代的。这就要求设计者必须进行实地的观察，亲身体验场地的每一个细节，用眼去观察，用耳去聆听，用心去体会，在实地环境中寻找有价值的信息。在场地中能听到的、嗅到的，以及感受到的一切都是场地的一部分，都有可能对项目产生影响，也都有可能成为设计的切入点甚至是亮点。因此，只有通过实地的勘察，才能获得最为宝贵的第一手资料，真正认识到场地的独特品质，把握场地与周围区域的关系，从而获得对场地的全面理解，为日后的设计打下基础。体验场地的过程可以用拍照、速写、文字的形式记录重要信息或现场的体会。在条件允许的情况下，还可以在项目过程中进行多次现场体验，作为不断修正方案的依据。

1. 场地调查

室内调查内容包括：量房、统计场地内所有建筑构建的确切尺寸及现有功能布局。查看房间朝向、景象、风向、日照、外界噪声源、污染源等。

室外基地现状包括收集与基地有关的技术资料进行实地踏勘、测量两部分工作。有些技术资料可从有关部门查询得到，对查询不到但又是设计所必需的资料，应通过实地调查、勘测得到。基地条件调查的内容包括：①基地自然条件，地形、水体、土壤、植被。②气象资料，日照条件、温度、风、降雨、小气候。③人工设施，建筑及构筑物、道路和广场、各种管线。④视觉质量，基地现状景观、环境景观、视域。⑤基地范围及环境因子，物质环境、知觉环境、区域规划法规。

基地条件调查并不是要将所有内容一个不漏地调查清楚，应根据基地的规模、内外环境和使用目的分清主次，主要的应做深入详尽地调查，次要的可简要地了解。

2. 实例调研

资料的查询和搜集是获取和积累知识的有效途径，而实例调研能够得到设计实际效果的体验。在实地参观同类型项目的室内外环境设计时，通过对一些已建成项目的分析，从中汲取“养料”，吸取教训，会对设计师在做设计时产生有益的参考价值。

首先，实例的许多设计手法和解决设计问题的思路在你亲临实地调研时有可能引发创作灵感，在实际设计项目中可以借鉴发挥；其次，经过调研后，在把握空间尺度等许多设计要点上可以做到心中有数；最后，实例中的很多方面，如材料使用、构造设计等远比教科书来得生动，更直观且容易明白。

在实地调研之前应该做好前期准备工作，尽可能收集到这些项目的背景资料、图纸、相关文献等，初步了解这些项目的特点和成功所在，在此基础上进行实地考察才能真正有所收获，而非走马观花、流于形式。总之，在实例调研时，要善于观察、细心琢磨、勤于记录，这也是设计师应该具备的专业素养。

### （二）图片、文字资料收集

环境艺术设计是综合运用多学科知识的创作过程，设计师欲想提高设计的质量和水平，就应注意不能只停留在就事论事的阶段，去解决设计中功能与形式问题，而应该学习并借鉴前人正反两个方面的实践经验，了解并掌握相关规范制度，运用外围知识来启迪创作思路解决设计中的实际问题。这既是避免走弯路、走回头路的有效方法，也是认识熟悉各类型环境的最佳捷径。因此，对于还处于设计学习阶段的学生而言，由于本身的学识、眼界还比较有限，特别需要借助查询资料来拓宽自己的知识面。在学习及从事设计工作时，应结合设计对象的具体特点，将资料的搜集、调研放在第一阶段一次性完成，也可以穿插于设计之中有针对性地分阶段进行。相关资料的收集包括以下几个部分。

1. 设计法规和相关设计规范性资料

查阅与该设计项目有关的设计规范，要铭记在心，以防在设计中出现违规现象。

2. 项目所在地的文化特征

收集文化特征图片、记录地区历史、人文的文字或图片，查阅地方志、人物志等。一是可以启发灵感；二是在设计中运用特定设计要素时（包括符号、材料等）与文脉有一定联系。当然，不是所有的设计内容都要表达高层次的文化性，但有时也是很有必要表达个性的，这就需要设计师注重平时的积累。

3. 优秀设计的资料（图片、文字等）

在前期准备阶段搜集优秀设计项目的图片、文字等资料可以为设计工作提供创作灵感。在现代网络时代中，通过网络和书籍搜寻到全国各地、世界各地的相关类型的设计资料，可以节省逐一现场参观的时间，也可以领略到各国、各地的设计特色，作为对即将操作项目的启发之用。

资料的搜集可以帮助拓宽眼界，启迪思路，借鉴手法。但是一定要避免先入为主；否则，使自己的设计走上拼凑，甚至抄袭他人成果的错误做法，最终丧失的是自己积极创作的精神。

## 第三节　环境艺术设计方案的构思与深入

### 一、环境艺术设计方案的思考方法

任何一个设计作品都不可能是完美的，即使是非常成功的作品也是经过不断推敲、完善才趋近完美的。在设计过程中进行思考，主要是要解决好如下几个方面问题。

#### （一）整体与局部的关系

就整体与局部的关系而言，一般应该做到大处着眼、细处着手。整体是由若干个局部所组成的。在设计思考中，首先应该对整体设计任务予以全面的构思与设想，树立明确的全局观。然后再开始深入调查、收集资料，掌握必要的资料和数据。从基本的人体尺度、人流动线、活动范围及特点、家具与设备的尺寸等方面反复推敲，使局部融合于整体，达到整体与局部的完美统一。忽略整体，将使整个设计变得琐碎；忽略局部，也会使设计因为缺少变化而变得乏味。

#### （二）内与外的关系

室内环境的“内”包括与这一室内环境连接的其他室内环境，直至建筑室外环境的“外”，它们之间存在着相互依存的密切关系。设计时需要从内到外、从外到内多次反复协调其关系，务必使其更趋向完善合理。室内环境需要与建筑整体的性质、标准、风格、室外环境相协调统一。内与外的关系常须在设计构思中反复协调，以致最后趋于完美和合理；否则，就极易造成相邻室内空间之间的不协调和不连贯，亦可能造成内外环境的对立。

#### （三）立意与表达的关系

可以说，一项设计如若没有立意就等于没有“灵魂”，设计的难度也往往在于要有一个好的构思，有了明确的立意才能有针对性地进行设计。好的立意更需要完美地表达，而这不是能轻易做到的，设计师能力的强弱也能在这方面得到体现。对于环境艺术设计来说，正确、完整又有表现力地表达出设计的构思和意图，使建设者和评审人员能够通过图纸、模型、说明等资料，全面地了解设计意图是非常重要的。在设计过程中，尤其是在方案投标的竞争中，图纸质量的完整、精确、优美是第一关。因为设计的方案，形象毕竟是很重要的一个方面，而图纸表达则是设计者的语言，也是必须具备的最基本的能力，一个优秀设计的内涵和表达应该是统一的关系。

## 二、设计方案的构思

方案构思是方案设计过程中至关重要的一个环节，是借助于形象思维的力量，在设计前期准备和项目分析阶段做好充分工作以后，把分析研究的成果落实成为具体的设计方案。由此，完成设计方案需要从物质需求到思想理念再到物质形象的质的转变。以形象思维为其突出特征的方案构思依赖的是丰富多样的想象力与创造力，它所呈现的思维方式不是单一的、固定不变的，而是开放的、多样的和发散的，是不拘一格的，因而常常也是出乎意料的。一个优秀的环境艺术设计作品给人们带来的感染力乃至震撼力无不始于此。

想象力与创造力不是凭空而来的，除了平时的学习训练外，充分地启发与适度地“刺激”是必不可少的。比如，可以通过多看资料、多画草图、多做草模等方式来达到刺激思维、促进想象的目的。

形象思维的特点也决定了具体方案构思的切入点必然是多种多样的，并且更是要经过深思熟虑，从更多元化范围的构思渠道，探索与设计项目切题的思路，一般可以从以下几个方面得到启发。

### （一）融合自然环境的构思

自然环境的差异对环境艺术设计的影响极大，富有个性特点的自然环境因素如地形、地貌、景观、朝向等均可成为方案构思的启发点和切入点。

在建筑设计方面最著名的例子就是美国建筑师赖特设计的“流水别墅”，它在认识、利用和结合自然环境方面堪称典范。该建筑选址于风景优美的熊跑溪上游，远离公路且有密林环绕，四季溪水潺潺、树木浓密，两岸层层叠叠的巨大岩石构成其独特的地形、地貌特点。赖特在对实地考察后进行了精心的构思，现场优美的自然环境令他灵感迸发，脑海中出现了一个与溪水的音乐感相配合的别墅的模糊印象。他对项目的委托人考夫曼先生说：“我希望您伴着瀑布生活，而不只是观赏它，应使瀑布变成您生活中一个不可分离的部分。”建成后的别墅从外观上看，巨大的混凝土挑台从后部的山壁向前方翼然伸出，杏黄色的横向阳台栏板上下左右前后错叠，宽窄厚薄长短参差，产生极为注目的造型。就地取材的毛石墙模拟天然岩层纹理砌筑，宛若天成。四周的林木在建筑的构成之中穿插生长，瀑布山泉顺流而下，自然生态与人工制品浑然一体而交相辉映。

根据功能要求的设计，构思出更圆满、更合理、更富有新意地满足功能需求的作品，一直是设计师所梦寐以求的，把握好功能的需求往往是进行方案构思的主要突破口之一。

在日本公立刈田综合医院康复疗养花园的设计中，由于预算资金非常有限，必须在构思上下足功夫，以满足复杂的功能要求。设计师就从这片广阔大地的排水系统开始设计，在庭园中央设计一个排水路称为“听觉园”“嗅觉园”和“视觉园”等以提高视觉效果；同时，为了满足医院的使用功能要求特别为轮椅使用者的训练设置了坡道、横向倾斜路、砂石路和交叉路等；圆形露台，上置艺术小品，即使患有某种障碍的患者，在这里也能感觉到自己其他器官功能的正常，在心理上点燃了他们对生活的希望……所有这些都是在把握具体功能要求的基础上做出的精心构思。

根据地域特征和文化的设计构思。建筑总是处在某一特定环境之中，在建筑设计创作中，反映地域特征也是其主要的构思方法。作为和建筑设计密切相关的环境艺术设计，自然要将这种构思方法进行详细讲解。

首先，反映地域特征与文化最直接的设计手法就是继承并发展地方传统风格着重关注对传统文化中符号的吸取和提炼。以西藏雅鲁藏布江大酒店的室内设计为例，它围绕着西藏地域建筑文化，着力渲染传统的“藏式”风格。墙上分层式的雕花、顶棚的形式、装饰用彩绘都是对西藏地域性文化特征的传承和体现。

深圳安联大厦的景观设计，则更多的是基于传统文化理论基础上的现代构成形式的创新。建筑的空中花园根据楼层的高低不同，以富有生命活力植物的种植来表现取意于《易经》中不同吉祥卦位的线条构成形式，寓意深远又同时具备了一种现代的表达方式。

在上海商城的设计中，美国建筑师波特曼从中国传统园林中汲取营养，完全运用现代的设计手法，将小桥、流水、假山等巧妙地组合在一起，展现出浓郁的中国韵味；同时，在一些细部的构思上还有许多独特之处：中庭里朱红色的柱子、斗拱柱头做法，还有拱门、栏杆、门套的应用等，都没有一味地直接沿袭中国传统建筑的符号，而是进行了抽象化的再处理。因此，不仅仍旧能唤起人们对中国传统建筑的联想，而且空间的形式上也充满现代感。

### （二）体现独到用材与技术的设计构思

材料与技术是设计师永远需关注的主题；同时，独特、新型的材料及技术手段能给设计师带来创作热情，激发无限创作灵感。

位于美国加利福尼亚纳帕山谷的多明莱斯葡萄酒厂的设计，是创造性地使用石材的经典之作。为了适应并利用当地的气候特点，设计师赫尔佐格和德梅隆想使用当地特有的玄武岩作为建筑的表面饰材，以达到白天阻热，吸收太阳热量，晚上将其释放出来，平衡昼夜温差的设计构思。但是周围能采集的天然石块又比较小，无法直接使用。为此，他们设计了一种金属丝编织的笼子，把小石块填装起来形成形状规则的“砌块”。根据内部功能不同，金属丝笼的网眼有不同大小规格，大尺度的可以让光线和风进入室内，中等尺度的用于外墙底部以防止响尾蛇进入，小尺度的用在酒窖的周围，形成密实的遮蔽。这些装载的石头有绿色、黑色等不同颜色，也就和周边景致自然优美地融为一体，增强了建筑与自然环境的协调关系。

另外，需要特别强调的是，在具体的方案设计中，应从多元的角度进行方案的构思，寻求突破口（如同时考虑功能、环境、技术等多个方面）或者是在不同的设计构思阶段选择不同的侧重点（如在总体布局时从环境方面入手，在平面布局设计时从功能方面入手等）都是最常用、最普遍的构思手段，这样既能保证构思的深入和独到，又可避免构思流于片面或走向极端。

## 三、多方案比较方案阶段的重要环节

### （一）多方案比较的必要性

多方案构思是设计的本质反映。我们认识事物和解决问题常常习惯于方法结果的唯一性与明确性。然而，对于环境艺术设计而言，认识和解决问题的方式结果是多样的、相对的和不确定的。这是由于影响环境设计的客观因素众多，在认识和对待这些因素时，设计者任何细微的侧重就会导致不同的方案对策，只要设计者没有偏离正确的设计观，所产生的任何不同方案就没有简单意义上的对错之分，而只有优劣之别。

多方案也是环境艺术设计目的性的要求。无论是对设计者还是建设者，方案构思是一个过程而不是目的，其最终目的是取得一个尽善尽美的实施方案。然而，我们又怎样去获得这样一个理想而完美的实施方案呢？我们知道，要求一个“绝对意义”的最佳方案是不可能的。因为现实中的时间、经济以及技术的条件，使我们不具备穷尽所有方案优点的可能性，只能获得“相对意义”上的完美，即在可及的数量范围内的“最佳”方案。

另外，多方案构思是民主参与意识所要求的。让使用者和管理者真正参与到设计中来，是“以人为本”这一追求的具体体现，多方案构思所伴随而来的分析、比较、选择的过程使其追求真正成为可能。这种参与不仅表现为评价选择设计者提出的设计成果，而且应该落实到对设计的发展方向乃至具体的处理方式提出质疑、发表见解，使方案设计这一行为活动真正担负其应有的社会责任。

因此，我们要养成多做方案进行比较的良好工作方式和习惯。美国著名园林设计师 Garrett Eckbo 早在学生时期就十分注重多方案比较。为了研究城市小庭园的设计，他在进深 7.5 米的基地上做了多个不同方案，以探索解决设计问题的多面性。

### （二）多方案比较和优化选择

多方案比较是提高设计方案能力的一种有效方法，各个方案都必须有创造性，应各有特点和新意而又不能雷同。否则，就是设计再多的方案也只能是无用功的重复。

在完成多方案的设计后，应展开对方案的分析比较，从中选择出理想的发展方案。分析比较的重点应集中在以下三个方面。

（1）比较设计要求的满足程度。是否满足基本的设计要求是鉴别一个方案是否合格的起码标准。一个方案无论构思如何独到，如果不能满足基本的设计要求，也绝不可能成为一个优秀的设计。

（2）比较个性特色是否突出。一个好的设计方案应该有其个性和特色并且还是优美动人的；缺乏个性的设计方案肯定显得平淡乏味，是难以打动人的。因此，也是不可取的。

（3）比较修改调整的可能性。虽然任何方案或多或少都会有一些缺点，但有的方案的缺陷尽管不是致命的，却也是颇难修改的，如果进行彻底的修改不是会带来新的更大的问题，就是会完全失去原有方案的特色和优势。因此，对此类方案应给予足够的重视，以防留下隐患。

在全面权衡设计的这些方面后最终定出相对合理的发展方案，定出的方案可以以某个方案为主，兼收其他方案之长，也可以将几个方案在不同方面设计的优点综合起来。

## 四、设计方案的深入

进行多方案比较之后选择出的发展方案虽然是相对合理可行的设计方案，但此时的设计毕竟还处在大想法、粗线条的概念层次上，在某些方面还会存在着这样或那样的问题。此时，为了达到方案设计的最终要求，还需要一个进一步的调整和深化的过程。

### （一）设计方案的调整

方案调整阶段的主要任务是解决多方案分析、比较过程所发现的矛盾和问题，并设法弥补设计中存在的缺陷。通常遴选确定出的、需进一步发展的方案无论是在满足设计要求还是在具备个性特色上均已有相当的基础，对它的调整应控制在适度的范围内，应限于对个别问题进行局部的修改与补充，力求在不影响或改变原有方案整体布局和基本构思的基础上，来进一步提升方案已有的优势水平。

### （二）设计方案的深化

要达到方案设计的最终要求，需要一个从粗略到细致刻画、从模糊到明确落实、从概念到具体量化的进一步深化的过程。深化过程主要通过放大图纸比例，由面及点，从大到小，分层次、分步骤进行；而且，为了更好地与业主沟通，恰当地运用语言的表达也是非常重要的。在方案的深化过程中，应注意以下几点。

第一，各部分的设计尤其是造型设计，应严格遵循一般形式美的原则，注意对尺度、比例、韵律、虚实、光影、质感以及色彩等原则规律的把握与运用，以确保取得一个理想的效果。

第二，方案的深化过程必然伴随着一系列新的调整，除了各个部分自身需要适应调整外，各部分之间必然也会产生相互作用、相互影响，对此应有充分的认识。

第三，方案的深化过程不可能是一次性完成的，需经历深化调整—再深化—再调整等多次循环的过程，这其中所体现的工作强度与工作难度是可想而知的。因此，要想完成一个高水平的方案设计除了要求具备较高的专业知识、较强的设计能力、正确的设计方法以及极大的专业兴趣外，细心、耐心和恒心是其必不可少的素质品德。

## 第四节　设计方案的模型制作基础

模型能以三度空间的表现力表现一项设计，使观赏者能从各不同角度观看并理解所设计形体、空间及其与周围环境的关系，因而它能在一定程度上弥补图纸的局限性。环境设计项目伴随着复杂的功能要求及巧妙的艺术构思常常会得出难以想象的形体和空间，仅仅用图纸来描述这些艺术构思是难以充分表达它们的。设计师常常在设计过程中借助于模型来酝酿、推敲和完善自己的设计创作。当然，作为一种表现技巧的模型，它也有自己的局限，它并不能完全取代设计图纸。

## 一、模型的种类

按照用途分类：一是展示用的，多在设计完成后制作；二是设计用的，即用于推敲方案在设计过程中的制作和修改。前者制作较为精细，后者制作比较为粗糙。

按照材料分类，可分为以下几种。

（1）油泥（橡皮泥）、石膏条块或泡沫塑料条块：多用于设计用模型，尤其在城镇规划和住宅街坊的模型制作中广泛采用。

（2）木板或三夹板、塑料板。

（3）硬纸板或吹塑纸板：各种颜色的吹塑纸非常方便和适用于建筑模型的制作。它和泡沫塑料块一样切割和黏结都比较容易。

（4）有机玻璃、金属薄板等：多用于能看到室内布置或结构构造的高级展示用的建筑模型，加工制作工艺复杂，价格昂贵。

## 二、简易模型制作练习

结合空间造型设计进行简易模型制作练习，一方面能培养学生的想象力和创造力；另一方面，作为空间构图训练的基础练习，能使学生初步学习选择模型制作的材料、使用工具和简单模型的制作方法。

### （一）形体的组合练习

进行各种比例的长、宽、高、矩形、方体的拼接和组合。

材料和工具：泡沫塑料块、泡沫海绵（染成绿色就可在模型中表示“绿化”部分）、底板、电阻丝切割器和胶黏剂。

制作方法与步骤：①根据作业要求确定形体尺寸；②调节切割器上挡板使其达到要切割的尺寸要求；③打开电门，切割泡沫塑料块；④使用胶黏剂粘贴需要的各种组合方体或泡沫海绵。

### （二）庭园空间模型练习

这一练习和前两项不同之处是：它不仅要考虑各种不同质感材料的设计，而且要考虑各个部分相互的比例关系以及与人的尺度关系。此外，功能的与观赏的要求都高了，也就使得模型制作增加了难度。

材料和工具：主要是用吹塑纸做大块地面、墙面和屋面材料。

制作方法：按所要求的比例做好底板(如1：100)，并在底板上标明主要模型部件，如墙、水池、亭子等的位置；分部件使用各自材料逐一制作；将准备好的各种部件进行黏结、调整；注意次序是先地面后地上、先大部件（如建筑物）后小部件和树木衬景。

## 三、工作模型

工作模型即前述设计过程中需制作的模型，通过它能够及时地把方案设计的内容以立体和空间的表现方式形象地表现出来，具有更为直观的效果，从而有利于方案的改进和深入。

在设计过程中，设计方案和制作模型可以交替进行，它们能相辅相成地帮助设计师改进完善设计的方案；可以从方案的平、立、剖面的草图阶段就开始制作模型，也可以直接从模型入手，利用模型移动的便利和空间功能的改变再改进方案构思和比较，然后在图纸上做出平、立、剖面图的记录。通过如此的草图和模型的不断修改和往复，就能接近和达到方案的最后完善。

工作模型的材料应尽量选择易于加工和拆改的材料，如聚苯乙烯块、卡纸、木材等易加工的各种材料。其制作不必十分精细，且应易于改动，重点是空间关系和气氛表达的研究。

## 四、正式模型

正式模型要求准确完整地表现方案设计的最后成果，还要求具有一定的艺术表现力和展示效果。模型表现可运用两种方式：一种是以各种实际材料或代用物来尽量真实地表达空间关系效果的模型；另一种是以某一种材料为主，如卡纸、木片等，将实际材料的肌理和色彩进行简化或抽象，其优点是把主要精力集中在空间关系处理这一要点上，不必为单纯的材料模仿和烦琐的工艺制作耗费过多的时间。

总之，环境艺术设计是一项实践性很强的工作，方法和材料都不是一成不变的，都应是与时俱进的，只要在顺应时代的基础上，结合时代科技和材料就能够创作出符合现代审美的环境艺术作品。

# 第六章　环境艺术设计透视图及其画法

## 第一节　环境艺术设计与空间的关系

### 一、空间的属性

#### （一）空间的物质属性

空间的物质属性主要是指空间的基本使用功能。空间是人类活动和赖以生存的栖息地，它是一个满足人们基本活动使用要求的物态形式。原始人类为了避风雨、御寒暑和防止其他自然现象或野兽的侵袭，用树枝、石头构筑的巢穴形成了最早的栖息空间，这时的空间功能十分简单、感性与直观。随着人类社会文明的发展和社会科技的进步，人们由被动地适应环境转变到运用科技的手段来创造与满足生活中各种活动所需要的空间功能要求。例如，通风、采光、声环境、消防等相应设备科学性与合理性的应用，设计结构、施工工艺、材料等方面技术性的安排。

现代空间为人们的室内外各种活动提供了相应的场所和服务，能满足人们各种活动条件的要求，具有使用上的便利、健康、安全、舒适之感。例如，室外空间中，广场、公园等具备可供人们进行集会、散步、游戏、交谈、野餐等使用功能的空间；居住区中的绿地、庭院是人们晨练、儿童嬉戏、居民交流的理想场所；室内的居住空间，为人们建立了可以在其中休息、娱乐、待客的空间且具有独立的、自由的私密性特点。

### （二）空间的精神属性

空间的精神属性主要指的是在满足使用功能空间环境的基础上引发人的心理与审美、精神文化方面的效应。

人是空间的使用者，是空间的主体，空间的形成与存在的最终目的是为人提供适宜的生存与活动场所。所以，在空间设计过程中应充分地考虑使用者各方面的需求，把人的主体性作为设计的出发点和归宿；而随着生活水平的日益提高，人们已经不仅仅满足于物质条件的要求，精神生活方面的享受越来越成为人们重要的追求内容。由此，空间的发展也从人们基本的生理需求转而向更高层次的心理与精神需求方面发展，更加看重空间环境的美感及其中所蕴含的文化意蕴。

因此，现代空间设计十分注重空间人性化的表达、美的创造，并使其能渲染出一种气氛，引发出一种意境，创造出符合一定文化内涵和特定精神需求的环境，以激发人的情感和心境，使人在其中感到舒适、愉悦，从而提高和完善人们的生活品质，实现现代人空间环境精神品位的追求。例如，由贝聿铭先生主持设计的香山饭店，利用一种现代的语言形式来诠释传统的建筑艺术的文化，体现出了深厚的人文积淀，把中国古典建筑艺术、园林艺术、环境艺术完美结合，让空间的使用者能够充分感受到传统文化的艺术魅力，满足了人们精神上的审美要求。空间内部院落相间，阳光透过玻璃屋顶泻洒在绿树成荫的厅内，明媚而舒适，山石、湖水、花草、树木与白墙灰瓦式的主体建筑相映成趣，这一切都能让人感受到大自然的意境，同时也满足了人们回归自然的心理需求。

## 二、空间的基本关系

### （一）包容关系

包容关系是指一个相对较小的空间被包含于另外一个较大的空间内部，这是对空间的二次限定，也可称为“母子空间”。二者存在着空间与视觉上的联系，空间上的联系使人们行为上的联想成为可能，视觉上的联系有利于视觉空间的扩大，同时还能够引起人们心理与情感的交流。一般来说，子空间与母空间应存在着尺度上的明显差异，如果子空间的尺度过大，会使整体空间效果显得过于局促和压抑。为了丰富空间的形态，可通过子空间的形状和方位的变化来实现。

### （二）穿插关系

穿插关系是指两个空间相交、穿插叠合所形成的空间关系。空间的相互穿插会产生一个公共空间部分，同时仍保持各自的独立性和完整性，并能够彼此相互沟通形成一种你中有我、我中有你的空间态势。两个空间的体量、形状可以相同，也可以不同，穿插的方式、位置关系也可以多种多样。空间的穿插主要表现为以下三种形式。

（1）两个空间相互穿插部分为双方共同所有，使两个空间产生亲密关系，共同部分的空间特性由两空间本身的性质融合而成。

（2）两个空间相互穿插部分为其中一空间所有，成为这个空间中的一部分。

（3）两个空间相互穿插部分自成一体，形成一个独立的空间，成为两个空间的连接部分。

### （三）邻接关系

邻接关系是指相邻的两个空间有着共同的界面，并能相互联系。邻接关系是最基本与最常见的空间组合关系。它使空间既能保持相对的独立性，又能保持相互的连续性。其独立与连续的程度，主要取决于邻接两空间界面的特点。界面可以是实体，也可是虚体。例如，实体一般可采用墙体，虚体可采用列柱、家具、界面的高低、色彩、材质的变化等来设计。

一种空间上的秩序感，也可以与被连接的空间形式完全不同，以示它的作用。如果过渡空间较大，则可以成为此空间的主导，并具有将一些空间组织在其周围的能力。过渡空间的具体形式和方位可根据被联系空间的形式和朝向来确定。

### （四）过渡关系

过渡关系是指两个空间之间由第三个空间来连接和组织的空间关系，第三个空间成了中介空间，主要对被连接空间起到引导、缓冲和过渡的作用。

1. 集中式空间组合

集中式空间组合通常表现为一种稳定的向心式构图，它由一个空间母体为主结构，一系列的次要空间围绕这个占主导地位的中心空间进行组织。处于中心的主导空间一般为相对规则的形状，如圆形、方形或多角形，并有足够大的空间尺度，以便使次要空间能够集中在其周围；次要空间的功能、体量可以完全相同，也可以不同，以满足不同功能和环境的需要。通常，集中式组合本身没有明确的方向性，其入口及引导部分多设于某个次要空间，交通路线可以是辐射式、螺旋式等。这种空间组合方式适用于酒店、办公建筑等的共享空间，西方传统的教堂也有很多采用这种空间的组合方式。古罗马和伊斯兰教的建筑师最早应用集中式空间组合方式营造教堂、清真寺建筑。

2. 线式空间组合

线式空间组合是指由尺寸、形式、功能性质和结构特征相同或相似的空间重复出现而构成。也可将一连串形式、尺寸和功能不相同的空间，由一个线式空间沿轴向组合起来。

在这种组合中，功能方面或者象征方面具有重要性的空间，可以出现在序列的任何一处，以尺寸或形式的独特表明它们的重要性；也可以通过所处的位置加以强调，如置于线式序列的端点、偏移于线式组合，或者处于扇形线式组合的转折上。

线式空间组合的特征是“长”，因此，它表达了一种方向性，具有运动、延伸、增长的意义。为使延伸感得到限制，线式组合可以终止于一个主导的空间或形式，或者终止于一个特别设计的清楚标明的空间，也可与其他的空间组织形态或场地、地形融为一体。这种组合方式简便、快捷，适用于教室、宿舍、医院病房、旅馆客房、住宅单元、幼儿园等建筑空间。

3. 放射式空间组合

放射式空间组合方式兼有集中式和线式空间特征。它由一个主导的中心空间和若干向外放射状扩展的线式空间组合而成。

集中式空间形态是一个向心的聚集体，而放射式空间形态通过现行的分支向外伸展。正如集中式空间组合一样，放射式空间组合方式的中心空间一般是规则的，其放射状分支空间的功能、尺度、结构可以相同，也可以不同；长度可长可短，以适应不同环境的变化需求。放射式空间组合也有一种特殊的变体，即“风车式”的图案形态。它的线式空间沿着规则的中央空间的各边向外延伸，形成一个富于动感的“风车”图案，在视觉上能产生一种旋转感。

4. 组团式空间组合

组团式空间形态通过紧密连接使各个小空间之间相互联系，进而形成一个组团空间。每个小空间一般具有类似的功能，并在形状、朝向等方面有共同的视觉特征，但其组团也可采用尺度、形式、功能各不相同的空间组合，而这些空间常要通过紧密连接和诸如对称轴线等视觉上的一些规则手段来建立关系。因为组合式空间形态的图案并不是来源于某个固定的几何概念，因此空间灵活多变，可随时增加和变化而不影响其特点。

由于组团式空间组织的平面图形中没有固定的重要位置，因此必须通过图形中的尺寸、形式或朝向，才能显示出某个空间所具有的特殊意义。在对称及有轴线的情况下，可用于加强和统一组团式空间组织的各个局部来加强或表达某一空间或空间组群的重要意义。

由空间中的参考点和参考线所形成的图形建立起一种稳定的位置或稳定的区

域。通过这种图形，网格式空间组合享有了共同的关系。因此，即使网格组合的空间尺寸、形状或功能各不相同，仍能合为一体。建筑中的网格大多数是通过梁与柱组成的框架结构体系体现的，在网格区域内，空间既能以独立的实体出现，也能以重复的网格模数单元出现。无论这些空间在该区域中如何布置，只要把它们看作“正”的形式，就会产生一些次要的“负”的空间。由于网格是由重复的模数空间组合而成的，因而空间可以削减、增加或层叠，而网格的同一性保持不变，具有组合空间的能力。

5. 网格式空间组合

网格式空间组合是空间的位置和相互关系受控于一个三度网格图案或三度网格区域。网格的组合力来自于图形的规则和连续性，它们渗透在所有的组合要素之间。

## 三、室内空间环境设计基础

### （一）室内空间环境的概念

从古至今，人类为了自身拥有良好的生存环境和质量，为了能够建立安全、健康、舒适的生活方式和美的生活环境而始终不懈努力地追求着各种各样的创造性的活动。在前面讲过，早在人们用树枝、石头构筑巢穴来躲避风雨和野兽侵袭的原始社会，就形成了最原始的建筑活动，也形成了最早的室内空间。随着时代的进步与社会的发展，建筑的活动与其形式不断演变，内部环境的变化也会随之越来越丰富起来。

室内空间环境是指建筑的内部环境，是由限定空间要素的墙体、地面、天棚围合而成的。室内空间与人的关系最为密切，人生的大部分时间都会在其中度过，对人的影响最大。在室内空间中，人会有各种不同类型的活动和不同的功能需求，当然也必须具有不同功能的空间与之相适应。例如，居家生活的居住空间，学习、查阅资料的图书馆空间，休闲、购物的商业空间，就餐、就饮的餐饮空间，歌舞、视听的娱乐空间，开会、议事的会议空间，观看表演的剧院空间等。每一种空间都应当在满足一定物质功能并在此前提下具有形式的美感，以满足人们的精神感受和审美要求。

### （二）室内环境设计的主要构成要素

1. 家具

家具是室内环境中不可缺少的重要组成部分，与人们生活密不可分，无论是学习、工作、休息、娱乐等都离不开对家具的使用。家具的选用、布置方式要与不同场所、不同的用途、不同性质的使用要求相结合，它对空间的划分及使用性能、环境效果等有着重要的影响。家具是现代室内设计的继续与深化，是室内环境的再创造，它不仅是一种具有实用功能的物品，还是表达视觉艺术品位和人们审美价值的体现，是一种情趣、意境的物化表现形式。

（1）家具的作用。第一，具有实用性和识别空间的性质。家具的主要作用首先是它的使用功能，即满足人们在空间中的基本使用需求，是其实用性质的基本体现。其次，通过家具的布置和组织能够反映出空间环境的使用目的、规格、等级标准、地位以及体现出使用者的个性。第二，能够有效地分隔空间、组织空间。利用家具分隔、组织空间是室内设计中常用的手段，也是一种简单、灵活、机动的设计方法。家具分隔既能保持空间原有的通透性，又可以划分空间单元，使空间隔而不断，相互渗透；既能提高空间的使用效率、丰富空间的层次关系，还可以减少墙体的面积、减轻自重，节省空间。例如，在商业空间中，常采用货架、陈列柜等来划分和组织营业区域和通行路线。在住宅的起居室中，则利用沙发或装饰柜等区分出待客、休息等的区域。在办公空间中，通常结合办公桌等形成隔断以此来分隔空间。家具的布置与组织决定了室内交通组织的优劣，如在餐饮空间中，桌椅之间的间距决定了通道的尺度，间距过小会给用餐者或服务人员的通行带来很大的不便。第三，反映艺术与文化内涵、创造环境氛围。家具不仅能够满足人们对使用功能的要求，还能满足人们精神上对美的追求。优秀的家具设计，其本身就具有较强的艺术性和文化性，与建筑设计一样会受到各种思潮和流派的影响，从古至今，形态各异的家具，反映出了不同文化、地域、民族的表达，体现使用者的审美与情趣；同时，对室内环境氛围的塑造也有着十分重要的影响。例如：色调鲜亮、明快，造型简洁、个性的家具能形成现代、时尚、简约的环境特色；质地朴实、自然，色彩清新、典雅的家具能营造出乡土、田园的空间气息；装饰感强、工艺复杂、色彩绚丽、材料昂贵的家具能体现出奢侈、高贵、华丽的环境氛围。

（2）家具的布置方式。

①行列式：家具以行列的方式展开较大，其丰富的形态、色彩、质感机理的变化，给人以秩序、整齐的感受。一般能够体现出不同的环境特点，还能深刻化教室、餐厅、大型会议厅等空间。

②沿墙式：家具沿墙四周布置，留出中心空间的位置。能使空间相对集中，易于组织交通，为举行其他活动提供较大的空间；同时，也便于中心布置其他的家具和陈设。这是十分常见的一种布置方式。在大型商场，通常采用将货柜和货

架沿墙组合排列。

③岛式：家具布置在室内中心部位，留出周边空间。强调家具的中心位置，显示其重要性和独立性，保证周边交通活动的流畅性。在展示空间或商业空间里，为了更好地突出展品并便于观者能够从各个角度欣赏展品，常会采用岛式的家具布置方式。

④单边式：家具集中一侧布置，留出另一侧为通行空间。这样的设计能使空间分隔开。

⑤过道式：家具布置在两侧，中间留出通行空间。这种布置方式能沟通两侧的空间。居家厨房的家具布置，常会把操作台分布在空间的两侧，人在中间进行各种操作活动。

2. 陈设

陈设是现代室内环境中十分重要的一部分。室内陈设除了家具以外还包括室内织物、艺术品、工艺品、绿化盆景、日常的生活用品等。能否对陈设进行精心的选择和别具匠心的布置，是室内设计成功的关键环节。通过利用不同陈设的材质美、肌理美、色彩美、图案美、造型美可以烘托室内的环境气氛，强化室内风格的特点，调节与柔化空间效果；同时，陈设还具有一种超越美学价值而赋予较高精神境界的特质，能够有效地陶冶人的情操，增强空间的艺术性与文化内涵。

（1）陈设分类。

①织物陈设：室内织物主要包括地毯、壁挂、窗帘、帷幔、床上用品、台布等。织物在室内环境中覆盖面积较大，其花纹、质地色彩对室内的气氛、格调、意境会产生强烈的渲染作用。此外，织物具有质地柔软、色泽美观、触感舒适的特性，能够弥补建筑墙面的生硬、呆板之感，起到柔化、点缀空间的作用。随着经济与技术的发展，织物在室内设计中的应用越来越广泛，无论是在公共空间还是在私密环境中都能看到织物的“身影”。例如，在级别与标准要求较高的空间里，地面常会大面积采用地毯铺地，彰显出庄重、华贵的气势，如宴会厅、会议室、多功能厅等环境空间；在一些宾馆客房、走廊中，也常会利用地毯这一织物铺地。一方面，能起到避免噪声、吸声的作用，为空间提供整洁、安静的环境；另一方面，地毯的柔软质感能够令使用者感到家的亲切与舒适。

②装饰性陈设：装饰性陈设又称观赏性陈设，其种类繁多、形态各异、材料多元而广泛，如陶瓷、漆器、雕塑、金属制品、玩具、挂毯、字画等。这类陈设本身没有实用价值，主要是作为观赏与装饰使用，与环境协调的装饰性陈设设计，能够突出空间主题，提升环境的品质，深化其文化内涵和层次，陶冶人的情操。例如，中国传统绘画、书法具有较深的文化内涵和审美情趣，一般被陈设于书房、

会议室、办公室、图书馆等环境中，以营造出一种格调高雅、清新的文化气息。此外，有些艺术品还具有很高的收藏价值，如古玩、字画、邮票、钱币以及各式各样的纪念品等都能成为室内装饰性陈设的内容。

③日用性陈设：日用性陈设是我们生活中必备的工具，它不但具有实用性，还兼有观赏和装饰作用，其质地、花色、形态和工艺都体现出文化的品位和格调。如家用电器、灯具、钟表、茶具、餐具、日用化妆品等。

（2）陈设的选择与设计原则。

第一，陈设的选择与设计应符合空间的功能。陈设作为室内环境构成要素的一部分，不能脱离整体的环境关系，应与空间的使用功能性质取得一致，与特定的环境相协调，才能有效地发挥其作用，形成空间特色。例如，在旅游建筑空间中，一般选择一些具有代表地方特色或民族特点图案或色彩的陈设品，以保持风格上的统一。在娱乐空间中，适宜采用以曲线图案为构成的陈设，体现动感、自由、活泼的个性特性。在居住空间里，儿童居室陈设要充分考虑孩子的心理、生理的特点，其家具尺度不易过高、过大，陈设形态应色彩明快、亮丽，并有一定的趣味性。因此，陈设品的选用与设计无论在题材、构思、图案、色彩、材质等都必须服从空间的功能要求。

第二，陈设的大小、形式应与空间尺度和家具的尺度相协调。空间的尺度不同，对于陈设的选择当然也会有所不同，如果陈设尺度相对于空间尺度过大，会使室内显得过小，给人以拥挤、压抑的感受；如果尺度相对过小，陈设将不能起到应有的作用，给人以单调空洞的感受。陈设与家具的尺度关系也是如此，如陈列架上的装饰陈设尺度若太大，陈列架会显得过满、凌乱；过小，则会使失去其装饰的意义。

第三，陈设与室内整体环境的装饰风格要相一致。室内的装饰风格是多种多样的，如现代简约风格、中国传统风格、田园乡土风格、欧式古典风格等，针对各异的风格特点和装饰要求，陈设的选用应仔细地推敲，使其在形态、色彩、材质等方面与整体的空间氛围取得呼应关系，增强环境的艺术与文化内涵，才能达成和谐统一的效果。例如，在设计简约的起居室空间中，常在墙面上用几个带有抽象图案的挂件作为装饰并与室内设计的风格形成完美的结合。

第四，陈设要注意主次关系。室内陈设品种与数量较多，因此，在诸多陈设品中分出主要陈设与次要陈设，使主要陈设与其他构成室内环境因素的搭配能够形成空间的视觉中心，迫使其他陈设品处于辅助和次要地位，这样不易造成杂乱无章的空间效果，以加强空间的层次感。

3. 绿化

近年来，随着社会的发展，城市化进程的加快，高层建筑不断增加，生活在高楼大厦里的人们接触大自然的机会越来越少，加之现代生活的繁杂与喧嚣，追求绿色、自然的生活环境成为现代都市人对室内环境的迫切要求。室内绿化设计是一种具有生命象征的艺术形式，它不仅可以满足人们追求与崇尚自然的愿望，还能够改善室内的生态环境、美化生活，为人们提供健康、轻松、惬意的工作、学习环境。

（1）绿化的作用。

①净化空气、改善气候环境。首先，在室内环境中，通过绿色植物可以有效地起到调节室内温度、湿度，净化室内空气的质量，改善室内空间小气候的作用，有利于人体的健康。人在呼吸过程中，吸入氧气，呼出二氧化碳，植物可以吸收空气中的二氧化碳，并释放氧气，从而使大气中氧和二氧化碳达到平衡，室内空气得以净化。其次，植物还具有良好的吸声作用，室内绿化能够降低噪声，如在靠近门窗的地方布置绿化，可以对噪声传入起到阻隔的作用。最后，有些植物如夹竹桃、梧桐、棕榈、大叶黄杨等还可吸收有害气体，有些植物的分泌物，如松、柏、悬铃木、茉莉、丁香等还具有杀灭细菌的作用，使空气清洁卫生；同时，植物还能吸收大气中的尘埃，从而使环境得以净化。据统计，居室绿化较好的家庭，室内可减少 20% ~ 60% 的尘埃，使室内环境清新宜人。

②限定、分隔室内空间。利用绿化作为分隔空间的方法是室内设计中常用的手法，它使不同空间相互沟通、相互渗透，使各部分既能保持各自的功能作用，又不失整体空间的开敞性和完整性。例如，在两厅室之间、厅室与走道之间或某些大的厅室内根据要求需再分隔成若干个厅室的小空间，常会采用此种简便、有效的分隔方法，诸如办公室、餐厅、旅店大堂、展厅等。此外，在某些空间或场地的交界线，如室内外之间、室内地坪高差交界处等，都可用绿化进行空间的分隔。室内绿化除了单独落地布置外，还可与家具、装饰物、灯具等室内陈设以及建筑结构结合设计，使其相得益彰，组成有机整体。例如，在有些餐饮空间中，把两餐桌间的隔断或柱廊之间的围栏与绿化植物相结合，形成生动的分隔形式。对于空间的重要部位，如出入口，运用绿化作为分割，能起到屏风的作用。分隔的方式大都采用地面分隔方式，如有条件，也可采用悬垂植物由上而下进行空间分隔。

③引导、联系空间。室内绿化具有观赏的特点，能强烈吸引人们的注意力，并能达到巧妙地提示和引导的作用。例如，许多宾馆常利用绿化的延伸来联系室内外的空间，起到过渡和渗透作用，即通过连续的绿化布置，强化室内外空间的联系和统一。绿化布置的连续和延伸，如果想有意识地强化其突出、醒目的效果，通过视线的吸引，就起到了暗示和引导作用，特别是在空间的转折、过渡、改变

方向之处，更能发挥其整体效果。

④强化空间的重点部位。建筑大门入口处、楼梯进出口处、交通中心或转折处、走道尽端等，既是交通的要害和关节点，也是空间中的起始点、转折点、中心点、终结点等的重要视觉中心位置，是必须引起人们注意的位置。因此，常放置特别醒目的、富有装饰效果的甚至名贵的植物或花卉，起到强化空间、突出重点的作用。

⑤美化环境、营造空间氛围、陶冶情操。植物具有自然的形态、色彩、质地、气味，它以其特有的自然美为室内环境增添了生机与活力，极大地丰富和加强了室内环境的表现力和感染力，使空间具有生命的气息和意境。例如，在许多酒店、宾馆、餐厅等空间中，常在内庭设置随不同季节而变化的各种植物，利用植物调节和改变室内环境的情调和气氛，令身置其中的人能充分与自然接近，享受其中的乐趣。

现代钢筋、混凝土的建筑给人以生硬、单调和距离感，为了弥补空间的这种缺陷，可以把植物引入室内，让大自然的美融入建筑的内部环境中，通过色彩、形态、质感等方面的对比关系来柔化空间，改善环境的呆板与机械感，调节人的情绪和陶冶人的情操，创造出一种亲切宜人、充满生机的生活环境。

（2）室内绿化的布置方式。

①点式布置。点式布置是指绿化独立或组成单元集中的布置方式。这种形式常用于空间的中心或重要的位置，能够起到强化空间、吸引人的注意力的作用。

②线式布置。线式布置是指绿化以线的形式有序排列的设计方式。这种形式常作为空间的分隔与限定方法，一般采用多个花盆排列或置于花槽内或与家具、其他陈设结合设计，形成各种如曲线、直线、折线的韵律空间。

③面式布置。面式布置是指绿化经组合而成面的形式的设计方式。这种形式常通过植物独特的形态、色彩、质地等集中地设计，形成一种背景关系以起到丰富、衬托环境主体的作用。一般常用于较大空间或内庭中。

④综合式布置。综合式布置是指把点、线、面有机结合构成的一种绿化方式，是应用较多的一种形式。这种绿化形式会形成植物的高低、大小、疏密等变化，能有效地丰富空间的层次，并产生一定的节奏与韵律的变化。

4. 色彩

在室内设计中，色彩是人识别物体、识别空间个性特点最直观的表象因素。丰富的色彩变化，不仅能够起到装饰、渲染环境氛围的目的，还能对生理、心理效应起到有效的调节作用。例如，对情绪的调节，能激发或抑制人的情感；对空间环境调节，能形成整洁美好的环境，提高工作效率。色彩应用是不能孤立存在的，要从整体上结合空间功能、照明、材料、陈设、空间等各方面因素的要求进行综合考虑，运用正确的设计方法，最大限度地发挥色彩在室内环境中的效用。

（1）室内色彩设计的要求。

①要充分考虑空间功能要求。室内空间不同的使用目的需要不同的色彩氛围来表达其空间的性格、特点。应对室内色彩进行具体分析，并考虑色彩给人带来的生理和心理的影响效果。例如，医院病房的环境，要选择尽量柔和的色彩，使环境显得干净整洁，更要给病人以安静、温馨、舒适的感受。在娱乐空间中，则应选择跳跃、对比强烈的色彩，以增加空间的动感和激发人的情绪。冷饮厅空间，一般采用高明度的冷色调，给人清爽、凉快的感受。在宴会厅，则多使用暖色或醒目的色彩，以突出喜庆、热烈的场面。

②根据使用对象的特点设计色彩。由于人们阅历、背景、文化程度、性别、性格、喜好、年龄等因素的不同，对色彩的要求有很大的差别。例如，一般儿童喜欢比较鲜亮的色彩，老人则比较喜欢纯度、明度相对较低且稳重的色彩。

③根据空间形式、尺度的不同进行色彩设计。室内空间的形式、尺度与色彩关系是相辅相成的。一方面，由于空间的形式、尺度是先于色彩设计确定的，它是配色的基础；另一方面，色彩的物理、生理、心理效应可以在一定程度上改变空间的尺度与比例关系。例如，一个面积不大的空间，整体色调应尽量选择明度较高的色彩，以达到拓宽空间的目的。

④注意室内色彩的构图关系。室内色彩的配置要处理好色彩的对比与协调关系，调整色彩的面积，确定环境的背景色、主体色、点缀色，使其更好地突出空间的主体。

⑤结合空间所处环境位置进行色彩设计。色彩与环境有着密切的联系，空间环境的地理位置、气候条件、光照条件都会对其产生影响。例如，在我国南方由于天然有着丰富的背景色彩，因此多采用比较淡雅的色彩；而在北方，气候比较寒冷，多采用相对浓重的色彩。在同一地区，对于采光条件、朝向不同的空间也应有所区别，如朝阳的房间，可采用偏冷的色彩，背光、阴暗的房间则应用偏暖的色彩。

⑥室内色彩设计与材料、光照密切结合。应用不同的材质与光照可以表现出不同的色彩效果。室内设计在使用材料上，要尽量保持材料本身所具有的质色，它往往具有相当高的审美价值，容易使环境色彩更加清新自然、丰富多变。在光照上，要与室内整体气氛相一致，且要突出所选用色彩的特点与变化。

（2）室内色彩的设计方法。

①色彩的调和、对比。色彩的调和体现了统一，对比则体现了变化。室内色

彩设计要遵循变化统一的原则，在统一中寻求变化，在变化中寻求统一。色彩的调和可以通过运用同类色或色彩的过渡使色彩之间保持一种有机的内在联系，相互呼应，避免色彩间孤立存在，要使室内色彩环境有节奏和层次，体现出色彩的调和美。室内常用的色彩对比关系有冷暖对比、明度对比、色相对比、纯度对比等几种。室内环境一般不宜大面积且过多颜色的强对比，以免破坏空间的整体性，应充分考虑室内各部分色彩的比例关系，仔细划分层次再进行设计。

②色彩的构图。首先，区分室内环境色彩的层次关系，使其空间色彩主次分明、重点突出。它可分为背景色、主体色、点缀色。背景色是占室内空间面积最大的色彩，主要包括墙面、天棚、地面等色彩，它对其他室内物件起衬托作用。背景色是空间的主色调，应尽量采用调和的色彩，在背景色的衬托下，室内占统治地位的家具则成为主体色，它的色彩要注意与背景色彩格调的协调统一。点缀色是室内重点装饰和点缀的地方，其面积小但色彩较突出。其次，寻求色彩构图形式的稳定与平衡，主要表现在色彩的面积比例、位置关系、对比关系（冷暖对比、明度对比、色相对比、纯度对比等）等方面。例如，空间中上轻下重的色彩关系、大面积调和的色彩关系、弱对比的色彩关系易于给人以稳定与平衡感。最后，色彩的节奏与韵律变化。通过色彩的重复、呼应、有规律的变化，可以引起视觉上的运动，从而获得审美上的节奏与韵律感。因此，在设计中要恰当地处理门、窗、柱及周围部件的色彩关系，有规律地配置室内环境中的家具与其他陈设物品的环境色彩，使其具有连续、渐变、交错与起伏的变化。

（3）室内主要部分色彩的运用。

①墙面。墙面在室内空间中，所占面积较大，对室内的氛围营造起着支配的作用，设计时应根据房间的用途来确定色相、明度及用色的冷暖关系。一般来说，墙面颜色不宜过重，特殊空间应当另行特殊处理。

②天棚。天棚多采用明度较高的色彩，以给以轻盈、开敞感，再结合室内照明，有利于增加室内通透和明亮感。但特殊场合应做不同处理，如舞厅、酒吧的天棚常采用深色或黑色作为色彩的装饰。

③地面。地面一般采用明度、纯度相对较低的色彩，以形成空间的稳定感。但现在也常用一些明度较高的浅色，大多以木材、石材等材料色为主，甚至采用白色，给人以整洁、平净、开阔感。

④家具。家具色应和总体色调相协调，并注意与墙面色彩的冷暖、色相、纯度、明度搭配关系，颜色不宜过多，避免显得空间色彩显得凌乱、不整体。浅色调的家具富有朝气，深色调的家具庄重，灰色调的家具典雅，多种颜色恰当组合则显得生动活泼。

⑤装饰陈设。室内装饰陈设在环境中属于点缀的色彩关系，尽管面积较小，却起着重点和强调的作用，可适当使用对比性的色彩，以形成丰富的空间艺术效果。

5. 照明

随着当代建筑文化观念的更新，现代建筑的室内照明不仅仅是满足人视觉功能的需要，而且是美化环境必不可少的物质条件，既能表现出特有的文化性，又能体现出其独特的装饰意味和内涵。

（1）照明的作用。

①增加空间感和立体感。空间的不同效果，可以通过光的作用充分表现出来。实验证明，室内空间的开敞性与光的亮度成正比，亮的房间感觉要大一些，暗的房间感觉要小一些，充满房间的无形的漫射光，也会使空间有无限的感觉，而直接光能加强物体的阴影，光与影相对比，亦能加强空间的立体感。

②分隔、限定空间。利用光照所形成的光环境区域，来区分不同功能空间领域。常结合顶棚、地面的形式进行设计。例如，酒吧的吧台区，其顶部的照明一般结合吧台形式进行设计来起到突出和分隔空间的作用。

③明确空间导向。利用灯具整齐地排列或光带的形式起到指引和导向的作用，使身在其中的人能够自然而然地顺着光亮引导的方向行走。常见于走廊或走道空间。

④强调重点、突出中心。由于人的注意力总是本能地被那些明暗对比较强的部位吸引，因此，在室内设计中，常利用光照强弱的对比来突出空间的重点于中心，削弱环境中的次要部位或不想被引起注意的部位。例如，商业环境，通常采用亮度较高的照明形式突出特色商品。博物馆空间，一般基础照明通常不是很亮，而在展品区域则安装重点照明设施，既突出展品，又便于游客观赏。

⑤渲染空间氛围。在室内设计中，光源不同的亮度与颜色是构成空间环境氛围的主要因素，室内环境的气氛亦会因其改变而变化。如亮光给人以明快、敞亮之感，而暗光给人以温馨、神秘、宁静的感受。暖色光表现温馨、愉悦、华丽的气氛，冷色光表现出宁静、清爽、高雅的格调。例如，餐厅、咖啡馆、娱乐场所为了表达空间的温暖、欢乐、活跃的气氛，常常使用暖色光，如粉色、浅红色等。

灯具造型的变化不仅能起到美化环境的作用，更能为气氛的营造起到画龙点睛的作用。例如，水晶吊灯的使用会使空间显得富丽堂皇，通透、整齐划一的格栅灯具使环境安静、雅致、整洁。

（2）照明的方式。

①直接照明。直接照明是指 90% ~ 100% 的光线直接投射在工作面上。这

种照明方式的亮度较高且集中，能够形成强烈的明暗对比与生动的光影效果，但由于亮度较高，应防止眩光的产生。常用于室内的基础照明、大空间照明或局部照明。

②半直接照明。半直接照明是指 60% ~ 90% 或以上的光线直接投射在工作面，其中 10% ~ 40% 使之向上漫射，其光线比较柔和。这种灯具常用于层高较低房间的一般照明。由于漫射光线能照亮平顶，使房间顶部显得高度增加，因而能产生较高的空间感。

③间接照明。间接照明是指将光源遮蔽而产生的间接照明方式，其中 90% ~ 100% 的光线射向天棚或墙面再经反射照到工作面上，10% 以下的光线则直接照射工作面上。光线柔和而均匀，不刺眼。间接照明紧贴顶棚，几乎可以形成无阴影的效果，是最理想的整体照明形式。但单独使用，会使空间平淡、缺少变化，通常要与其他照明方式配合使用，才能取得特殊的艺术效果。

④半间接照明。半间接照明是指 60% ~ 90% 以上的光线射向天棚或墙面，形成间接光源，10% ~ 40% 的光线直接投射到工作面。间接光源有利于柔化阴影和改善亮度对比。适用于住宅中的小空间部分，如门厅、过道，以及阅读和学习环境。

⑤漫射照明方式。漫射照明方式是利用灯具的折射功能来控制眩光，使光线向四周扩散漫散。这种照明形式光线柔和、视觉舒适，但光的亮度较差，适用于卧室等休憩空间。

（3）照明布局。

①基础照明。基础照明是指在大空间内使用的全面、整体的照明布局形式，主要是为了满足人们的基本视觉功能要求。一般选用比较均匀的、全面性的照明灯具。

②重点照明。重点照明是指对主要空间、对象或者是为了某种特殊艺术效果而进行的重点投光。例如，商场的橱窗、展示空间展台的照明都是采用这种布局形式，能有效起到吸引观看者注意的作用。重点照明的亮度、照射方向、位置要根据物品种类、形状、大小以及展览方式等确定。例如，要突出某物品外轮廓的剪影形式，可以从其后面投光；要强调其立体感、空间感，可从侧面投光。

③装饰照明。为了更好地美化与装饰空间环境，有效地增加空间层次和营造环境气氛，常采用装饰照明。一般使用装饰吊灯、壁灯、挂灯等款式统一的系列灯具。这样可以使室内繁而不乱，并渲染出室内环境气氛，更好地表现具有强烈个性的艺术空间。值得注意的是装饰照明只能是以装饰为目的独立照明，不能兼作基本照明或重点照明。

6. 材质

装饰材料是实现室内设计的物质基础，是实现设计实质性成果的重要环节，它直接影响到空间的实用性、经济性及环境气氛的美观与否。设计者应熟悉不同材料的质地、性能特点，了解材料的价格和施工操作的工艺要求，善于和精于运用现代先进的物质技术手段，为设计构思的实现提供坚实的基础。

（1）材料的装饰特性。

①颜色：材料的颜色丰富多彩是装饰特性最直接的反映，它不仅标志着材料的个性语言，同时给人以直观的视觉冲击力。材料表面的颜色取决于三个方面：材料的光谱反射，观看时射于材料上光线的光谱组成，观看者眼睛的光谱敏感性。

②光泽：许多经过加工后的材料会呈现出一种光泽的特性。如不锈钢、磨光的花岗岩、大理石或瓷砖等。光泽度较好的材料给人以整洁、明亮的感受，有效利用它们的特性还能有扩大空间的视觉效果。但应注意的是，当大面积使用光泽度较高的材料时，要避免其表面的折射光线给人们视觉造成不良的影响，应适当结合非反射类材料的应用。

③质感：材料所表现出来的特性给人带来的心理感受。例如，抛光平整的石材给人以坚固、凝重感；纹理清晰的木质、竹质材料给人以亲切、柔和、温暖之感；毛石的质地给人以粗犷、豪放之感；反射性较强的金属质地给人以冷漠、高贵和时代感；织物如毛麻、丝绒、锦缎与皮革等质地给人以柔软、舒适、华丽之感。在室内设计中，应很好地运用材料的相关特性，根据不同使用目的来进行材料的选择，如卧室地面材料应选择亲切、温馨的木质地板。在公共场所则应选择大气、坚硬耐磨易清洗的石材地板。

④肌理：材料本身的肌体形态和表面的纹理，反映了材料表面的形态特征，是质感的形式要素，使材料的质感体现得更具体、形象。例如，剁斧石表面带有凹凸的纹理，花岗岩、大理石带有各种天然的花纹肌理。材料的这种特性大大增强了室内环境的装饰效果。

⑤图案：材料经加工后其表面的纹理花式。例如，墙壁纸、窗帘、带有图案的瓷砖等。一般常用在空间环境中心和需要突出的位置。例如，在大空间的入口或大堂中心，地面常应用拼花材料，不仅起到了装饰环境的作用，还突出了空间的重点，或为了柔化与渲染空间氛围而使用这种带有图案的材料。在卧室中，带有各色碎花图案的织物应用，能够令人感到环境的清新、宜人与舒适。

（2）室内材料的运用。

第一，适应室内使用空间的功能性质。对于不同功能性质的室内空间，需要由相应类别的装饰材料来烘托室内的环境氛围，如文教、办公建筑的宁静、严肃气氛，常选用质感坚硬而表面光滑的材料，如大理石、花岗石。娱乐场所为了体现欢乐、愉悦的气氛，一般选用色彩艳丽，以给人刺激色调和质感的装饰材料为宜。卧室宜淡雅明亮还应避免强烈反光，其墙面多常采用壁纸、墙布等装饰。

第二，符合建筑不同装饰部位要求的特点。不同的界面，相应地对装饰材料的物理、化学性能及观感等要求也各不相同。如天棚的选材要考虑到质轻、隔音、吸声、防火、保温、耐热等要求，而地面作为室内活动和家具的承载基面，则要考虑其耐磨、防滑、易清洁、防静电等性能。

第三，满足建筑的等级标准要求。装饰材料的选择应考虑建筑物的等级标准。例如，宾馆和饭店的建设有三星、四星、五星等级别，要不同程度地显示其内部装饰的豪华、富丽堂皇甚至于珠光宝气的奢侈气氛，对采用的装饰材料也应分别对待。例如，地面装饰，较高级的建筑空间可选用全毛地毯，中级的建筑空间可选用化纤地毯或高级木地板等。

第四，符合更新、时尚的发展需要。由于现代室内设计具有动态发展的特点，设计装修后的室内环境通常并非是“一劳永逸”的，而是需要更新的。原有的装饰材料需要由无污染、质地和性能更好的、更为新颖美观的装饰材料来取代。此时材料的选用也不是越名贵越好，要遵循“精心设计、巧于用材、优材精用、通材新用”的设计原则。

### （三）空间的类型

1. 结构空间

任何室内空间都由一定的承重构件所组成，这些结构构件体现了时代科技的发展进程，通过对这些暴露式结构的处理，能达到结构与室内内在审美的完美结合，让人们充分地欣赏领悟结构构思及建造技艺所构成的空间环境的美。这种设计充分利用暴露的结构，突出体现结构的时代感、力度感、科技感，真实反映空间的特性，具有较强艺术的表现力和感染力，目前已成为现代空间艺术审美趣味中一种重要表现形式。

2. 共享空间

一般是在较大型的公共空间中设置的中心空间，其高大和开敞对其他空间起到了一种连接、交通枢纽的作用，空间强调流动性、渗透性与交融性。其内部常设有多种设施并存。例如，休息设施、服务设施等，是综合性、多用途的灵活空间。在空间景观处理上，注意相互交错、内中有外、外中有内，常把室外一些自然景象引入到室内中来，如假山、流水、绿色的植物等，整体空间富有动感、情趣，极大地满足了现代人的物质和精神的需求。

3. 母子空间

母子空间是空间二次分割形成的大空间中包容小空间的结构，它主要通过一些实体性或虚拟象征性的手法再次限定空间，形成楼中楼、屋中屋的空间格局。既满足了功能要求，又丰富了空间的层次。子空间往往都是有序地排列而形成的一种有规律节奏的空间形式，使得空间使用者既能保证相对独立性与私密性，又能方便地与群体中的大空间沟通。

4. 开敞空间

开敞空间是一种外向性的空间形式，其限定性和私密性较弱，兼有公共性与开放性的特点。在空间感上，开敞空间是流动的、渗透的。通常更多的是借助室内外景观扩大视野，强调与周围环境的交融，并有一定的趣味性。在功能使用上灵活性较强，能根据功能需求的变化来改变室内格局；在心理效果上，表现为开朗、活跃、有接纳性的特点。

5. 封闭空间

封闭空间是利用明确的围护实体包围起来的空间，与其他空间相比较在视觉上、听觉上、空间上连续性较小，隔离性较强；在景观关系上和空间性格上，封闭空间具有内向性和拒绝性的特点，有较强的私密感和领域感；在心理上，给人以安静、严肃和安全感。长时间在这种空间中会给人闭塞、枯燥的感受。为了调节空间氛围通常可采用人工景窗、大幅场景挂画、镜面等设计手法来扩大空间和增加空间的层次感。

6. 动态空间

所谓动态空间，是指从心理与视觉上给人以动态的感受。空间形态上，往往具有空间的开敞性和视觉的导向性特点，空间组织灵活多变；在界面组织上，具有连续性与节奏感，常利用对比强烈的色彩、图案以及富有动感的线性作为装饰元素；在空间氛围的营造上，常把室外流动的溪水、瀑布、富有生机的花木、阳光乃至动物引入环境中来；同时，还可以借助交错的人流、生动的背景音乐、闪动的灯光影像等来表现空间的动态感受；在设施的设置上，常利用机械化、电气化、自动化的设备如电梯、自动扶梯、旋转地面、活动展台、信息展示等形成丰富的空间动势。

7. 静态空间

静态空间是相对于动态空间而言的，一般来说静态空间形式比较稳定，构成较单一，常以对称、向心、离心等构成手法进行设计，达到一种静态平衡；空间的限定性较强，趋于封闭型，多为尽端空间，即空间序列的终端，私密性强，因此不易受其他空间的干扰和影响；空间比例设计适中，色彩淡雅、光线柔和、造型简洁，没有过多复杂与视觉冲击力较强的造型元素。

8. 虚拟空间

虚拟空间主要是依靠观者的联想和心理感受来划定的一种空间形式，也称“心理空间”。这种空间没有明确的隔离形态，限定感较弱，它往往存在于母空间中，母空间既相互流通而又具有相对独立性和领域感。虚拟空间常借助各种隔断、家具、陈设、水体、绿化、照明以及不同色彩、材质、高低差等作为设计元素进行空间的限定。

9. 悬浮空间

在较大、较高的空间中，其垂直方向上采用悬吊、悬挑或用梁在空中架起一个小空间，给人一种“悬浮”感。悬浮空间由于底面没有支撑结构，因此可以保持视觉的通透完整，使低层空间的利用更为灵活。空间形式感也更加别致和与众不同，具有一定的趣味性。

### （四）空间的分隔

在室内空间环境设计中，要想满足使用者对不同空间、不同区域的功能要求，满足人们对艺术和审美的要求，空间的分隔在其中起着不可或缺的作用。各类建筑及空间都有其自身的功能特点。在进行室内空间的分隔时，要符合其自身规律和要求，并选择适当的分隔方式。

1. 空间分隔的类型

（1）绝对分隔。绝对分隔是指空间中承重墙到顶的隔墙等限定性的实体界面来分隔的空间。其特点是：空间界限非常明确，具有强烈的封闭感，其隔音性、视线的阻隔性良好，抗干扰能力强，保证空间的独立性与私密性，能够创造出安静宜人的环境。但由于界面的完全阻隔，使空间缺少流动性与连续性。一般情况下，绝对分隔常用于居住建筑、教学建筑、办公建筑等建筑空间。

（2）局部分隔。局部分隔是指利用限定性相对较低的片段性界面来划分空间，如屏风、家具、矮墙等。其特点是：空间限定感较弱，但流动性、联系性较强，空间不同区域之间能良好地融会贯通，有利于空间的布置形式丰富多变。但这种分割决定了空间在隔音性、视线通透、私密性等方面较弱。局部分隔常见的分割形式有独立面垂直分隔、平行面垂直分隔、L 形面垂直分隔、U 形垂直面分隔等。无论在大空间还是小空间，此种分隔手法都会被经常使用。如在餐饮环境的大厅空间中，为了避免用餐者相互干扰，保持相对的私密性，通常会采用一些装饰隔断进行空间的划分。

（3）弹性分隔。弹性分隔是指利用一些拼装式、折叠式、推拉等隔断、屏风、幕帘、家具、陈设等分隔空间。其特点是：可根据使用功能的要求随时移动或启闭，空间的形式可自由机动地调整。弹性分隔多用于临时性、短暂性、小范围的空间使用上。

（4）象征分隔。象征分隔是指利用灯光、色彩、材质、栏杆、水体、绿化、悬垂物、高差等分隔空间。其特点是：它是一种限定性极低的分隔方式，界面模糊，主要通过联想和视觉的完形来界定空间。空间流动性极强，易于产生丰富的空间层次变化。无论是在大空间还是小空间中，象征分隔的方式都是适宜的。

2. 空间分隔的元素

（1）建筑构件。利用地面、天花、墙面等界面以及柱子、拱券、楼梯等建筑构件作为分隔空间的元素，这是一种最基本的空间分隔方式。

（2）装饰隔断。利用各种装饰隔断分隔空间，如装饰架、屏风、活动隔断等作为分隔空间的元素。此种元素的应用能够形成一定的围合空间，并具有相对的领域感和私密性。

（3）色彩、材质。利用色彩和材质的差别作为分隔空间的元素，此种元素的应用有利于丰富室内环境的色彩关系、肌理变化。如较大的接待大厅，一般会有前台咨询和休息区等功能要求。前台咨询空间地面通常选用大理石、花岗岩等耐磨度较高的材质，休息空间通常选用木质地板或柔软的、带有装饰图案的地毯，使空间既有明确的分区，又自然舒适地满足了各区域的功能要求。

（4）灯光照明。利用灯具及其布置形成一定光环境区域作为空间分隔的元素，亦能有效地对空间进行分隔。光环境区域一般结合顶棚的形式，地面的功能分区来进行布置。

（5）水体及绿化。利用人工设置的水面或绿化为元素分隔空间，具有生动、自然、美化环境的作用和扩大空间的效果。水体一般和绿化结合使用，可以是静态的，也可以是动态的；绿化可单独使用，也可以综合使用作为分隔的元素。此种设计能够更好地满足人们亲近自然的心理及审美需求。

（6）家具、陈设。利用家具、陈设作为分隔空间的元素。这是一种简单、灵活、机动的设计方法。如在较大型的办公空间中，常运用办公桌的围合把大空间分隔成若干个小空间的形式。在一些休闲空间里，也常用一些悬垂的织物来进行空间的分隔，灵巧生动。

（7）界面高差。利用界面的高低或凹凸变化作为分隔空间的元素，具有突出重点、强化中心及突出展示性的效果。如在展示空间里，为了更好地突出展品，通常会设计一个高出地面的展台区域来衬托展品；在娱乐环境的空间里，通常会设计一个地台式空间作为舞台区，或设计一个低于地面的凹形空间作为舞池区。

### （五）空间界面的处理

室内空间主要由各种界面围合而成的，即底面(楼、地面)、侧面（墙面、隔断）和顶面(天棚)。各界面的大小和形状直接影响室内空间的体量，各界面的艺术视觉效果和各界面之间的关系对室内整体设计影响很大。

对于室内界面的设计，不仅有造型和美观的要求，还要注意功能技术的要求。作为材料实体的界面，存在其形式和色彩设计、材质的选用和构造等问题；而且，对于现代室内环境的界面设计还需要与房屋室内的设施、设备予以周密全面的协调考虑。例如，界面与风管尺寸及出、回风口的位置关系，界面与嵌入灯具或灯槽设置的关系，以及界面与消防喷淋、报警、通信、音响、监控等设施接口的关系也极需重视。

1. 界面的设计要求

（1）根据空间功能、性质的不同，进行界面的设计。室内空间界面的设计要与建筑的特定功能要求相协调。功能、性质不同的空间其界面设计也有所不同。界面设计的特点与空间的功能性质是有机联系的，不可简单割裂。如办公空间的界面设计，要充分考虑到办公的性质。为了创造一个高效、舒适的工作环境，其色彩一般比较淡雅，不宜过于鲜明、浓重；装饰造型要简洁，不宜过于复杂多样。因为对于上班族而言相当一部分时间都会在办公空间里度过，如在色彩浓重、装饰复杂的界面空间久待会使人感到心浮气躁，降低办公效率；而对娱乐性质的空间，其界面设计恰恰要追求色彩对比鲜明和图案、装饰造型的变化多样。因为，这是一个人们工作之余的休闲、娱乐、放松场所，各种色彩、造型、图案、灯光的变化能够激发人的情趣和活力，使都市中紧张工作人们的身心能暂时得以自我发泄和释放。

（2）空间使用对象不同，其界面的装饰设计有所不同。人是环境中的主体，是设计的出发点和归宿点。我们对空间进行装饰的目的是要满足人们的物质和心理需求，所以，室内界面设计就要注意使用对象的审美变化。由于使用者存在着年龄、性别、职业、兴趣爱好、文化背景等个体差异。因此，界面的设计也应有不同的个性特征。如居住建筑室内设计中，老人居室、成人居室、儿童居室等不同空间，在设计时要根据不同类别人的年龄与个性特征，有针对性地采取不同的设计手法，营造出或稳重老成或天真童趣的室内氛围，以塑造出适合使用者的个性空间。

（3）界面的设计风格要统一，注重环境的整体性。室内空间是一个有机整体，各个界面的装饰设计直接影响到整体室内环境的效果。因此，对个体界面进行设计时必须通盘考虑在保证整体效果的前提下，适度地予以个性化的界面处理。个性化的表达要统一在整体的风格范围内，在总体艺术效果协调的基础上创造出富有个性特点的环境气氛，做到在统一中求变化，在变化中求统一。风格的统一与变化往往是通过色彩、材质、装饰形式、灯光等方面来体现的。

（4）界面设计的安全性、舒适性、健康性。界面设计中，材料的应用是至关重要的。随着新技术的发展，新材料也不断地在更新和改变，其性能、舒适性不断增强。但其中也存在着不少问题，如有些材料可能会散发有毒气体，给使用者带来了安全隐患。对于材料的应用我们可以从以下几个方面的问题来考虑。首先，要注意界面材料的耐燃及防火性能。现代室内装饰应尽量采用不燃及阻燃性材料，避免采用燃烧时会释放大量浓烟及有毒气体的材料。其次，要注意材料要无毒、无害，其有害物质要低于核定剂量。同时，还要注意材料必要的隔热保暖、隔声吸声等性能。

界面设计还要注意到与技术性的因素相互配合，不能忽视构造技术的安全性而一味地追求装饰形式的变化。要加强装饰性因素与技术性因素的结合，充分考虑构造的安全、施工的便利等问题。

（5）界面设计的经济性、科学性。创造一个高品质的室内空间环境，并不一定要以奢华为代价，在设计中经济性、科学性是我们要把握的一个原则。界面装饰的标准有高低，但无论什么标准的界面我们都要考虑以最少的投入、最科学的资源利用营造出最好的环境效果。如对材料的使用，我们要考虑其耐久性及使用期限，频繁地更换，会增加其费用的支出；考虑是否能够采用可循环利用的材料，达到资源的合理运用；在有地方材料的地区，考虑是否可选用当地的地方材料，以减少运输，降低成本和造价。

2. 界面的设计特点

（1）天棚。天棚是室内空间中的上部界面，它对覆盖之下的物体起到遮盖作用，同时提供物质和心理的保护。

天棚的设计要点如下。

第一，天棚界面具有一定的高度，它直接限定了墙面的高度，决定了空间的纵向延伸度，天棚高度的变化会形成空间或开阔高耸或亲切宜人或沉闷压抑的感受。因此，天棚高度的确定要注意与空间的平面面积、墙面长度等因素保持一种协调的比例关系。在室内设计中，还可以充分利用天棚的局部高低变化，进行空间的限定，丰富空间的层次。

第二，天棚的造型要注意应具有轻快感，形式力求简洁、明快、构图稳定大方，色彩不宜太过浓重，避免过于沉重复杂的装饰使空间具有下坠与压抑感。当然对于一些特殊空间要个别对待。

第三，天棚的结构要满足安全要求，构造合理可靠。选材要考虑到质轻、隔声、吸声、防火、保温、隔热等性能。

第四，天棚处理除造型优美外，在功能和技术上还必须综合考虑空间的照明、通风、空调、音响、智能监控、消防等因素，从而实现对天棚合理的装饰处理。

（2）地面。地面是空间中的基础要素，是室内各种活动和家具的承载界面，其表面必须坚固耐久足以经受持久的磨损和使用。在注意地面材料性能的同时还必须考虑地面的质感、色彩、图案的装饰效果，把其功能性与审美性有机地结合起来。

地面设计注意要点如下。

第一，地面材质是否能够满足使用的要求，这是基本的因素，要根据空间的性质要求来选择地面的铺装材料。一般来说，在人流量较大的公共空间，地面应采用耐磨度较高的材料，如大理石、花岗岩等。对一些人流量较少、相对私密的空间，可铺置一些具有亲和力的材质，如在办公室、卧室等空间采用木质地板；同时，还要根据环境的需要考虑吸声、保温、保暖及防滑等功能要求。

第二，地面的设计要和整体环境统一协调。从地面与其他界面的关系来看，地面的划分与天棚的组织有一定的联系，其图案或拼花的形式要与天棚的造型，甚至与墙面的造型存在某些呼应关系，或者在“符号”的使用上有其共享或延续关系，也可通过地面与其他界面之间适当的材料“互借”来加强空间的视觉联系。地面的设计还要和环境风格相一致，如体现质朴、田园的风格或高贵、华丽的风格，在色彩、图案、材质的选择上要符合其整体风格的个性特点。

第三，图案的构成与色彩关系是地面装饰的重要组成部分。图案的设计应遵循强调图案本身的独立完整性的原则，如在大堂中心、大型会议室中心的地面通常采用一些比较规整、饱满的图形，使其具有内敛感，这样易于形成视觉中心。此外，还要遵循图案的连续性、变化性和韵律感，图案的抽象性、自由多变性等原则。地面的色彩要根据空间环境的氛围、空间的尺度等方面的因素来选择，不同色彩的地面有不同的性格特征。浅色地面会增强室内空间环境的照度，给人以开敞明亮的感受；而深色地面会吸收部分光线，使空间产生收缩感，但也会给人以庄重和稳定感。

（3）墙面。墙面是建筑的立面结构，它不仅可以作为建筑承重构件，还可为室内空间提供围护与遮挡的作用。由于墙面的面积是空间中最大的界面，因此墙面的设计对室内空间的整体装饰效果有着十分重要的影响，通过墙面形态、色彩、光影、质地的变化，更能体现室内个性特点，烘托环境氛围。

墙面设计的要点如下。

第一，门、窗、柱等是墙面的重要组成部分。就某种程度而言，它们决定了墙面的形式、尺度以及虚实等的变化。因此在墙面设计中，要综合地考虑这些因素，以便使空间功能与室内的装饰效果得以更好体现。

第二，室内环境物理性能的优劣关系到空间使用的效果。根据空间功能性质的不同，需要处理其隔声、吸声、保暖、隔热、防火、防潮等方面的问题。如：在轻质墙体的空腔内填置岩棉，既能增强其隔音效果，又具有保暖、防火的功能；在防火要求较高的环境中，须尽量减少使用海绵、布艺等易燃材料，同时对木质材料的使用面积也要控制在一定的比例之内。

第三，设计与组织，主要包括墙面的造型变化、材质、灯光、色彩等方面的应用。一般情况下，规整、秩序的墙面给人以简洁、宁静的感受；凹凸起伏、不规整的墙面形式给人以节奏、韵律的动感；虚拟、通透的墙面造型，给人以空间的连续和延展性的感受。对于材质、光影、色彩的运用则应根据墙面造型的特点、环境氛围营造的需求来综合处理。

### （四）室外空间环境设计基础

1. 室外环境的概念

室外环境具有十分广泛的含义，它包含自然环境和人工环境。自然环境表现出一种空间无限的伸展感，其界限、范围、尺度很难确定。日本著名建筑设计师卢原义信在《外部空间设计》一书曾指出：外部空间的产生是从人们在自然当中限定自然开始的，是从自然框框所划定的空间，它与无限伸展的自然不同，是由人创造的有目的的外部环境，是比自然更有意义的空间。例如，旷野中的一棵参天大树只是大自然的美丽所致，而广场上的绿荫设计则为人们创造出了适合于聚集交流、遮阳休息的外部空间。

因此，我们这里讲的室外环境主要是相对于室内环境而言的，主要指的是建筑的外部环境，是建筑周围和建筑与建筑之间的环境，是以建筑构筑空间的方式从人的周围环境中进一步界定而形成空间意义上的环境，与建筑室内环境同是人类最基本的生存活动环境。例如，广场、街道、公园、庭院、绿地等环境的设计都是为满足人们日常的活动而设置的相应环境，整个城市环境就是一系列建筑外环境的集合。在此环境中还须有其他的要素，如水体、绿化、公共设施等，它们共同构成了室外环境的基本组成部分。

2. 室外环境设计的主要构成要素

（1）道路。道路把人与环境联系起来，使人们能便捷地从一个环境到达另一个环境。它构成的交通与活动环境，是室外环境设计中的主要内容。

道路的容量。道路的容量主要指道路的宽度，道路的宽度是否合适取决于它与所承载的人、车的流量是否匹配。例如，宽 60 厘米的石子路适于一个人通过，2 米左右的道路可容纳一位男子与推着婴儿车的人擦身而过。

道路的形态。道路的形态主要有直线与曲线之分。直线行进的距离最短，可以使人们能够方便快捷地到达目的地，也符合人们喜欢走捷径的心理。例如，剧院与停车场、公交车站与办公楼的道路应尽量设计为直线，以利于人流车流快速的行进。但在有些环境中，却需要设置曲线形态的道路。例如，居住区中一般采用弯曲的蛇形道路设计，以阻碍车辆的快速行驶，避免给居民带来安全的隐患。在园林或公园中，为了便于游人能够充分欣赏景物，常分布着许多自然曲线的小径，给游人带来步移景异的感觉，构成生动、雅致、和谐的休闲环境。

道路的铺装。道路的铺装材料应考虑到适用性、维护便捷、耐磨、防滑、视觉效果等因素。常用的材料有混凝土、石材、沥青、鹅卵石、木材及综合材料等。各种材料有其不同的特点与适用范围，设计时要根据路面不同的使用功能及周边环境的不同来灵活搭配使用。一般车流量较大的街道应以易于修复、耐磨性好的沥青、混凝土铺装为主。以人流为主的商业街道可以采用大理石及花岗岩等材料铺地。在休闲环境中，可以采用碎石、鹅卵石等材料，营造亲切、自然，富于人情味儿的空间。

道路中不同的铺装材料对人与车的行为具有暗示作用。如沥青、混凝土路面提示车辆快速行驶，而经过砾石路面则需减速慢行。路面上还常会配套设计一些标识引导人与车的行动，增添了空间的趣味性。

选择材料时还要注意其色彩、图案的变化，它是体现环境美感的重要因素。以通行为主的路面色彩宜淡雅，图案简洁，不宜有过多的修饰。在休闲娱乐广场、商业步行街和小区内则可选用色彩相对跳跃、图案相对丰富的材质，以增强空间的活力。

（2）城市广场。城市广场是城市形态中的节点，一般位于城市的重要位置，通常由周边建筑围合而成。它是公众特定行为的集中地、道路的交会点及城市结构的转换处。其形态、艺术、文化特征往往能够成为城市形象与特色的代表。例如：威尼斯圣马可广场、罗马圣彼得广场、比萨广场、北京天安门广场、上海人民广场、哈尔滨索菲亚建筑艺术广场等。

城市道路派生场地。城市道路派生场地是城市道路与建筑领域之间增设的必不可少的缓冲空间。其面积一般不大，形式灵活多样，可以是建筑局部退后而形成的广场，也可以是街角节点广场。它为行人提供了停留、活动、休息的场所。

区域内部场地。区域内部场地是指具有独立领域的一些单体建筑周围的场地或其内院。这类场地一般相对独立，常用围墙、花坛或不同材质的铺地以达到区分空间领域的作用。例如，学校的中心广场、运动场、住宅的庭院等。

（3）水体。水是人们生活环境中不可缺少的一部分，现代城市尽可能多地创造亲水环境使人们从观水与戏水中获得不同的感受。波光粼粼的湖面、潺潺的溪水给人以宁静、温馨、自然的感受；飞溅的瀑布、喷泉给人以激情和动感。水还可以降低并减少空气中的温度和尘埃，增加空气的湿度。因此，水在环境中的应用不仅能够满足人们的生理、心理需求，还能美化环境，改善城市面貌，提高城市综合环境的质量。

喷泉。喷泉是城市环境应用较为广泛的景观形式。它以其立体、动态的形象成为环境中的视觉焦点。在外环境中，常用喷泉来组织空间，用其丰富而富有动感的形象来烘托和调节整体环境氛围。一般设置在广场、公园、商厦、居住区的公共空间中。喷泉常与水池、雕塑、植物、山石等景观结合配置，能取得较好的视觉效果。近年来，随着科技的发展，出现了音乐喷泉、时钟喷泉、变换图案的喷泉等。

瀑布。瀑布本是一种自然景观，极具动感和磅礴的气势，在现代环境中常借用自然瀑布的形象构成人工瀑布。它的形式多种多样，有泪落、线落、布落、丝落、段落、对落、二层落、帘落等形式。人工瀑布中的水落石的形式和水流的速度决定了瀑布的姿态，水自高处泻下，击石喷溅，使环境产生了丰富的变化，传达出特有的情感。

水池。水池是最为常见的理水形式之一。它具有平和、宁静的特点，加之与周围的建筑、树木、雕塑相配，倒影交错，使人心旷神怡、浮想联翩。水池一般分布在广场、园林、庭院的中央，或大型建筑前后的公共空间中，并配以水生植物及游鱼嬉戏，能够演绎出如画一样的意境。

（4）绿化。绿化是城市景观最基本的环境要素。它不仅能丰富环境的色彩、美化环境、寄托人的情感，还能净化空气、降尘消噪、遮阴蔽日，还是组织环境空间重要的手段。绿化主要分为树木、草地、花卉等三大类。

树木。树木可分为乔木、灌木、藤木等。它们各有其不同的形态和特征，因此要根据环境的需求来选择不同品种的树木。例如，乔木体形比较高大，常用来做行道树、庭荫树、景观树等；灌木相对低矮一些，常经修剪后形成绿篱、绿带，并构成分隔空间的元素，在有些环境中常与一些小的景观配置结合使用，如休息座椅、花坛。藤本植物擅长缠绕、攀爬，一般是依附于廊架、建筑、围墙形成漂亮的绿壁，能起到点缀与装饰的环境的目的；同时，它还是一种天然的保护层，避免表面风化，减少结构变形。

不同类型树木也可组合栽培，以点、线、面的形式进行分布。例如，如果要突出某环境的中心，可采用孤植的方式，以姿态丰富、独具特色的点状形式安排，容易形成视觉的焦点；如果要体现环境规整、秩序的视觉效果，可运用列植的方式，以线的形式来布置，并对空间起到一定的分隔与限定作用。如果要表达树木的多种姿态给环境带来的美感，可利用群植的方式形成大面积的绿化，通过树木的高低错落、疏密排列、色彩变化来营造环境的特色。

树木的生长具有一定的气候和水土条件的要求，不同的季节，枝、叶、花果其色彩会有不同的变化，栽种时要充分考虑这些因素。根据植物四季的季相，处理好在不同季节中观赏不同植物的风貌及其色彩，能达到具有时令特色的艺术效果，让人们在每个季节都能体会到植物所带来的愉悦与美感。

草坪。草坪是环境绿化设计运用最为普遍的手法之一。它能净化空气、吸附灰尘、保持水土、减轻噪声、保护环境。

草坪分为供人们游戏、休闲的使用性草坪和为装饰环境的观赏性草坪。前者对公众开放，供人们休息、散步、嬉戏等，一般选用韧性较强、较耐踩踏的草种；后者一般禁止进入或踩踏，不对公众开放，一般选用颜色碧绿均匀，绿色期较长，耐寒、耐热的草种。草坪常与花坛和树木、雕塑等相结合，使其色彩、质感取得良好的视觉效果。

花。花在外环境中常以花坛、花池、花圃或盆栽的形式出现。具有强烈的装饰韵味，能起到点缀环境、突出景致、渲染气氛的作用。花坛、花池还可以和座椅、栏杆、灯具等环境结合起来统一设计，使其富有实用性和良好的可观性。对其造型设计要注意平面图案与立体形态的变化，注意节奏韵律的体现，不同花色的搭配关系，以及与整体环境的协调关系，尽量做到在统一中求得变化。

（5）公共设施。休息设施。休息设施是指为人们提供休息、交流、读书、思考、观赏风景的服务性设施，这类设计体现了对人的户外活动与需求的关怀，是场所功能性及环境质量的重要体现；同时，人们的活动也组成了环境的重要景观，增加了空间的活力，给城市带来欢愉的气氛。

公共座椅主要有靠背椅和长凳两种形式，后者由于缺少椅背仅能提供座位，不能满足身体倚靠的需要。因此，其休闲度要比前者略低。座椅的造型多种多样，常与花坛、围栏、路灯等结合在一起使用，形成各具不同风格式样，增添了环境特色。石质座椅结合花坛设计，不但具有休息功能，同时对花草还起到了一定的维护作用。日本街头运用几何形、木质材料设计的极具趣味性、装饰性的座椅形式，不仅美观大方且生动活泼，别具一格。在绿林的掩映下，一条红色的“飘带”

成为林中的景观；同时，也为人们提供了休闲、娱乐的场所。

座椅的设置方式应考虑人心理与行为习惯，一般背靠花坛、树丛、围墙等，面朝开阔地为宜。供人们长时间休息的座椅要注意其舒适度与私密性。短暂休息座椅要考虑其使用效率。

娱乐服务设施。游乐器材不仅是儿童，也是青年、老人所喜爱的设施。主要包括游乐与健身设施等，一般常设置于居住区、公园、绿地、广场内。它不仅能够锻炼身体，还能陶冶人们的情操，更是休息放松的一种积极形式。此类设施需充分考虑使用性质和使用群体，注意其安全性、尺度、色彩、造型、材质的综合设计。如儿童的一些攀爬设施，可采用软质材质，以避免其游戏时受伤。色彩设计应醒目、活泼，形式既美观又要简单易操作。

信息设施。具有传达信息、提供指示、介绍等作用，是一种信息的媒介，为人们提供舒适性和便利性的服务，主要包括广告牌、指示标志牌、电话亭、钟塔等。

此类设施的设计一般要以容量小、简单易识别、造型有个性特点、分布密度合理、使用方便、与周围环境相协调为基本原则。例如，当人们来到一个陌生的环境，通过带有简单介绍的文字、图示、记号、使人一目了然的导游图，能够很快地引导人们熟识陌生的环境，并明确所处的方位。信息设施既能提高人们的生活质量，又能美化景观，还能产生良好的经济效益，是室外环境中必不可少的元素。

照明设施。城市环境离不开现代化的环境照明，它是城市夜间活动、夜景美化不可缺少的条件。环境照明设施需达到不同环境对照度的基本要求，以保证人们夜间活动的方便，或防止事故与犯罪的发生，还需要结合环境特征，对灯光的色彩、照明方式等方面仔细推敲。例如，上海外滩是人们夜生活的聚集地，其照明的形式多样，亮度较高，灯光色彩鲜亮、对比较强烈，突出了都市生活的繁华。而居住区，是人们的栖息之所，应给人以安静、温馨、亲切的感受。因此，照明一般采用色彩淡雅、亮度柔和的设计效果。室外照明灯具的设计除了需要考虑夜间的照明要求，还要注意白天的装饰效果，其形态、尺度、造型、色彩等会对环境产生重大影响，已成为今天城市景观的重要组成部分。

卫生设施。卫生设施主要的目的是为维护城市环境，具体的有垃圾箱、烟灰缸、饮水器、洗手器、公用厕所等。这类设施能够满足人们的不同需求，保持环境的干净整洁，能大大提高环境的质量，可以说是城市环境的净化器。一般设置于街头、广场、公园等人流量较集中的公共场所。其造型设计应简洁、使用方便；同时，还要注意管理和维护，充分发挥其正常的功能和作用。

（6）艺术景观。环境的美化需要多种多样的艺术表现形式和手段来辅助实现。为了增强环境的艺术、文化气息，提高环境的品质，烘托环境的氛围，设计者常采用雕塑、奇石、假山、雕花围栏等艺术景观来装点环境。现代艺术景观设计手法多样、内容丰富、材料广泛，具有极强的艺术表现力和感染力。不同的环境应设置不同类型的艺术景观。例如，哈尔滨太阳岛内的雕塑设计，人物形象生动逼真。由于它的出现增添了环境的情趣性。哈尔滨防洪纪念塔广场，其雕塑主题性强，形态挺拔、宏伟，营造了庄严、神圣的环境氛围。

由此，只要我们认真观察生活，就能够体会到生活中处处都充满了艺术的形象和魅力。富有个性的休闲座椅、造型奇特的拦阻设施、色彩鲜艳的消火栓等都可能成为城市美丽的风景线。

（7）建筑小品。建筑小品主要指的是一些小型的建筑物或构筑物，其功能单一、尺度较小，不足以对外部环境起到控制作用，但却常常成为局部空间的焦点或局部空间的围合和划分的重要元素。常见的有凉亭、小桥、廊架、候车亭等。建筑小品既可以满足一定的使用功能要求，又能丰富空间层次，活跃环境的氛围，是外环境中重要的构成要素。例如，小区中的凉亭，是人们茶余饭后喜欢去的地方，在它所限定的空间里人们可以聊天、乘凉、玩耍。由于凉亭具有美观的造型，因此也成为这个环境中的一处景致。花架、连廊对空间起着连接过渡、引导人流的作用；同时，也具有围合与划分空间的作用。通常与植物、座椅等室外环境要素结合起来进行设计，以达到美观实用的目的。

3. 室外环境设计的基本步骤和方法

（1）自然环境分析。自然环境主要包括地貌、地形、土壤、位置、植被等自然条件，它制约着外环境设计的结构布局及构筑方式。地形、地貌、水体和植被对设计影响极大，作为有形的要素，它们直接参与到室外环境设计中来，影响着空间环境的整体布局、外观形式和艺术氛围。

地形起伏的地块层次丰富多变，而平坦开阔的地块气势恢宏。一般来说，坡度小于 4% 的场地可以近似看成是平地；坡度在 10% 之内对行车和步行都不妨碍；坡度大于 10%，人步行时会感到吃力，需要改造并设置台阶。起伏较大的地形要结合其特征合理地设置台阶、平台以增加空间的层次感和趣味性，使外环境显得更有特色。不同地形其通风、排水的要求也不同。如果在用地中有自然水体濒临或穿过，可以加以改造利用，使其成为环境中的一部分。在用地内，如果有浓密的林带、植被存在，会成为设计中良好的外部环境要素，能够提供新鲜的空气、阻隔噪声、遮阳蔽日，给人以宁静、舒适的感受。

总之，在设计中要学会利用一切有利的自然因素，运用借景、对景、框景等手法，寄托、启迪和鼓舞。在这个环境中，其精神把自然的景观引入到小环境当中。但利用属性远远大于物质属性。而像商业街的同时，要避免对自然环境的破坏，以实现广场，一般主要作为购物、娱乐、休闲、餐饮生态可持续发展的设计理念的场所，则侧重于物质功能的体现。

（2）人文环境分析。人文环境主要指的是对地域、社区文化背景和使用群体的生活习惯、风土人情等方面特征的把握。不同国家、不同地域、不同民族在室外环境艺术的处理上有很大差异，就是同一地区、同一民族在不同历史时期也各不相同。例如，在西方从古希腊到古罗马，从哥特到文艺复兴，从巴洛克到古典主义，不同历史时期环境艺术的处理手法各不相同。因此，对这些因素的充分把握有利于与大的背景环境融合，形成具有历史积淀和地域特色的环境氛围。

此外，对室外环境的设计还要考虑到用地内已有的建筑、道路及各类设施及因素对环境的影响，特别是周围已经形成的特定环境。美国建筑师赖特在有机建筑理论中指出：建筑应该是从环境中自然生长出来的，建筑的外环境何尝不是如此。每一处新建的外环境能否成功，是否有生命力，关键在于它是否能成为周围大的建筑环境的有机组成部分。

（3）功能分析。任何一个室外环境设计均应具有一定的目的性和满足一定的功能要求，主要包括物质功能和精神功能两个方面。但由于环境的使用目的不同，地点、位置的差异，环境所体现的功能亦会有所侧重。例如，唐山纪念碑广场，是为了纪念唐山大地震而建的，设计体现出了唐山人民百折不挠的抗震精神和“一方有难，八方支援”的中国传统美德。整个广场给人以凝重、庄严的气氛，给人们的精神带来了一种紧张感。

在确定了用地空间的功能性质后，下一步就涉及环境中具体的功能设置。首先，要确定空间中有哪些具体功能部分，然后根据不同功能部分的要求相应地设定其空间的大小、空间类型关系等；其次，在确定空间的大小时，不仅要满足使用功能的要求，还需要考虑其精神、文化功能以及与周围环境尺度上的和谐。不同使用功能大多对应着不同空间类型。例如，封闭的空间适于交谈、休息、读书；开敞的空间适于集会、表演、散步等。

（4）空间的组织、规划。综合以上的分析，我们需要把这些形态各异、大小不等的空间经过一定的脉络串联起来，形成一个有机整体。在这个环节中，要仔细推敲各功能空间的位置关系、空间形态、整体环境空间的结构以及外环境构成要素与空间的联系等方面的问题。

首先，要把这些功能进行分类，明确功能之间的关系。然后，根据功能之间的远近亲疏的关系进行空间的功能、位置安排，需要注意的是，在进行各功能组织时，除了满足使用功能的合理性外，同时还要考虑其空间形态的组合效果以及整体空间组织结构的形式，以形成合理的空间规划，使环境整体统一而又丰富多变。最后，根据环境使用功能与装饰需求，设置相应的公共设施、绿化、水体、艺术景观等环境要素；同时，这些要素也对空间的组织起着重要的作用。在这个设计过程中要注意色彩、材质、图案、造型等与环境的搭配与协调关系，营造出人性化的、富有特色的环境空间。

4. 室外环境设计案例分析

（1）深圳市东海花园。深圳市东海花园二期位于深圳市福田区南部的农科中心，与深南大道、香蜜路相毗邻，是城市拟定居住区用地的一部分。小区周围无噪声源和噪声干扰，也无工业和其他环境的污染源，是住宅区的理想用地。在小区室外环境规划设计总体思路中，结合了深圳的地理环境、人文、气候等条件，配合以高新技术产业的发展和应用，创造性地树立了一个“以人为本”的人文居住模式的高尚典范。环境设计特点有如下几点。

①小区的庭院景观空间由各栋住宅楼围合形成，设计以水为主，形成巴厘岛式园林风格。会所与室外泳池为庭院中心轴线，在庭院中有绿化、植物景观、室外泳池（含儿童泳池）、假山、装饰水池、铺地、亭子、柱廊、小品、雕塑、儿童游乐场等设施，在为居民直接提供环境物质上享受的同时，也创造了开敞性的户外活动空间。

②各栋住宅楼的底层为架空层，6 米高的层高，通透光亮，架空层的绿化配合室外景观的设计，既为阅读、学习、聚会等活动提供了遮风避雨的场所，又可将小区内庭院的园林景色与架空层绿化相渗透，起到空间交流的作用。

③每栋建筑屋顶和高层住户设有屋顶花园，结合半地下停车场的周边植物将绿化从地下引向空中，形成了多样化，立体化的绿化效果。

④小区的行人活动与车辆系统分设，庭院内的环形消防车道处理成隐蔽式车道，消防车道上面可铺草皮，只设 2 米宽人行道，以增加绿地面积和加强绿化效果。

⑤考虑深圳市的地理位置，为适应其亚热带气候，并衬托出小区卓越的建筑设计造型，园林设计综合了热带种植的选择，参照东南亚造园的手法，营造出独一无二的巴厘岛风情，配植上的色彩、高低错落的变化多以大自然为蓝本，选用了如中国台湾枣树、华盛顿棕榈、狐尾槟榔、龙血树、橄榄椰、龙舌兰等热带高大植物。多数为大陆住宅小区少用或未用过的品种，使其热带风光表露无遗，给人以新鲜的美感。整个庭园采用的植物多达 80 种，却多而不乱、层次分明，显出大方宜人的热带自然风光。立面上使用造坡、高低花池、花盆的设计手法，从地

面到空间自然过渡，无造作之感。由于花木种植达 70 多万株，四季有花，色彩十分丰富，并随季节不同产生不同效果；同时，设计者从叶到花、从高到低进行植物的合理搭配，达到了高尚的造园境界。

（2）北京王府井商业步行街。规划的原则。统一原则，强调商业街的完整性和统一性，以风格统一的环境设计规范整条街道，并要求对这条街实施统一的管理；以人为本原则，贯彻以人为本的思想，充分体现对人的关怀，创造轻松、舒适、独具特色的休闲购物环境；文化原则，努力提高文化品位，精心设计小品与绿化，整治广告与店面的形象，并通过雕塑展示王府井的历史；简洁原则，从整体风格到细部设计遵循现代、简洁、朴素淡雅的原则，避免过度刺激性的灯光与广告营造出的商业气氛，凸显王府井建筑与环境的自身魅力。

详细规划。①景观节点：根据王府井商业街平面构成及空间形态选取四处主要景观节点。一是王府井商业街南入口；二是好友商场小广场；三是王府井百货大楼主广场；四是金鱼胡同口。在商业街南入口的明辉大厦（后改名为王府井女子商店）的南墙上悬挂设计独特的传统牌匾，起地标及提示作用；结合好友商场及百货大楼前两个广场的特征，分别以自由活泼与严谨的对称手法进行设计，创造出具有较强对比的两个广场空间，满足市民的不同要求，丰富商业街的空间组合；在金鱼胡同处，结合新东安市场的轴线，以地面铺装的方式设置地标，暗示商业街的端头位置。②道路交通：为减少机动车与商业街的交通矛盾，将其确定为公交步行街，允许公交及特种车辆通行。考虑到商业街两侧传统商店前人行道过窄的缺陷，在车行道定线时，对现状道路略做调整，继续保持曲线型，既照顾了商店前的步行空间，也丰富了道路景观。为体现人本精神，还取消了道牙，使街道空间更开阔，通行更方便，组织交通更灵活。为增强商业街的可达性，对公共交通线路和汽车、自行车停车场专门进行了规划。服务设施包括电话亭、邮箱、报刊及小卖亭、垃圾桶、座椅等，均与各专业部门配合，统一布局及造型设计。在造型设计中强调突出王府井的特色，使各项服务设施小品之间虽功能各异，但又有类同的因素，形成整体全街特有的小品系列。为方便顾客停留、休息，在商业街的逗留空间排列大量座椅，座椅的位置遵循顺畅原则，与步道平行排列，不影响通行空间中行人的活动，同时也满足休息者的观景需求。③景观设施：为营造商业街轻松自然的活跃气氛，在大街上安排了绿化、雕塑、喷泉、橱窗、广告、标物等。通过设置步行道树，增设草坪的活动花坛美化街道。在广场上通过喷泉与绿化的设置强化景点特色。通过古井的标示、南口牌匾、新东安市场前反映明清时期民俗的雕塑，展示王府井的过去和现在，增加人文景观，给人以历史的联想。王府井街的标志在地面铺装、花架、门牌等处重复出现，增加了王府井大街的统一性和可识别性，突出了商业街的独有品牌。④照明设施：照明设施包括车行道灯、人行道灯、广场灯、埋地灯、泛光灯等。其造型以现代、简洁为原则，与整条街风格一致，以灯光丰富建筑和道路景观。⑤店面装修：依据城市设计确定的整饰原则对各商店进行装修设计，寻求在统一中求变化，使店面装修既符合整体环境的要求，又造型各异，丰富多彩。

（3）洛杉矶珀欣广场。珀欣广场位于洛杉矶第50大街与第60大街之间，其历史可以追溯到1866年。从那时起，广场曾经重新设计过多次。

①该设计用正交线组织，顺应了城市原有脉络。粉色混凝土铺地上耸立起了一座10层高的紫色钟塔，与此相连的导水墙也是紫色的，墙上开了方的窗洞，成为观赏毗邻小花园的景窗。

②广场的另一侧有一座鲜黄色的咖啡馆和一个三角形的停靠站或公交站点，后者靠着另一堵紫色的墙。每条街立面前原来都有进入地下车库的坡道，现在一条连续的人行道被加进来，可直接通过坡道入口。这样在四角上均安排了四个步行人流使用的入口。两三棵并排的树列限定了广场的边界。成组成群的树，既减弱了环绕广场的车行路的影响，又使广场与四周边建筑的产生联系。在广场东边，对着希尔大街，由老公园移植过来的48棵高大的棕榈树在钟塔边形成了一个棕榈树庭。在广场中央是橘树园，这也是洛杉矶的特色之一。其他的树还有天堂鸟、枣椰树、墨西哥扇椰树、丝兰、樟树等。

③圆形的水池和正方形下沉剧场是公园中规则的几何元素。水池边的铺地用灰色鹅卵石铺成并与周围铺地齐平，有意做成碟子的缘边形状，匠心独具。在水池边缘，从导水墙喷出的水落入水池中央并起起落落，模仿潮汐涨落的规律，每8分钟一次循环。水池中央还有一条模仿地震后的齿状裂缝。可容纳2000人的露天剧场地面植以草皮，只在草坪中设置了一些折线形的矮墙，其高度可充当座凳。踏步用粉色的混凝土。舞台的标志是四棵棕榈树，同水池一样，它们是对称布置的。广场的出色之处在于运用了对称的平面，但被不对称却整体均衡的竖向元素打破，如钟塔、墙、咖啡店。

该广场以自然与秩序并重的城市设计手法，开阔了城市社会生活的范围，表现了作为场所精神之存在的空间环境；同时，设计考虑了与南加利福尼亚的拉美邻国墨西哥文化方面的渊源关系，它试图建成一个满足多重使用者的广场空间。

（4）华盛顿越战纪念碑。纪念碑为建于坡地之中的黑色花岗岩墙体，先是缓慢地向低处绵延近70米，碑体也逐渐升高，到达最低处转折125° 后再向高处继续延伸70米左右。碑体呈V字形，按照字母顺序刻列57939位阵亡将士的姓名。

纪念碑及环境设计得非常洗练，受到了广泛赞誉，被认为是 20 世纪最杰出的纪念性建筑之一。

环境设计特点：①场所创造。纪念碑建在一大片绿地之中，营造空间的要素只有两片墙体和地面的铺地，但设计却十分巧妙。墙体一开始的背景是青青的草坡，随着人向着低处走去，墙体慢慢变高，遮挡了人们的视线。使人们直接面对碑体，完全沉浸于黑色磨光花岗岩构成的环境之中，被 5 万多个阵亡将士的姓名所包围。这时环境塑造的肃穆、深沉、悲伤的氛围与纪念主题是非常吻合的。当人们沿着墙体逐渐走向地面再次看到青青的草坡时，整个纪念的程序走向尾声，参观者的心绪也从激荡趋向平和。V 字形的碑体分别指向林肯纪念堂和华盛顿纪念碑，通过“借景”让人们时时感受到阵亡将士纪念碑与这两座象征国家的纪念性建筑之间密切的联系。前者则伸入大地之中绵延而哀伤，后者在天空的映衬下显得高耸又端庄，场所寓意是多么贴切、深刻。铺地材料主要有两种，中间是光滑的花岗岩石板，两侧则用块石铺就，为往来穿行者与凝神瞻仰者创造了各自的领域。②人的行为与环境。该设计之所以将环境做如此洗练的处理是因为它将参观者的行为与环境有机地结合起来。无数参观者以各自的行为、表情、心绪为简洁的环境创造了最大的丰富性，一些人抚摸亲友的姓名，有的还用纸条磨印出拓痕带回家纪念……而如镜的黑色花岗石更是将这一切映照于之上，将神态各异的人们与阵亡的故人联系在了一起。

## 第二节　室内设计透视图及其画法

透视图是以作画者的眼睛为中心做出的空间物体在画面上的中心投影。它具有将三维的空间物体转换成便于表达到画面上的二维图像的作用，它是评价一个设计方案的好方法。若想绘制理想的透视图，就必须重视透视图的科学性，应按照透视的基本规律，运用科学的作图方法进行绘制，才能使透视图中的物象形象真实地体现其形体结构与空间的关系。

室内设计透视图的分类：透视图的目的在于将所设计的室内空间更为立体、准确地表现出来，它是以最快的视觉语言向客户充分说明设计师的设计意图和目的的表现手段。按照几何学的说法，任何形体都是由点积聚而成的，所以用透视法的“直接法”求形体上的若干个点，将这些已求好的点进行连接即可得到全体的透视图。但用此方法有时会因物体的形状而导致作图相当困难，也不易求得很正确的透视关系，因此求点的直接法多作为辅助的方法，而一般所采用的方法是求消失点的作图方法，即先求直线的消失点，然后求直线全体的透视图，再决定必要的点和长度，如此便能求得正确的透视图。

掌握正确的、简单易操作的透视规律和方法，对于手绘表现至关重要。根据消失点的数量，室内常用的透视方法可分为：一点透视、两点透视、三点透视。多练习透视方法会使人产生良好的透视空间感，透视感觉的好坏也往往与表现图的构图和空间的体量关系息息相关，好的空间透视关系决定了好的画面构图。

下面是透视学中的常用术语与含义。

（1）立点（SP)，观察者所处的位置，也称足点。

（2）视点（EP)，观察者眼睛的位置（一般在立点 SP 上部的某一点）。

（3）视高（EL)，观察者的眼睛距基面的高度，也是视点 EP 与立点 SP 之间的距离。

（4）视平线（HL)，观察物体时眼睛的高度线，又称眼睛在画面高度的水平线。

（5）足线（FL)，是求取物体在透视中的深度，由物体各点向 SP 点的连线。

（6）画面（PP)，位于观察者与物体间的假设的（透明）平面，或称垂直投影面。

（7）基面（GP)，承受物体的平面。

（8）基线（GL)，画面与基面的交线。

（9）视心（CV)，视点在画面上的投影点。

（10）灭点（VP)，与基面平行，但不与基线平行的若干条线在无穷远处汇集的点即为灭点。

## 一、一点透视画法

一点透视也称为“平行透视”，它是一种最基本的透视作图方法，即当室内空间中的一个主要立面平行于画面，而其他面垂直于画面并只有一个消失点的透视就是平行透视。这种透视表现范围广、纵深感强，适合表现庄重、稳定、宁静的内部空间环境，但如果处理不当也会失真，例如当展开面过宽时，超出正常视角的部分则会产生失真的现象。一点透视画法方便，一般使用丁字尺与三角板等工具配合完成。

### （一）画图的准备

（1）画出图 6-1 中由视点 EP 所见到 A 墙面的室内透视图。

（2）所练习题目的相关信息如下。

①在平面图中按照 1 ： 50 的比例绘制透视图中所用的基准网格，也就是通过 1、2、3、4，各点的直线，各个点之间的距离相等，房间具体的尺寸如图 6-1 所示。

②画天花板两侧的边棚部分，其高度为 -100 毫米，边棚边界用虚线表示。

③平面图中所包含的物体有：床尺寸为 1800 × ×2000 × 1450; 床头柜尺寸为 700 × 450 × 1600; 衣柜尺寸为 600 × 1500 × 12000。

④将室内的天花板的高度定为 2600 毫米，窗高 1000 毫米，窗台高 1000 毫米。

⑤视点 EP 位置可在平面图下方的任意地方，其距离一般保持在与距离 A 墙面宽度相同的地方，这样可以较容易的画出室内透视图。

⑥将平面图中所用的符号、文字、尺寸标注好，其相应的准备工作就完成了。

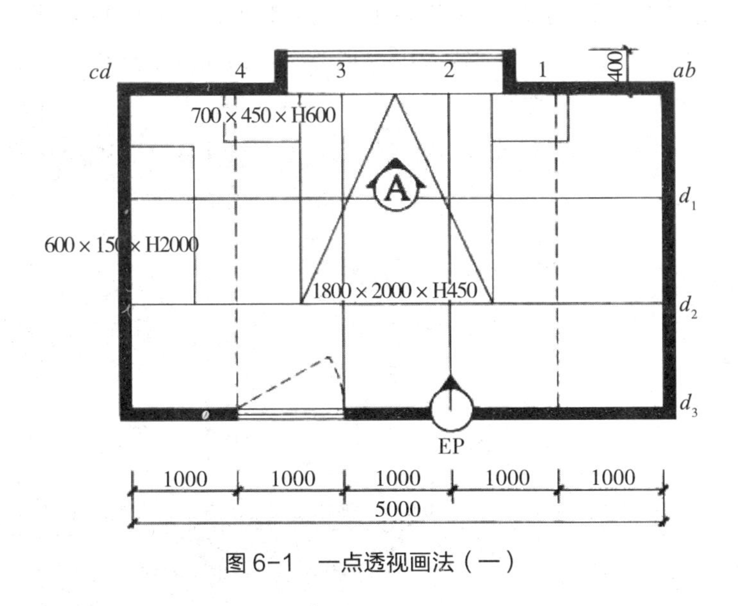


图 6-1　一点透视画法（一）

## （二）画图的步骤

（1）作出透视图中的基准网格。

①如图 6-2 所示，在图纸的中央部分画出 A 墙面，墙面高、宽分别为 2600 毫米、5000 毫米。其比例可根据图纸的大小进行自由地选择，在 A3 的图纸上一般采用 1 ： 50 的比例较合适。

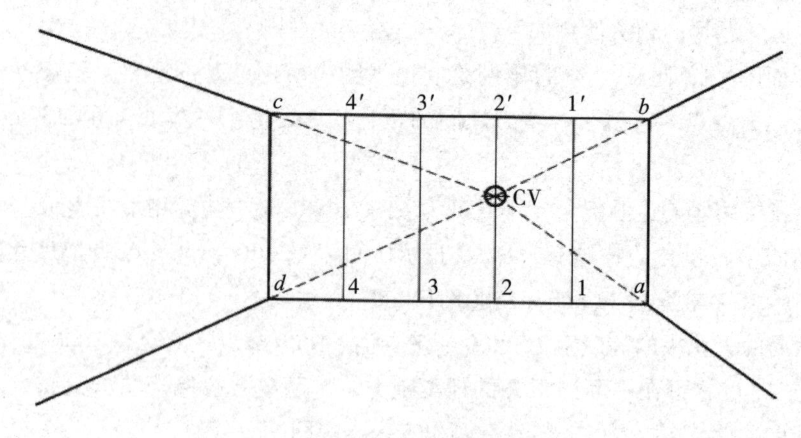


图 6-2　一点透视画法（二）

②在画面中确定视心 CV 的高度，通常采用眼睛的高度 1500 毫米左右最为合适。按照平面图中视点 EP 的位置来确定视心 CV( 即通过 2 点与 2′ 点的交点 )，在透视图中 2—2′ 上画出视心 CV，并将 CV 分别与 *a*、*6*、*c*、*d* 各点相连接。

③如图 6-3 所示，将线段向右延长，并在延长线上按照平面图相应测量出各点的距离。

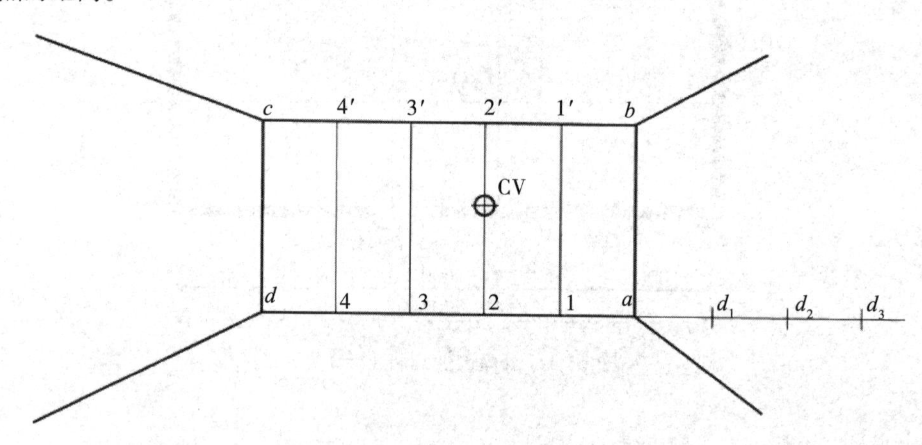


图 6-3　一点透视画法（三）

④如图 6-4 所示，分别通过视心 CV 和点 4 作水平线与垂直线，求出两线的交点，其该点为立点 SP。

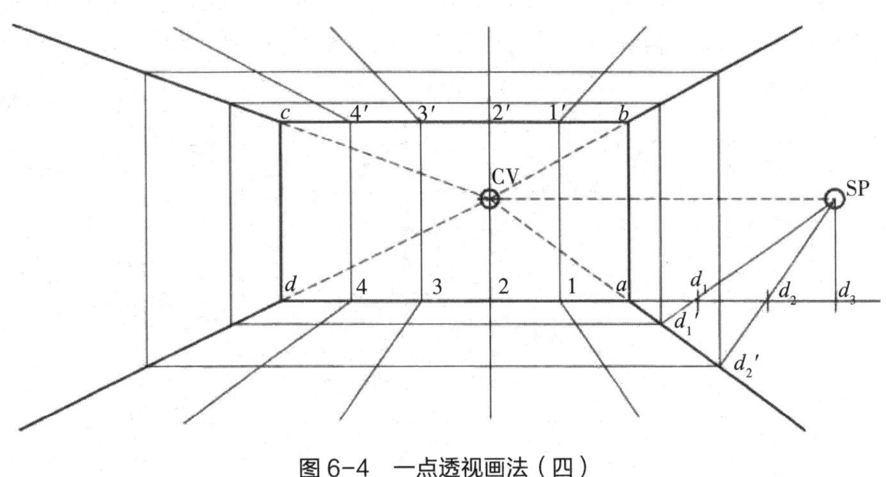


图 6-4　一点透视画法（四）

⑤分别通过点作水平线和垂直线，以表现空间的进深，从而画出空间中的基准网格。

⑥将视心 CV 分别和地板、天花板上各点（1、2、3、4，1′、2′、3′、4′）连接并做放射线，将其基准网格全部画完。

（2）画室内的窗户。按照比例从线段向上测量出窗台高度 1000 毫米与窗户高度 1000 毫米，并按照平面图确定窗户的长度，如图 6-5 所示。

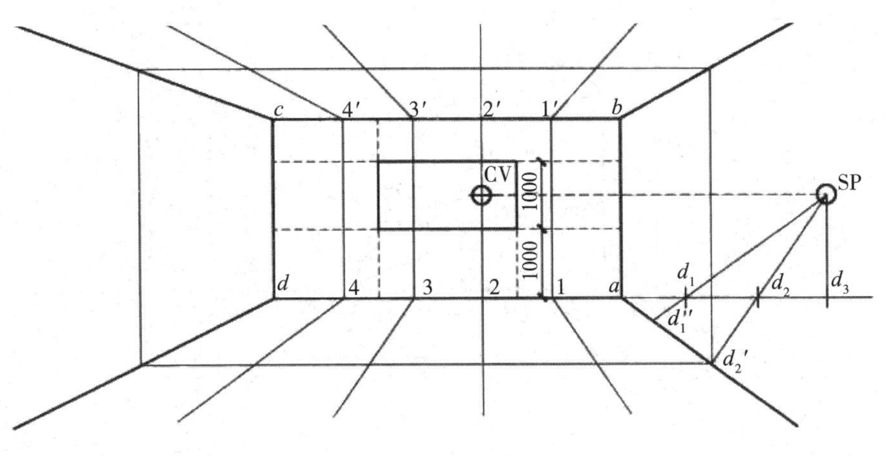


图 6-5　一点透视画法（五）

（3）画天花板中边棚部分。

①从室内平面图中，我们可以看出花板中的边棚部分，对应平面图的基准网
②从 *c* 点和 *b* 点分别按照比例向下方量格而找到透视图中的边棚基准网格的边缘出 100 的高度并将所得到的各点与视心并与视心 CV 相连，如图 6–6 所示。

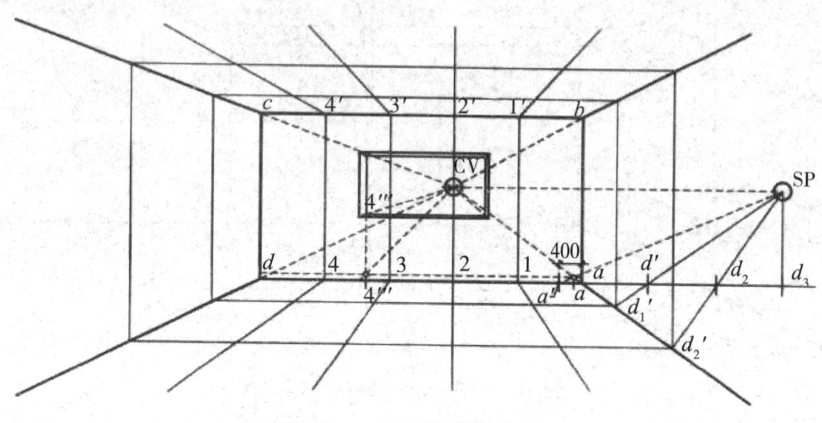


图 6–6　一点透视画法（六）

（4）画地板上的物体（以床为例，其尺寸为 1800×2000×1450)。

①首先，按照平面图中的基准网格将床所在位置的各个点分别与透视图中各点的位置相对应起来，如在平面图可以量出床宽 1800 毫米所在的具体位置，然后把这个具体的位置放置到透视图中 *ad* 上，并从线向上量取床高 450 毫米，从而得到所需平面，如图 6–7 所示。

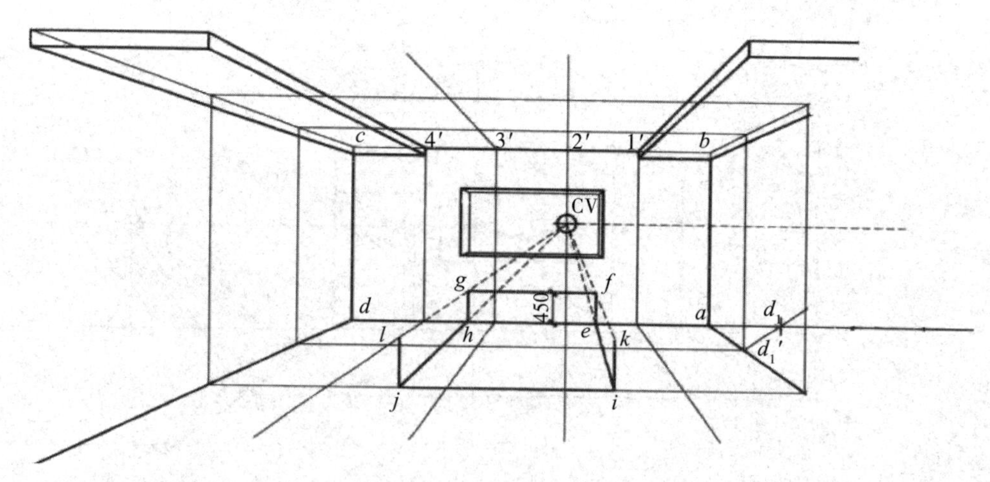


图 6–7　一点透视画法（七）

②分别通过点 *g*、*l* 与视心 CV 相连，并作延长线。

③分别通过 $h$、$g$ 点向上作垂线，并与 $g$、$f$ 调过视心的连线交于各点。

④将所得到的各点用实线进行连接，此步骤将已画完物体（床）在空间中的透视效果，如图 6-8 所示。

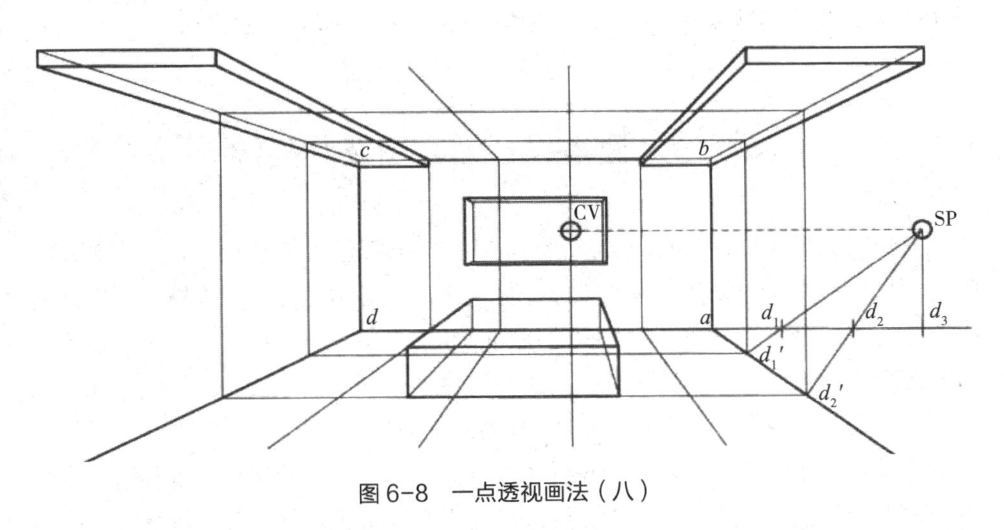


图 6-8　一点透视画法（八）

### （三）总结一点透视作图要领

（1）首先按照一定的比例，绘制平面图中的网格，以平面图中所绘制的网格为基础来确定透视图中“物体”的位置、大小，当确定物体的进深时，一定要在 $a$ 线段的延长线上进行测量。

（2）室内透视图的图面大小可根据图纸纸张的大小而自由地选取比例来进行画图，最常用的比例为 1 ： 50 和 1 ： 30。

## 二、一点变两点透视画法

一点变两点透视画法又称“微角透视作图”法，空间或物体与画面形成微小夹角而形成的一种视觉图样。它具有一点透视中能够看见为五个界面的特点，同时也具有成角透视的特征，此画法是在一点透视基础上做的两点透视，把主墙面的一边向一个方向倾斜，从而得到倾斜的墙面，其两个消失点分别在视平线上的画面内侧和画面外侧。

## 三、室内一角两点透视画法

两点透视也称为“成角透视”。即当主体与画面成一定角度时，各个面的各条平行线向两个方向消失在视平线上，且有两个消失点的透视现象就是成角透视。

此透视方法可以同时看到物体的正面与侧面，其画面效果比较自由活泼，所反映的空间接近人的真实感觉，是一种具有较强表现力的透视形式。正是由于两点透视具有上述一些特点，在室内表现中经常使用此透视方法。当一条斜线和水平线成45°，并将房间截取成“L”形时，称为45°室内一角两点透视法。

## 第三节　建筑设计透视图及其画法

建筑设计透视图的分类：建筑设计是一种对建筑空间的设计，建筑表现图必须表达出这种空间的设计效果。因此，建筑效果图必须建立在一种缜密的空间透视关系的基础之上。对透视学知识的运用是掌握建筑表现图技法的前提。现代制图学已经为我们提供了各种场景下的透视现象的制图方法，然而在实践中能够融会贯通，以最简洁的方法求出特定的空间透视的轮廓，并非一日之功。

空间中相互平行的线条在与视线成非直角状态下，会汇聚到一点，这个点称为“灭点”；空间中相互平行的线条在与视线成直角状态下，会保持平行，换句话说，就是“无灭点”。随着视点与灭点的距离变化，会出现近大远小的现象。

建筑物一般多为三度空间的立方体，由于我们看它的角度不同，在建筑表现中常用的透视图一般有三种透视情况：一点透视、两点透视、三点透视。

### 一、一点透视图画法

当我们站在笔直的街道中央，平视街道远方，会发现所有平行于街道走向的线条都汇聚到远处的一个点，而所有与街道走向垂直的线条和垂直于地面的线条则保持相互的平行。在这种情况下，由于只有一个灭点，所以称为“一点透视”，也称“平行透视”，这是最基本的透视作图方法。由于一点透视给人以稳定、平静的感受，适合表现建筑的庄重、肃穆的气氛，因此这种方法常常用于表现一些纪念性的建筑。

### 二、两点透视图画法

当我们站在街道的一侧，向街道的另一侧平视，会发现所有平行于街道走向的线条都汇聚到远处的一点，所有垂直于街道走向的线条则汇聚到另一点，而垂直于地面的线条则保持相互的平行。

这种情况下，由于有两个灭点，所以称为“两点透视”，也称“成角透视”。因两点透视能够比较自由活泼地反映出建筑物的正、侧两个面，容易表现出建筑物的体积感，并能够具有较强的明暗对比效果，是一种具有较强表现力的透视形式，在建筑表现图中运用比较广泛。

### 三、三点透视图画法

当我们在街道一侧，向侧前方仰视街道对面的高楼，会发现高楼正面的水平线条都汇聚到远方的一个点，而侧面的水平线条都汇聚到远方的另一个点，高楼垂直于地面的线条则汇聚于天空中的一个点。

当我们身处高楼顶层向下面的侧前方俯视，会发现所有楼房正面的水平线条都汇聚到远方的一个点，侧面的水平线条都汇聚到远方的另一个点，而垂直于地面的线条则汇聚于地面以下的一个点。

这种情况下，由于有三个灭点，所以称为“三点透视”。这种透视方法具有强烈的透视感，特别适合表现那些体量硕大的建筑物。在表现高层建筑时，当建筑物的高度远远大于其长度和宽度时，宜采用三点透视法。

此外，在表现城市规划和建筑群时，如果站在高处向下观察，所得到的画面一般称为“鸟瞰图”。

## 第四节　景观设计透视图及其画法

景观设计透视图的分类方法如下。

### 一、景观低点透视图画法

当表现对象的形态较为方正规整时，景观设计低点透视图可采用一点透视或成角透视的透视方法，从平面图拉出基本的透视关系，定好大概的形体关系，然后再徒手添加其他配景内容，画面逐步深入细化。

很多时候，景观透视表现的对象比较复杂，造型元素形态不规则，而且不具有平行方向的消失特征。如蜿蜒的溪流、曲折的园路还有姿态各异的植物等。根据这些特点，选择网格法进行透视图绘制是比较合适的。景观低点透视图通常以正常人的视高为取景高度，即一般为 1.5 ～ 1.7 米左右。视线则通常以平视为主，少数情况采用俯视或仰视。

（1）在平面图上绘制正方形的网格，网格大小以方便定位为好，不可太大或太小。另外，网格必须将平面完全包括在内。

（2）根据建筑或室内的一点透视和两点透视画法将网格透视画出。然后根据网格与平面图的对应关系，在透视网格中表现出主要形体。

（3）按照设计表现需要，逐步丰富细节。细节的添加应按照从整体到局部的原则，注意透视关系，注意与参照物的比例关系。

相对室内和建筑表现的透视而言，景观表现的透视图表现的难点在于配景的绘制。景观表现图的配景绘制更多的是凭借经验，直接画出，而不是通过求透视的方法画出。在配景的处理上应对配景的尺度有明确的概念，以及在画面中所处的位置，是高于视平线还是低于视平线。例如：人的高度在 1.6 ~ 1.8 米，那么平视的话，无论远近只要站立点在同一高度，配景人的头应该都在视平线的位置。又如，轿车的高度一般为 1.4 ~ 1.5 米，长约 4 米多，宽约 1.7 ~ 2.0 米。那么平视的话，车顶一般略低于视平线。掌握这些规律对于把握配景的透视极为重要。

## 二、景观鸟瞰图画法

景观设计的鸟瞰图所表现的内容相对低点透视图要多得多，所表现的要素也常常呈现不规则的造型特征。根据这一特征，景观设计的鸟瞰图同样适合采用网格法进行绘制。

（1）在已画好的平面图上绘制正方形网格，将所要表现的内容包括进去。网格不要太疏也不要太密，以方便定位为好，并将网格的经纬线进行编号。

（2）根据表现需要，按照一点透视或两点透视的画法，将网格的鸟瞰透视画出。这里要注意的是视点的选择，要对所要表达对象的生成效果有充分估计。

（3）通过平面网格与透视网格的对应关系画出各主要造型元素的透视。

（4）根据设计和表现的需要添加细部。这里要注意应遵循从整体到局部的原则，注意尺度和比例关系，如同素描和色彩的作画步骤。

# 第七章　环境艺术设计快速表现技法训练

## 第一节　基础训练

快速表现技法是现代设计师必须掌握的一门技能，其作品以强烈的感染力向人们传达着设计理念与思想情感。只有通过大量的练习，才能够熟练准确地表达其设计意图，因此快速表现技法的训练极其重要。如果说透视法是手绘快速表现的骨架，那么素描、速写、色彩就是血与肉，同时他们共同构成了快速表现技法必备的技能支撑体系。因此，要在平时的学习与训练中进一步对其理解与掌握，并在设计实践中加以创造性地应用，从而发挥它们在快速表现技法中的作用与价值。

### 一、设计创意与形式

设计创意就是运用创造性的思维解决设计中所遇到问题，在解决问题时所迸发出的最具创造性的一种设计意念。同样，一个好的设计创意又可以体现设计者的创造性思维和综合专业素养。

设计创意的表现是通过“具体的形式”来体现的，因此形式是创意的载体，是创意的外在表现，是创意的内在意义与观念，它是一种起到象征性作用的“符号”。

由于快速设计的特点而决定了设计创意所表达的形式要具有意向性、概括性与完整性。在表达完整形式的基础上用概括的方法去粗取精，去掉无谓的修饰，集中力量表达主题，只保留最富创意性与表现性的要素并加以强调，从而使形式成为设计创意的闪光点。

### （一）构图取景与透视角度的选择

所谓构图（composition），就是处理画面中的各种关系，将各个元素进行合理安排，并在画面中和谐统一地体现出来。

快速设计的表现图与纯绘画艺术一样，都存在取景构图与选择最佳透视角度的问题，它们之间的相同之处在于都必须遵循基本的艺术审美规律。因此，从什么角度去看？采用竖向的构图还是横向的构图、画面的容量应当大一些还是小一些、所画对象应当放在画面中什么位置上、画面整体的疏密关系等一些问题，都是在作画前所要考虑的因素。

1. 取景

（1）采用“取景框”取景。“取景框”和照相机的取景器一样，用来取舍所表达的内容和数量，框住你所要描写的部分而去除多余的修饰部分。

取景框的选景范围要适合纸张的大小和比例，用前后移动的方法来选取景物的范围，取景框推远则被描写的物体大而背景少；取景框靠近，则物体小而背景多。另外，也可以用双手的拇指和食指反向围合而构成一个长方形的取景方式来取代工具取景。

（2）采用“变焦”法取景。在开阔的空间环境中，也可以采用“变焦”的方法取景，把原本远处的物体拉近，或把近处的物体推远，这是因为有些物体近看和远看会产生完全不同的感觉，近看时由于视线的角度过大，取景会有明显的透视变形，从而产生比例失调的现象；而远看这个物体，反而会使人感觉比较舒服、协调。因此，要根据实际情况而对空间中的物体采用“变焦”的方式进行处理。

（3）“主观”取景。一般情况下，首先要在画面中确立主体，然后根据主体来完成画面中的其他内容，在取景中会发现许多不尽如人意的地方，这就要发挥想象力，不拘泥于现场实景，根据自己对空间的感受和理解来进行取景，使画面达到内容丰富、充实的理想效果。

2. 构图技巧

（1）画幅形式的选择。常见的画幅形式有正方形式、竖向式和横向式。正方形式的构图适宜于表现高度和宽度相近的空间，使得画面显得大气、沉稳，如哈尔滨圣尼古拉教堂；竖向构图适宜于表现纵深感强、空间尺度较高的场景，这种构图形式使得空间显得挺拔而有气势，如哈尔滨兆麟小学校；横向式构图适宜于表现大多数的空间场景，使画面呈现出稳定平稳之感，使空间显得开阔舒展。在实际作画时，应根据画面所要表现的事物本身的特点、空间尺度等因素而决定画幅形式，以达到最佳的表现效果。

（2）突出主体。画面有重点必然有非重点，有主体必然有附属物体。主体是画面所要表现的重点，一般占据画面的中心位置，要对此进行细致的刻画，突出光影和材质。而对附属物体的描绘要相对简化，在形体、空间位置、明暗关系上要从属于或衬托于主体。

（3）保持均衡。构图的均衡主要分为对称式均衡和非对称式均衡两种形式。对称式均衡是最简单的一种形式，其均衡的中心在对称轴之上，它会使人产生安定、稳重和庄严肃穆的感觉。但一般会使构图略显呆板，因此在对称式的构图中，往往利用流动的人群、车辆和树木等物体打破这种呆板，使画面变得生动、活泼，如奥地利维也纳圣母感恩教堂，某古堡度假庄园设计方案，二者都体现了对称式构图的处理技巧与手法；而非对称式均衡与力学上的杠杆原理相类似，均衡的中心相当于杠杆的“支点”。在这种均衡中虽然左右两边的重量感不相等，但因其距离上的差异而取得均衡感。因此，在考虑画面的构图问题时，要巧妙利用这两种构图形式。

（4）注重形式美。高尔基曾经说过，形式美是“一种能够影响情感和理智的形式，这种形式就是一种力量”。形式美所涉及的内容包括节奏与韵律、对立与统一、疏与密、聚与散、收与放、断与连、对比与调和、整体与局部等多方面因素。在构图艺术中，节奏与韵律是非常关键的一对因素，节奏是美的现象在形式上有规律地重复；韵律是利用有规律的抑、扬、顿、挫而使画面产生的一种变化，使形式产生一定的趣味美。在构图艺术中，我们要时刻注重画面中的形式美感，从而创造空间的和谐、韵律美感。

3. 构图中常被忽视的问题

构图取景是组织画面表现形式最基础的部分。总的来说，构图要灵活多变、简洁、含蓄并具有强烈的艺术表现效果。但在实际操作过程中有很多经常强调且重要的因素仍被大家所忽视，因此以下将结合实例分析一些构图中常被忽略的问题。

（1）构图呆板，画面形式缺乏趣味性，不生动，以致公式化。

（2）没有主体或喧宾夺主，不能掌握所要表现的重点，对于配景的勾画往往过于细致而导致主体不突出，从而破坏画面的完整性和统一性。

（3）透视消失点不正确，导致画面变形、失真。

（4）不注重签名或文字的书写位置。它们也是画面构图中的一个重要的组成元素，因此要将签名合理地布置在画面中，使之与画面融为一个整体。

4. 透视角度的选择

透视角度的选择要根据所设计的内容和形式，以及空间形态的特征进行选择。

从不同的角度观看同一景物，会产生完全不同的效果。因此，要根据画面所表现的重点，多选择几个角度或视点，勾画出数幅小草稿，从中选择合适的透视角度进行表现。

在以下真实空间中对于摄影透视角度的不同选择，第一幅图片的透视角度选择比较普通，虽然明确了家具在空间中的摆放位置，但选择这个视角，会使室内空间的物体显得比较拥挤；而第二幅图片对于透视角度的选择就比较有特点，空间场景的选择比较大气且突出了空间的特点。

一个巧妙的透视角度能突出重点且清楚地表达设计者的设计构思。下面分别介绍几种常见的透视角度。

（1）对于左右对称的室内或室外空间场景，一般采用一点或一点变两点透视法进行绘制，这样既能突出对称的效果，又能突出空间的进深感。

（2）在空间层次多或者相互有遮挡的空间场景中，一般采用两点透视法进行绘制，这样的透视角度能突出主体，把空间层次的相互关系表现得更加清晰明了。

（3）当遇到高大而挺拔的建筑或室内空间时，可采用三点透视进行绘制，但要注意避免纵向高度上的灭点离画面太远而产生失真感。

室内透视和室外透视最明显的区别是：室外透视的视点距离不受限制，人可以站在任意远近的地方观看建筑物；而在表现室内透视中，其视点的高度一般取人的视点高度 1.5 米左右。因此，要针对不同的情况而对物体和场景的透视角度进行多方位的选择。

### （二）轮廓与透视

轮廓是一张画形成的基础，是对物体的认识和表现的开始，所以要求轮廓不仅要反映出对象各部分的正确位置，还应该反映出对象的基本结构和主要的形体特征。透视的本质是在画面上绘制出立体的物体和空间，即在二维平面上进行三维的表现。

设计构思是通过画面的艺术“形象”来体现的，而对于这个“形象”在画面中的位置、大小、比例、方向的表现是建立在科学的透视规律原则基础之上的，违背透视的原则画面效果将会失真，从而失去了应有的美感。因此，要遵守与掌握透视规律，并应用其法则处理好各种关系，使形体结构准确、真实、严谨。

各行各业都有自己的基本功，对于快速表现技法的训练也不例外，多年来的教学经验证明，素描是一切造型艺术的基础，它有助于培养人们对物体轮廓与结构的观察能力、空间形态变化的想象能力以及徒手表现的能力。因此，我们要吸收绘画艺术中的精髓，从而更好地把握物体的轮廓与透视。

### （三）比例与结构

在图纸上绘制平面图或立面图是通过标注尺寸或是依靠比例的大小而进行识别与确认的。在图纸上对空间物体要素进行表现时，比例关系也同样非常重要。按比例绘图意味着按照一定的比例描写真实物体的大小，由此而决定画面主体物的造型和尺度。形体结构的正确和比例的准确是相互统一的，确定比例关系的方法是从整体到局部，先确定全局的比例关系，然后再确定局部的比例关系。要做到比例准确，必须通过整体观察、整体比较、整体表现的方法才可以达到。

认识事物或空间的结构可以从空间中物体的虚实、尺度、方位及光影等诸多方面进行分析、描绘与断定。绘画中的结构素描要求人们在观察形体时忽略物体的光影与色彩，从外形的轮廓入手，寻找与外形有关的结构线，以这些点、线为基准，按照透视变形的规律，从内到外、从基面到空间、从模糊到清晰，在反复的观察与分析中，确立三维空间中的立体形态。由此可以看出，对于结构素描的学习是准确把握物体的比例与结构的形式，内容的取舍与重组就是将画面中的各个元素进行合理的组织与安排，将各元素组织在同一幅画面中，使之成为一个有机整体。取舍就是保留画面中重要且突出主体的要素，而对于一些不利于强化主体、不符合总体构思的要素或是琐碎的细节要大胆地舍弃。重组是对画面进行信息的归纳与总结，重新组织画面的形式内容，使之完整和谐。

画面中的主与次、虚与实是两个对立又统一的概念。在作画时，首先要知道哪些是主要的，哪些是次要的，哪些应给予强调，哪些则需要弱化。画面中所要表现的内容形式一般分为三个层次，即近景、中景、远景。对于近景、中景的物体要用“实”的方法予以表现，而远景只起到陪衬和配景的作用，因此只需勾画出大体的轮廓，用“虚”的手法处理即可，处理好“三景”之间的关系，由浅到深、层层深入，抓住主要的东西，减弱或放弃次要的东西，这样才会使整个画面达到层次清晰、内容丰富的效果。

## 二、线条的表达

线条是人类造型艺术最原始的一种表现手段，无论是国内的绘画还是国外的绘画，都充分体现出线条在造型艺术中起到的作用。一根线条可以在艺术家笔下成为震撼人心的艺术作品。然而，要掌握用线的技巧却要经过一个长期而艰苦的练习过程。

### （一）线条的分类与利用

线条大致分为水平线、斜线、垂直线、曲线等几种形式。在造型艺术中，线可以有长短、粗细、刚柔、曲直、顿挫、浓淡、虚实之分，不同的线条具有不同的形式美感，如线条的曲直可以表达物体的动与静，线条的虚实可以表达物体的远与近，线条的刚柔可以表达物体的软与硬，线条的疏密可以表达物体在空间中的层次等。总之，选择恰当的线条表达形式非常重要，我们要根据不同的对象、质感、光线来组织线条，善于运用不同的线条，来表达不同情感与意境，从而营造出不同的环境氛围。

1. 线条的巧妙利用

（1）利用线条的变化表现不同的形体特征。以线条为主的表现特点是形体结构鲜明，画面简洁明快。在作画时要从形体的内在结构入手，抓住形体的本质特征，并通过用线的轻重缓急、抑扬顿挫，用简练的线条勾画出物体的结构和形体的变化。

（2）利用线条的变化表现空间层次感。用浓重、粗犷的线条来表现画面中的主要部分或是前景物体，而次要的部分或远处的形体则要用淡雅的、轻细的线条来表现。

（3）利用线条的变化表现不同的质感。不同质感的物体要采用不同的线条加以表达。例如用刚健的线条来表现坚硬的物体，用轻柔的线条来表现质地柔软的物体，用实线条表现形体明确且表面光滑的物体，用虚线条来表现形体模糊、表面粗糙的物体。

（4）通过线条排列的疏密来表现形体之间的关系。当画面中主体物的形体结构比较复杂时，需要用密集的线条加以表现，而其他次要的形体则要用疏散的线条进行表现。如果主体物结构比较简单，需要用疏散的线条进行表现，而周围的形体就要用密集的线条表现，线条排列的疏密使得画面中形体之间的关系交代得更加清楚。

2. 线条的四大特征

（1）两头重、中间轻。这是一种强调起点和终点的线条，它给人以“稳定”之感。有很多线条经常会给人以“飘浮”之感，是因为用笔时没有把握好线条的起笔、运笔、收笔的环节和要领。

（2）小曲大直。即大的方向是直的，而小的局部则是弯曲的。在线条的起点、终点明确的前提下，中间部分则可以有小的甚至大的弯曲。只有这样放松的线条才会给人愉悦、给人情感、给人留下深刻的印象。

（3）交点出头。交点出头即线条与线条的交点并不是画得恰好对准，而是形成有意识的交叉出头，以明确交点位置。这样的画线方式可以使得绘图时不必过于关注两线的交点，使得绘图的速度明显提高，整体画面显得大气、潇洒，从而自然形成画面的感染力和视觉的冲击力。

（4）豪放潇洒。只有将线条训练达到很熟练、能够收放自如的时候，才可以达到控制线条的表情、情感的程度，从而使得线条豪放潇洒。

排线就是按一定规律排列而成的线条，或疏或密、或多或少，排线主要是在形体块面中制造明暗层次，通过排线的多样变化以表现物体的立体感。因此，要讲究排线的疏密、交叉、重叠和方向等因素，归纳起来对于排线的方式主要有以下一些规律和技巧。

①避免平行线太多，过多地排列平行线会使画面显得单调，对于光影与质感的表现也不够到位。因此，排线与排线之间的倾斜度要有变化，其所形成的笔触关系也应当有宽窄的变化，切忌所有的线条一模一样。

②排线与排线之间不可等距，否则会使所表现物体的性质、质感不明确，使得画面呆板。因此，排线之间距离也要有一定的变化。

③排线不可过于呈放射状，否则会使物体产生歪曲的感觉，而且画面形式也不美观，可适当根据物体的表面形式相应地变化排线角度，使之略呈“Z”字形。

④排线形式不可在所要表达的平面中央大交叉，排线更不可呈垂直的十字交叉，否则会完全破坏表达面的明暗关系与整体画面的形式美，排线交叉应有一定的角度，一般呈锐角或略带弧形，其交叉点应靠近表达面的边缘处，这样才不会影响到画面的整体效果。

⑤注意排线方向。在处理长宽比较大的长条状面积时，排线的方向一般应沿着表达面的短边方向，用竖向排线的方式进行表达；而竖向的长块面则要用横向排线的方式进行表达，并且角度、宽窄、疏密都要有所变化。

### （二）线面结合明暗规律的表现

在实际作画中无论是用单一线条进行表现，还是用单纯的调子表现物体的明暗变化，两者都存在一定的局限性。如单用线条进行描绘，则无法充分表现物体的空间感和体积感；而单纯用明暗的块面进行区分，画面又缺乏生气和韵律感。因此应该采用线面结合明暗规律的手法来表现画面，扬两者之长而避其短，使画面生动活泼，充分表达物体的形状、体积、光感与深浅调子的变化，无论是横竖线条、质感、曲线或是其他形式的线条，都可以通过不同强弱的光源投射到物体上，由这种方式来表达物体的明暗层次。在快速表现技法中，利用明暗调子的深浅变化与线面的结合可以产生更为丰富的表现效果，只有把握住明暗变化的规律，再配以线面结合的技巧才能充分地在画面中表现出物体的形体转折与空间层次关系。

与光线照射的远近、角度及物体吸收光线能力的不同等诸多因素影响，会使物体产生不同的明暗层次。因此无论光线怎样变化，出现在物体上的明暗调子都应始终服从物体的形体结构，而不应因光线的变化而使形体结构产生变化。

## 三、表现步骤及注意事项

### （一）勾画大体轮廓

在进行构图布局的同时，要勾画出物体和空间的大体轮廓，明确所要表现空间的比例与透视关系。

### （二）勾画线稿

将所要表达的物体及空间场所全部绘制出来。在这个过程中要注意把握用线的方式与排线的技巧，要注意利用线条的疏密变化、粗细变化来组织画面，善于用不同的线条表达不同形式的物体，从而使得画面更加生动、形象，尽可能在此阶段把整个画面中的主体内容表现出来。

### （三）局部细致刻画

对于局部的刻画，要尽量一次完成，在刻画局部之前要仔细观察所要表现的对象，确定哪个部分先画、哪个部分后画、哪个物体重些、哪个物体轻些，注意画面中对于近景、中景、远景之间的用色差异。同时还要注意局部与整体之间的关系，以便于更好地把握整个画面层次关系，最终使画面既有整体感又有深入刻画的细节。

### （四）画面整体调整

在完成对物体的局部刻画之后，最后就要对画面进行整体的调整与处理，使画面统一在一定的黑白灰基调中，通过对画面关系的调整使各个局部与整体之间的关系更加协调与完整。

## 第二节　质感训练

快速表现技法贵在以简练、生动的语言来表现对象，而富有视觉冲击力的手绘效果表现图，其实质就是由不同种类材质的物体所组成，因此对画面中物体材质的表现是关键所在，要根据画面的需要将材质准确而细致地表现出来。

### 一、感光材料质感的表现

#### （一）不锈钢质感表现

在实际生活中，我们看到不锈钢表面的材质形式有多种类型，常见的有亮面和拉丝面。画不锈钢就是画不同形状的镜面反射，可以用“点绘”或“线绘”的手法来表现高光及投影，要以简练的色彩和有力的笔触、以强烈的对比和明暗的反差来表现不锈钢金属的特征，即暗部更暗，明部更亮，以便更好地体现不锈钢的光泽质感。在描绘不锈钢材质时要注意以下两点。

（1）高光出现在不锈钢物体的转折处。其高光与反光往往在表面形成曲折的纹路，在各个表面的转折处有很多较亮的白线。在作画之前，可先留出高光的位置，再用冷色过渡，然后再用深色系列来表现表面所反射的周围环境。

（2）在表现圆柱或弧形表面的时候可以采用湿接法，在表现出立体效果之后，则重点要强调明暗交界线的暗部与受光的明部。

#### （二）石材、陶瓷质感的表现

在装饰设计中应用的石材种类很多，因此对其纹理的掌握与表现，是体现不同石材种类的关键。一般分为表面平滑和粗糙两种形式，平滑光洁的石材具有明显的高光，且直接反射灯光与倒影。因此在表现时，先用签字笔或针管笔画一些不规则的纹理和倒影，以表现光洁理石的真实纹理；质地比较粗糙的石材，在其表面产生一种亚光的效果，对于这种石材的表现一般用点绘的方法予以体现其粗糙的质感效果。

具体表现步骤如下。

（1）线稿勾画完毕，薄涂一层底色，对其底色的选择要用比石材固有色较亮的颜色，其涂画颜色时不必均匀、平滑。涂色规律一般是远处较为亮些，近处的颜色基本接近材质本身所固有的颜色。

（2）根据所画石材的光滑度，用深浅变化的笔触沿垂直方向画倒影，倒影要处理得柔和，不要过于生硬。

（3）用小毛笔或彩色铅笔画出石材的天然纹理（对于纹理的表现也可以在勾画墨线的时候进行表现，然后对其上第一遍底色）。用彩色铅笔依据透视方向勾画出石材的分格线，其分格线条要有虚实断续和深浅变化，表现出接缝间的空间厚度。

（4）选择重色系的马克笔将地面统一上色，并结合涂改液做地面灯光影响下的高光效果。

对于陶瓷质感的表现，多以用浅色表现为宜，一般用单一颜色的深色或是浅色对其进行描绘，其用笔的笔触要平滑大胆，多注意留白及反光的处理。

### （三）玻璃质感的表现

透明的玻璃窗由于受光照变化而呈现出不同的特征，当室内黑暗时，玻璃就像镜面一样反射光线；当室内明亮时，玻璃表现为不仅透明，还对周围产生一定的映照，所以在表现时要将透过玻璃看到的物体画出来，把反射面和透明面相结合，使画面更有活力。外窗反射的一般是天空的景致，加上玻璃的固有色调，因此想画出逼真的玻璃效果，要注意以下两点。

（1）透明玻璃的表现。渲染透明玻璃，首先要将被映入的建筑、室内的景物绘制出来，然后按照所画玻璃固有的颜色用平涂的方法绘制一层颜色即可，而对于一栋建筑来说，在底层可以用这种方法进行渲染，但随着高度的增加就要减弱对其刻画的程度，要加大玻璃的反光度。

（2）反光玻璃的画法。先铺一层玻璃的固有色作为底色，作画的笔触宜整，不宜凌乱而琐碎。

同时要根据窗户角度的不同，除了玻璃要用自身所固有的颜色进行渲染外，还需要对周围环境的色彩加以描绘与表现。对于建筑物的玻璃多采取反射和通透相结合的形式，其反射天空和周围的环境要处理好明暗与虚实的变化。透映室内的物体要以概括、抽象的手法表现，可选用冷灰色调的颜色进行简略的概括。如果玻璃的固有色是暖色，也应在其中加入冷色调进行表现。如果是街道两旁的建筑，其玻璃上只要画出树干以上的景物即可，其他的人物、车流等可不画出，以保证画面的整体效果。

### （四）皮革质感的表现

皮革材料质地柔和，其表面相对粗糙，受光后会产生漫反射现象，光线向四周做均匀扩散。因此对于皮革材质的表现，其明暗变化的幅度要小、色调要微妙，以材质本身的固有色为主、环境色为辅，基本不受周边环境色的影响，色相的差别不大，如材质上有花纹需要表现，可用与原色色相相同深浅而略有变化的颜色进行表面刻画，经过处理可达到逼真的效果。

在对皮革的表现中，对于造型、颜色、笔触以及细节的处理都是表现质感的有效手段。另外，在一些长期作业中，用刀片、牙刷、砂纸等物品也可以作为表现皮革质感的辅助工具，可以在绘图时对以上辅助工具进行大胆尝试，灵活运用。

## 二、不感光材料质感的表现

### （一）织物质感的表现

织物是室内空间中不可缺少的元素，如地毯、窗帘、沙发等面料。在表现时可以运用轻松、活泼的笔触，来表现柔软的质感，对于色彩的运用可以略显跳跃，使得图面显得生机盎然，使其富有艺术感染力和视觉冲击力，能起到调节空间色彩与气氛的作用，下面以地毯的渲染为例。

（1）用钝头的马克笔在已画好或原有织物在现代装饰中属于软装饰的底色上随意地点画，由于地毯纹理自身存在颜色变化，这种点画法可以轻松地表现出地毯的质感，其所用的颜色不要单一，而是应该包括几种相近的颜色。

（2）用马克笔配合彩色铅笔或采用牙刷喷色的方法，这是比较精细但却相对比较费时的一种画法。若要表现一种地毯的图案，首先要研究其中的一个单元的尺寸、形状及单元间的组合，做出网格来绘制重复的花纹，为作图方便予以简化。无论是哪种方法，最后不要忘记对于地毯边缘的处理以及对投影的描绘。

### （二）木材质感的表现

木材的质感主要是通过固有色和表面的纹理特征来表现的，要通过马克笔和彩色铅笔叠加几层后，才能达到最终的效果。任何天然木材的表面颜色及调子都是有变化的，因此用色不要过分一致，试着有所变化。例如，在所画木材的本色当中偶尔加几笔浅灰绿或浅紫色，将出现较好的效果，而且这略微的色彩变化还模拟了天然木材的瑕疵。对于木材质感的表现步骤如下。

（1）大面涂饰高光色（如抛光色或乳白色）。

（2）涂饰浅色调的木材原色以及深色部分。如果采用略干的马克笔来作画，能在画面中带出条纹状笔触，效果会更好。

（3）可用彩色铅笔勾画出细致的纹理。如果所表现的纹理太清晰而至失真，可以在其表面上再涂一遍马克笔，其颜色会随溶剂的吸收而变得沉稳。

## 三、其他质感表现

### （一）植物与山石表现

1. 植物的表现

植物是景观环境艺术设计中不可缺少的重要元素。在园林绿化中植物可分为乔木、灌木和地被植物三种大的类型。不同的植物也常常被人格化地赋予了不同的性格特点，这些特点为特定环境氛围的营造起着相应的作用。比如竹子经常出现在中国传统园林中，它有着高洁和刚直不阿的性格特点。

对植物的表现要遵从它在画面中的主次关系，通常植物起配景的作用，用来烘托和营造整体的环境氛围，在对其进行表现时，要注意分寸，不可喧宾夺主。一般情况下，近景的植物表现要充分、细致，色彩的饱和度较高；远景的植物要简洁、概括，色彩饱和度要低一些。也有以植物作为主景来表现的，这时就要注意调整好整体的构图和画面之间的关系，从而选择重点刻画的部分。总体来说，对于植物的表现要注意以下几点。

①刻画近处植物花卉时，要注意表现植物的品种、姿态，处理好植物叶片的前后遮挡关系。在具体表现时，一般采用蜿蜒的曲线表现外轮廓，用光影表现厚度。

②在色彩渲染时，不要概念化地全部渲染成同一种绿色，要注意层次、转折以及色彩的深浅和色相的变化。在画一株植物的时候：第一步先把其大致的轮廓勾画出来；第二步选择树叶的中间颜色给予大面积的涂绘，在涂绘的过程中，树木的枝叶有许多镂空处，在表现时要有意地留出这些空隙，这样会使得画面表现得生动、灵活；第三步选择较重一些的颜色进行局部加重，将树木的受光和背光分开；第四步选用颜色更重一些的笔触进行局部的点缀，以便增强立体感，同时把树干等其他配景予以描绘。

③近景中的树木起到拉伸空间感和平衡构图的作用，在表现时不妨采用剪纸形式故意镂空它，反而让人感觉到表现得非常到位，有种“此处无声胜有声”的感觉。

④远处的树木，不要做强烈的明暗对比和形态塑造，在表现时，可以用单线勾勒整个植物群的轮廓，描绘时使用的颜色要简单化，以保证画面的整体感。

不同的植物有其自身特有的生长规律，不同的生长规律成为不同种类植物彼此相互区别的形象特征。在景观环境设计表现中，需对常用植物的生长规律有所了解。对植物的临摹和写生是非常有必要的训练手段。根据景观环境设计的表现需要，有时采用写实性强的植物表现手法，有时采用装饰性强的植物表现手法，初学者可以从这两方面入手进行临摹训练。我们在景观环境中表现的植物一般都处于自然光环境之中，虽然各种植物形态各异但表现的步骤基本相同：首先，在线稿的基础上先上颜色较浅的部分，这时要注意留出高光；其次，逐步向暗部推进，注意色彩深浅和色相的变化，暗部不留白，让它有退后的感觉；最后，进行画面的局部调整和修改。

2. 山石的表现

我国的自然山水园林具有“无园不山、无园不石、叠石为山、山石融合、诗情画意、妙极自然”的特点。凝聚了自然山川之美的山石，大大加强了园林空间的山林情趣。山石以其独特的形状、色泽、纹理和质感，成为画面的配景要素之一。对于山的表现一般用写意的虚画法即可，因为它都是作为远景或陪衬的。然而，石头的种类繁多，例如黄石、石笋、黄蜡石等，它是园林设计中不可缺少的组成元素之一。中国画中有“石分三面”的说法，在我们的快速手绘表现中也遵循这个原则，通过光影将石头的立体感表现出来，不同种类的石头具有不同的形态、纹理，要采用适当的运笔顿挫的方式来表现出石头本身的质感。

### （二）人物与景观表现

1. 人物的表现

在景观、商业、办公区域的表现中，人物是重要的配景之一，而作为小的室内空间环境则可不画人物。生动的人物姿态能起到活跃画面气氛，反映地域风情的作用，还能起到间接衡量比例的作用，比如利用人物可以推出建筑物的高度和场景的大小。

人物在画面中可分为前景人物、中景人物和远景人物。当这三个情景中的人物同时出现在一幅画面中时，其高度是根据视平线的高度而定的。正常人（儿童除外）视点高度的画面中，远、中、近景的人物的头顶位于同一水平线上。前景中的人物刻画要较为细致，光影感也要强一些。一般将前景人物放置在画面非重心或一角处，从而起到平衡画面的作用，但数量不宜过多。前景人物多采用半身带手的动态造型，面部最好朝向主体物；中景的人物一般位于表现主题的空间范围内，对其刻画可以稍微简单些；远景人物作为空间的延续和点缀，有时只是作为一种符号而出现在空间中，因此只要把握大的动态即可。

除场景中对人物刻画程度的把握之外，还要注意以下几点。

（1）人体姿态与运动。依据空间中的不同功能而安排不同姿态的人物，会使画面更加充满活力。动态表现的目的是避免人物僵硬、呆板。在画运动中的人物时，可借助一些辅助线来把握人物的动态造型，如利用垂直线、水平线、倾斜线等来确定形体动态。

（2）人物的体量感。要画出受光、背光和投影等基本要素，一般明部的轮廓线可以做虚化处理，甚至留白，这样与重色调的暗部形成明确的块面关系，增强人物的体量感。

（3）人物的衣着及颜色。人物衣着应与季节、环境相符合，在画面中占有尺寸较小的人物，其衣着颜色可以选择跳跃的鲜亮色系，从而达到活跃画面的效果。近景人物或是在画面中尺寸稍大的人物，其衣着颜色要以中性和灰色系列为主，衣着的颜色要与整体画面色调相匹配，加重色时要谨慎小心，不可大面积加重色，同时要注意留白手法。

2. 景观小品的表现

设施和小品作为景观设计中的重要元素，包括路灯、广告牌、雕塑、装置、花池座椅、喷泉等，这些景观不仅为人们提供了功能服务，而且增强了环境的空间特性和生活气息。由于设施和小品具有小型而多样化的特点，因此在画面中要有目的、有秩序地进行表现，还可以用跳跃的颜色和形状来平衡画面，同时也增强了画面的趣味性。

### （三）车体与地面表现

1. 车体的表现

汽车是渲染图中的配景，和树木、人物一样。正确表现汽车的基本比例和质感很重要，但过分描绘细部和色彩又会分散画面的注意力。如同人物一样，画汽车也是为了烘托环境气氛，以增强建筑表现图的效果。所以，画什么样的汽车，要考虑到建筑物的功能性质。例如，在广场景观、商业街道会出现小汽车；在火车站广场上，应多画一些出租汽车和公共汽车；在会堂、宾馆前，应多画一些小轿车和旅行轿车；在生产性的工业建筑前，应多画一些载重卡车。

在画汽车时，首先要考虑车体与建筑物之间的比例关系，过大或过小都会影响建筑物的尺度；在透视关系上，汽车的透视要与建筑物保持一致，有一些建筑表现图，正是因为没有处理好这些关系，导致所画的汽车与建筑物格格不入，从而破坏了画面的统一和协调性。

在表现不同景观和建筑环境时，对汽车所表现的程度要有所不同，例如在鸟瞰图中视野比较宽广，对车体的表现就要比较简单；而在商业街道场所中，由于人的视点比较低，对汽车的刻画要相对比较细致些，但是要注意空间的层次关系，要对场景中的近景、中景、远景的汽车进行不同程度的描绘。

（1）将汽车概括成一个符合场景透视的立方体，按比例将立方体上下和前后进行三等分，用铅笔或单色线条将造型勾画出来，注意形体的准确性。

（2）对于表现近景汽车时，要对可见的内部构造进行描绘，如汽车内座席或方向盘等。另外，还要注意车身各面的弯曲和倾斜的方向，没有一个面是单纯的水平或垂直；在画侧面汽车时，轮胎侧面一定要嵌入车身一些，不与汽车侧身平齐。

（3）对汽车上颜色时只需画出汽车的大体颜色与光影即可，要注意笔触的运用方向。在描绘时，主要抓住其明暗关系，注意留出高光部分，要画出其反光、投影等因素，最后在局部位置加重色，加强对比度，从而强化汽车的立体感。

2. 地面的表现

景观设计表现中经常会碰到的地面表现类型有：道路、铺装地面和草坪这三种。在道路表现中，要注意道路空间远近的色彩差异。道路的材质一般为沥青路面或水泥路面，其固有色较深，通常情况下，近处道路表现得深而远处颜色浅，在表现雨后道路时可以增加道路对周边环境的倒影。

铺装地面的种类很多，在勾线时要注意铺装图案的透视关系（尤其在处理不规则铺装时），同时要注意对铺装图案和纹理的归纳和简化，不可机械地画满所有铺装，这样反而效果不好。上色应严格遵循由浅到深的步骤，逐步地铺装且尽量概括，线要细，这样才能拉开推进。近景的草坪需要一些表现草的生长状空间层次关系。另外也可结合光影，只画态的细节。

### （四）墙面的表现

墙面根据材料质地可分为玻璃墙面和实体墙面。景观设计中墙面的材料可谓花样繁多，有混凝土墙、砖墙、浮雕墙、石墙等。根据墙面材料的特性可分为粗糙墙、涂料墙和有光泽墙几种类型。粗糙墙面的绘制需注意砖块的纹理和凹凸特征，在上墨线时，结合光影关系，仔细绘出。涂料墙面一般采用退晕手法表现，同时注意环境色和光源对墙面色彩的影响。有光泽的墙面也采用退晕的手法表现，另外要注意反射光泽和映像的表现，这种表现类似前面谈到的汽车的表现手法。

总体而言，一方面，墙面的表现要注意色彩的退晕变化，不可平涂处理；另一方面，退晕的对比关系和局部色彩的变化要注意分寸，做到在整体统一中求变化。

### （五）天空与水体表现

1. 天空的表现

在景观表现图中，天空是画面最远的一个层次，所有的景观元素也都笼罩于蓝天之下。通过天空的表现，可以传达气候、时间、空间等环境要素的信息。与景观主体相比而言，天空在表现中属于图底关系中的“底”，所以景观表现图中对于天空的表现通常倾向于简洁、概括，避免喧宾夺主。

天空的色彩有其自身规律。以晴天为例，受大气的影响，接近天际线的天空一般色彩饱和度低，明度较高，有些偏暖色。而位于我们头顶，也就是位于画面上方的天空色彩饱和度高，颜色较深。而在低视点的透视图中，天空在画面中所占的比例比较大，在很大程度上会影响画面的色调和整体感。因此，对不同天空的形式进行恰当的描绘，会起到平衡画面的作用，从而更加衬托主体物、突出中心。天空的变化很多，可以阳光灿烂，白云朵朵；也可以乌云密布，阴雨连绵。因此，对于天空的表现也要遵循一定的规律和技巧。

（1）天空作为配景，是为突出建筑物而服务的，所以要对其进行弱化处理。

（2）画天空的变化或是云的形状轮廓时，不要依据建筑物的轮廓来画，这样会使画面显得呆板而不自然。

（3）天空距离观察者越近，其颜色越纯，明度越低；反之，离观察者越远，颜色就越淡，明度也就越高。

（4）云的形状变化组织要疏密有致，有一定的节奏感和韵律感。对于云的表现可以用留白的表现手法，也可以用橡皮在画面中颜色半干的情况下擦出云的形状与效果。但是对于云的表现不必过分强调色彩，重要的是明暗与虚实的关系。

2. 水体的表现

水在景观设计中所用的形式非常多，有静态的水（湖面、池塘、泳池等），也有动态的水（瀑布、跌水、喷泉、溪流等），它没有固定的形态。对水的表现应当根据它所处的状态以及周边的环境等因素进行综合考虑。

描绘水面的两个基本特点是倒影和波纹，其倒影表示水的反射性能，波纹表现水起伏变化的流动性，画水体时需要注意以下几点。

（1）当以水体表面为反射的平面时，物体底部到水平面的高度也同样要出现在反射中。

（2）离作画者近的水面颜色深而冷，其远处的水主要映出物体的倒影和天空中的光线为主，其反射出的水纹通常比较小，因此要以波纹线的大小、疏密来表现水面的远近关系。

（3）水有静态和动态之分，静态的水一般有倒影，能够反射天空和周边的建筑形状，其轮廓比较模糊，层次关系和明暗对比不明显。而动态的水，一般波纹方向有一定的规律性，其作画时，用笔要轻松自由，画出流动感即可，不要过于细致地刻画而喧宾夺主。

静态水面，主要表现周边环境在水面所产生的倒影以及风的作用在水面上所产生的波纹。清澈见底的水体还需对池底的颜色和纹理进行表现，注意波纹的透视关系以及倒影和周围景物的对应关系。

动态水的表现则需要对水的动态特征有所了解，水花的白色最好能小心地留出来，当然也可最后用水粉色或者涂改液进行局部修改。

## 第三节　快速表现技法训练

### 一、单色技法训练

#### （一）单色素描训练

素描是一切绘画的基础，素描水平的高低会直接影响塑造物体及空间效果的表现力。单色素描技法也叫黑白表现技法，是用线条和明暗两个基本元素来塑造物体的形象。对单色素描技法的训练可以有效提高我们在作画时对于大体明暗与基调的把握能力，它不仅是一种表现技法的训练，也是感觉与思维的训练，更是艺术表现力与艺术素养的训练。

单色素描训练是一种比较容易掌握和控制的技法，它的表现方法与技巧有以下几种。

（1）在勾画底稿时，要根据所表现对象的形状、质地等特征有规律地组织、排列线条。

（2）在进行表现时，不要过多地反复修改同一个地方，要做到意在笔先。在刻画明暗对比时，要从浅入深、层层深入地进行表现，但遍数也不易过多，有的地方最好能一次到位。

（3）以线条为主的单色素描中，线条的形式分为两种：一种是徒手绘制的线条；一种是用工具所画的线条。徒手画的线条比较生动、变化微妙，多用于表现柔软的物体；用工具所画的线条具有工整、规则的特点，多用于表现平整、光滑的物体。

（4）在描绘完图中的某个部分后要对其他部分进行描绘的时候，要利用纸片对已经画好的图面进行遮挡，以免将画面弄脏，从而保证画面的整洁。

（5）可以用同一颜色的马克笔进行整体着色，有目的地进行形体与空间的表现训练。

### （二）同类色调训练

同类色主要指在同一色相中不同的颜色变化，即色相性质相同，但色度深浅不同。例如，红颜色中的深红、玫瑰红、大红、朱红；黄颜色中的深黄、中黄、淡黄；蓝色类的普蓝、钴蓝、湖蓝、群青等，都属于同类色关系。

同类色调训练就是指用色彩相类似的颜色进行渲染和表现，是对于单色素描训练技法的进一步升级，这种方法是在轮廓线勾画完成的基础上进行表现的。在进行同类色调训练时，不需要考虑其原有的材质和质感，仅仅用相类似的颜色把物体及空间的明暗表现出来即可，利用物体在光照下的明暗变化规律来有效地塑造形体。再根据画面的需要调配出更多、更丰富的同类色，从而加强同一色系的素描塑造能力。对于同类色调技法的训练，一般是将水彩颜料和马克笔进行配合使用，这两种工具在表现过程中都是由浅入深地进行描绘，因此将这两种颜料并用比较容易掌握。

## 二、色彩技法训练

### （一）水彩、透明水色技法训练

1. 水彩技法训练

水彩表现图直接受水彩绘画的影响，在我国一些建筑与环艺设计专业也把水彩表现技法作为一门必修的基础课程来学习。学习水彩的表现技法不是一朝一夕的事情，只有具备扎实的基本功和进行长时间的练习才能做到熟练掌握与运用的技巧。

水彩色彩淡雅，适合用于表现结构变化丰富的空间环境，所表现的作品层次分明，结构清晰。其中，对水分的运用是水彩表现技法的关键所在，因此要掌握好对水分的控制，画纸则要选择吸水性适中的白色或浅色的纸张。在作画时通常还要配以其他辅助工具，例如界尺、吸水量大的毛笔或排笔、喷笔等工具。

水彩渲染表现技法的优点是既可以进行整体的着色绘制，也可以结合丰富的色彩关系进行细部的刻画，使画面显得轻松而生动。水彩有很多不同形式的表现技法，如退晕法、接色法、沉淀法、擦刮法、喷色法等。

以下主要对干画法和湿画法进行介绍。

（1）干画法，它是常用的技法之一，几乎所有的作品都不同程度地运用了干画法。人们对它的表现方法有一个理解误区，认为少用水就是干画法，其实不然，正确的操作方法是：在所画的前一色块彻底干透后再画后一块颜色，它是色彩叠加的一种表现方法。

（2）湿画法，它是水彩最为典型的表现技法，能够充分发挥水彩的特性，表现其润泽的特殊效果。湿画法可以分为两种方式：第一种是将纸全部打湿，在湿润的纸上直接作画，用色需饱满到位；第二种是将所画的部分用所选定颜色迅速画完，在未干的状态下，融入其他的颜色及笔触进行第二遍的描绘，使两遍或多遍的颜色有层次地融合在一起。

水彩表现技法所需要注意的要点：最好用铅笔起稿，或先在草图上进行勾画，然后再拷贝到正式稿上。线稿的轮廓一定要准确、清晰。水彩颜料的渗透力强，所以不宜反复作画，一般两至三遍即可。同时由于水彩具有很强的透明度，覆盖能力较弱，因此作画时其着色规律是由远至近、由浅至深、分层次地一遍遍完成，同时要事先做好留白的处理。

2. 透明水色技法训练

透明水色的色彩比水彩更为明快鲜艳，其优点是可以清晰地表达物体的造型、结构及轮廓。它可以在短时间内，通过快捷、方便的方法并配合专业的绘图工具，使之达到最佳的预想效果。

（1）透明水色属于透明性较强的颜料，因此对于透视图线稿的要求一般比较高，其线稿的透视一定要准确、严谨。

（2）在进行着色前，应先在头脑中想好明暗层次关系，心中有数，作画时一气呵成。画面中天花、地面、墙体所占的比重较大，因而对这些颜色的处理会直接影响到整个画面的色调，其颜色的调配要做到尽量准确，明度、纯度、冷暖属性争取一次到位。

（3）由于其本身具有和水彩相似的特性，因此渲染的次数不宜过多，2 ~ 3 遍即可。渲染程序也和水彩一样是由浅入深，例如先画浅色的背景再画深色的家具、陈设等。在绘制配景时，要考虑到画面中周围环境的色调，以免破坏画面的整体性。

（4）整个画面渲染完成后，可用水粉颜料对画面中重点的部位进行深入刻画或局部点缀，直至最终完成整个作品的绘制。

3. 马克笔的技法训练

（1）马克笔技法训练。

马克笔的优点在于成图迅速、着色简洁、画风潇洒，表现力强，是设计师快速绘制效果图的理想工具。马克笔技法训练要讲究画面的虚实变化，主要看如何运笔，如何控制马克笔的力度，如何利用马克笔的特点来表现质感、形体和明暗关系。

运用马克笔需掌握的技法要点如下。

①马克笔的笔尖一般有 3 个工作面，分别能画出普通线、粗线和特粗线三种线条种类。但如果变换运用马克笔的方向与力度，就会得到很多种不同种类的线条形式。

②马克笔在用笔的方向上要有一定的讲究，排线时要根据形体的结构有规律地组织线条的方向和疏密。尤其要掌握马克笔在走向上所呈现出“Z”字形留白的技巧，要体现笔触本身的美感与虚实感。

③用马克笔表现时，要敢于大面积地留白，国画中讲究“留白天地宽”“不画是画，画乃不画”就是这个意思，初学者往往觉得留白会导致画面的不完整，结果使画面到处都是主观的内容，导致观画者几乎无法“呼吸”。

④马克笔的覆盖性较弱，所以在着色的过程中应该先上浅色而后覆盖较深的颜色，要在第一遍颜色半干或干透后再上第二遍颜色，而且要准确、快速，否则使颜色浑浊在一起就会失去了马克笔的透明与干净利落的特点。对于明暗关系的表现，是通过颜色的叠加而表现出来的，要注意色彩间的相互协调，保持画面中色调冷暖的对比。为了使整体画面的色彩与色调和谐，一般选用马克笔的颜色都以灰色系为主，局部配用鲜亮的颜色以达到调节画面的效果。

⑤单纯使用马克笔，难免会留下一些不足的地方，所以可以与彩铅、水彩等工具配合使用，同时创作出更加新颖、更富有表现力的效果图。

马克笔上色大致可以分为以下四个步骤。

①用签字笔或针管笔勾画底稿。勾画底稿是马克笔上色的前提和基础，主要以线描的手法为主，要求线稿的透视准确，比例得当，家具等物品的位置摆放合理，明暗关系区分明确。

②用马克笔区分主要的形体界面关系。用马克笔粗略地描绘出画面中主要物体及背景的明暗与色彩关系，所用的马克笔颜色不宜过多，以表现空间中物体的固有色为主，注意对于画面色调的整体把握。

③用马克笔进行深入描绘，增强画面的层次与空间感。从整幅画面的视觉中心开始深入地塑造场景与场景中的物体。通过用色的增多使得画面中的色彩逐渐丰富，加强对光影的刻画，从而增强画面中的明暗对比，但切忌所表现的画面“火气”，而是要在“温和”中突出重点。

④画面细节的刻画，整体关系的调整。为场景中的物体增添细节。例如对主体事物材质的进一步表现，并通过对前景中陈设物的细节刻画而增添画面中活跃的气氛。在该阶段要再次对画面的空间关系做整体的调整，使画面的空间关系、主次关系更加清晰、有序、协调。

（2）彩色铅笔技法训练。彩色铅笔具有方便、简单、易掌握的特点，因此备受设计师的喜爱。彩色铅笔色彩种类较多，可以对各种场景效果进行细致的表现；表现技法种类多样，根据用力的大小可以绘制出深浅不同且富有变化的线条，其颜色的相互叠加还可以创造出色彩丰富、颜色斑斓的绚丽效果。这里我们以水溶性彩色铅笔为例，其表现步骤如下。

①用铅笔或灰色系的彩色铅笔在纸面上画出透视草图，注意构图的选择和配景的布置、前后虚实的关系。

②根据从大面积到小面积、由浅色向深色过渡的原则进行着色，从而确定画面的色彩基调。例如，为了区分不同标高下的天花层次感，先采用暖灰色彩铅排线打底，拉开关系；地面再根据灯光及其材质、环境色影响由大面着色再到局部纹理的刻画，着重将画面中物体的造型与投影、明暗与细节进行深度刻画，保证不失整体的前提下又留有丰富的细节变化。

③统一画面效果，然后根据整体氛围再度调整画面色调，进一步加强空间整体关系的塑造，最后用涂改液将画面的高光部分提亮，例如画面中对于棚顶灯光的处理。

下面介绍一下水溶性彩色铅笔的运笔技巧。

①排线法与交叉排线法。

排线法：用一系列相近的平行线，创造出一个色调区。需要进一步对颜色加深时，只要增加线条的密度即可。

交叉排线法：参照排线法的方式，画两组或三组平行线，彼此交叉，创造出更浓厚的色调和密度。

②羽化法与点画法。

羽化法：不断地在画面轻扫画笔，画出一个色调区，在其上面可使用同一种颜色或其他颜色进行涂色，而原来的笔触仍可显示出来。

点画法：为了创造出闪亮的效果，点出各种大小、密度和颜色的图点。

③渐变法与涂刷法。

渐变法：从浅色慢慢过渡到深色，或从一种颜色渐变到另一种颜色。根据手腕用力的不同，其颜色的浓度也会有所不同。

涂刷法：将清水刷在画纸的表面上，然后用刀片挂铅笔芯，使笔削落在水中，再用大型号的毛笔在上面扫过，将产生颜色深浅不同的视觉效果。

④压印法与覆盖法。

压印法：将一张纸覆盖在一种材质的表面上，如木头或粗糙的布料上，然后用彩色铅笔在纸的表面涂抹，直到其材质显露出来即可。

覆盖法：反复在同色系颜色或不同色系的颜色上叠加颜色，从而营造出丰富的画面效果与层次感。

### （二）综合材料技法训练

随着绘画工具不断地更新发展，表现手法也愈加丰富多彩，因此现代表现技法一般采用多种绘图工具综合运用的方法进行表现。综合表现技法是建立在对以上介绍的各种技法深入了解与熟练掌握的基础上，相互取长补短的一种技法表现。其具体的作画方法要根据画面所需要的表现效果及个人的喜好与其对各种技能掌握的熟练程度而定。

运用综合材料技法进行表现时，其优点是画面效果丰富、运笔的形式更加灵活，从而使得作品的空间表现效果更加突出。对多种绘画工具的综合运用能够表现出一些特殊的画面效果。例如将水彩、马克笔、彩铅进行结合，用水彩进行大面积渲染，用马克笔和彩铅表现某些细部。马克笔着色轻松，加之结合水彩的渲染，则能更加凸显马克笔的表现力，因此更能充分发挥两者的优点。各种技法的综合使用并无定法，可以大胆尝试，根据画面所要表现的特点进行不断的创新。

## 三、图片临摹训练

一切技能都是通过后天的训练而获取的，正如我们第一次开口说话，第一次学会走路，模仿是技能训练的第一步。图片临摹是学习的一个重要有效的途径，要经常研读别人的优秀作品，从临摹中我们能学会分析原有图片的构图形式、如何选择视觉的中心、如何表现明暗的色调、如何把控空间的装饰设计语言等一些实际问题；也可以从中学习和体会各种表现技法，从而提高自身的表现技能；同时还可以养成收集资料的好习惯，为以后的设计存储大量的相关信息。

临摹这一阶段对很多学生来说也许是枯燥乏味的，但只要经过大量的练习就会有所收获。临摹图片要有针对性地阶段性进行，对于初学者来说最好选择专业杂志上的图片、手绘效果图和经过摄影师精心构图拍摄下来的现场实际案例照片。例如选择明暗关系明确的图片，用硫酸纸、签字笔等工具将图片中的物体及场景拷贝下来，拓印到正稿上。在临摹时用心地体会图片中的明暗关系，从而将其在画面中表现出来；再如选择较好的手绘效果图进行临摹，可以从中体会作画者的笔触运用方式、颜色的选择搭配、物体及空间的处理效果等一些特点。

临摹的第二阶段可以选择实景图片来进行重组临摹，因为在实景图片临摹时看不到笔触的排列方式，看不到画面的繁简处理，这就需要我们在临摹的时候学会分析、处理图片中的信息元素，学会取舍，通过扬长避短增强画面的空间感，突出所要表现的对象。在不断练习的过程中体会用笔、用色的技巧和画面整体空间感的把握，并逐步培养起专业的观察、分析与概括能力。

### （一）全因素表现技法

全因素表现技法是一种比较深入的表现方法，它能够充分细致和全面深入地表现设计意图，在表现中要强调空间的环境、结构、色调、光影、材质、气氛和风格等综合表现以及重点的局部刻画。这一技法要求用水粉或水彩颜料进行表现，要求作画者具备深厚的基本功及造型能力和设计表现能力。其表现步骤如下。

（1）根据图片中的透视关系，严格而准确地将图中的全部信息元素表现在图纸上，这一过程相当于一个“拓图”的过程。

（2）“拓图”完成后，要根据图片中的主色调，选取几个主要的颜色进行整体颜色的铺垫，在这一过程中要注意明暗关系及色彩倾向的把握，同时要注意从物体的暗部入手进行铺色，其铺色过程要遵循由浅入深的原则。

（3）画面中大体颜色铺垫完成后，要对物体进行深入刻画。从图片中的重色部分或颜色较重的物体开始刻画，在刻画时注意其纹理、肌理及明暗等要素之间的关系。

（4）在局部深入刻画完成后，要对整体画面进行调整，对所有的亮部进行比较，哪部分最亮，哪部分次亮，分出层次，尽量做到与照片一模一样。

全因素表现技法可以将画面表现得真实而细腻，可以模拟真实的空间环境，通过深层次的刻画而使得画面的内容更加丰富多彩。进而使学生对空间、造型陈设、色彩、光感、质感、透视与比例、运笔等规律性方面的表现技巧得到进一步的深化。

### （二）色彩归纳表现技法

色彩归纳是一种对图片中的颜色进行分析、概括与提炼的方法，它是在全因素表现技法基础之上的一种对色彩概括方法的训练。色彩归纳技法重视对色彩的第一印象，去繁就简，它更注重表现色彩的本质特征，也是为快速表现技法的训练做前期的铺垫。

色彩归纳表现技法一般有两种方法：一是在保持原有光色关系的基础上，将几种邻近距离范围内的近似色都转化成它们的平均值色，以平均值来代替它们，尽量以平涂的方法进行表现，但并不是将对象单纯地用固有色来代替；二是在保持画面色调统一的情况下，加强对色彩的主观处理，做必要而适度的夸张，其画面的处理一般用平涂色块或勾线填色两种方法进行表现。

## 四、计算机辅助设计表现

计算机辅助设计表现是在徒手绘制线稿后，用计算机辅助上色的一种效果图表现形式，其形式新颖，受到广大年轻设计师和客户的喜爱。此处主要以计算机辅助设计常用的软件 Photoshop 为例，讲解计算机辅助设计表现效果图的绘制过程。

应用软件进行设计表现的优点如下。

（1）运用范围广：Photoshop 软件是设计师常用的设计软件，操作简单，容易掌握。

（2）快捷方便：可大面积选取区域并进行填色处理，快速地表现出材质及色彩，节省时间。

（3）容易修改：可将颜色进行分层处理，在进行修改时可单独进行某一图层颜色及材质的更换，符合现代多变的设计要求，且同一方案可进行多种色彩变化，为更好地达成设计共识提供条件。

（4）表现效果丰富：徒手绘制的透视线稿自由活泼、流畅潇洒，又可以利用软件中的各种滤镜或用其他的编辑命令轻松而容易地表现出各种材质的质感，场景相对真实，并能利用软件特性更好地表现出空间光感。

# 第八章　环境美学文化在环境艺术设计中的应用实践

## 第一节　环境生态美学与传统美学文化

### 一、环境生态美学

#### （一）生态与生态文明

1866年德国的海克尔在《自然创造史》一书中最先提出“生态学”（ecology）一词。1895年丹麦的瓦尔明以德文发表《植物生态地理学为基础的植物分布学》，1909年译成英文，更名为《植物生态学》，它是世界上第一部划时代的生态学著作。在世界上广为传播，至今已一个多世纪。

“生态系统”一词是英国植物生态学家坦斯莱于1935年首先完整提出的。但是其理念则来源于植物学，又不同于植物学。其提出了“生命共同体”的理念，既包括植物，又包括动物，还包括河流、湖泊、湿地、冰川、森林、草原、土地、沙漠和冻土等，使人类对其所依赖的自然生态有了一个系统的、科学的、全新的认识。

据考证，距今大约9000年前，一颗大彗星在北美撞击地球，地球也度过了最后一个冰期，自那时以后地球再未经过巨大的冲击。因此，地球的陆地、海洋、山河与湖泊都没有质的大变化，地球的平均降水量和平均气温没有质的大变化，动植物的物种也没有大变化。因此，可以认为9000年来自然生态系统没有发生质变，9000年前的自然生态可称为标准的“原生态”，可以作为我们保护和修复自然生态的依据。

当然，今天地球上已经居住了72亿人，相当于陆地上平均每平方千米住了

48人。如果除去沙漠、冻土和极地等不适于人类居住的地区，每平方千米已经住了近百人。人类活动对自然生态系统产生了巨大的影响以致改变，所以恢复到“原生态”已经不可能，但是科学考证（不是主观臆想）9000年前的原生态应该是我们保护与修复自然生态系统的最重要的参照之一。

中文的“文明”的含义主要指文化，而“文化”则包括文学、艺术、教育和科学等。对于人来讲，“文明”的通俗解释是运用文字和有关知识的能力。

英文的文明“Civilization”也是对人而言的，指脱离“蒙昧”的开化，受到教育而“文雅”“礼貌”“明事理”。其词根是“Civil”，即“公民的”。

法文的文明“Civilisation”同样是对人而言的，指的也是脱离“蒙昧”的开化，受到“教化”，且能传播文化。

从三种语言来看，文明都是指公民应有文化知识，明事理并遵守社会的行为规范。生态文明已是全世界共同的话题。随着工业文明的发展和人口的不断增加，全球面临资源日趋短缺、环境污染严重、生态系统退化的严峻形势，环境与生态的危机已经成为当今世界诸多危机的根源和催化剂。自20世纪中叶，人类开始对自身和自然的关系进行反思，认识到“生态兴则文明兴，生态衰则文明衰”。目前，保护自然资源和生态系统显得从未如此迫切过，现实生态与新文明的矛盾也从未这样尖锐过。

1. 农业文明

尽管在几千年中，科学技术有所发展，生产工具不断改进，但是直至工业革命之前，在世界上的大多数地区，农业中使用的仍然是几千年前就有的犁、锄和镰刀，手工业中用的仍然是几千年前就有的刀和斧，交通运输业中用的仍然是几千年前就有的马车和木船。因此，这些产业的劳动生产率主要取决于劳动者的体力。据统计，在低机械程度的条件下劳动力的体力支出与智力支出的比例约为9∶1。

在农业文明阶段，广大人民生活十分贫困，遇到不可抗拒的自然灾害造成的经济危机，就到了缺衣少食的地步。在这一阶段，教育未能普及，文盲占大多数，文化只属于少数人，而这少数人才也难以流动。

2. 工业文明

18世纪人类经过工业革命进入了工业文明。

人类文明的发展主要经历了渔猎文明、农业文明和工业文明，目前正在向生态文明过渡。从农业文明到工业文明最重要的表现就是农业生产的“牧场”和“工场”变成了工业生产的“工厂”，其推动力是科学和技术革命，了解牛顿力学、麦克斯韦电学、道尔顿化学和达尔文生物进化论的基本理论，以及瓦特蒸汽机、珍妮纺织机、哈格里夫斯车床和雅可比电机的基本知识，才可能办工厂。固守原来的农业思想，而不接受科学新思想的牧场主和工场主不会想，即使想也办不好工厂。英国的工厂始于 18 世纪末，大约到 1825 年初具规模，代替了“工场”，其特点是：①在一片具有基本条件的土地上，以前所未有的强度集中资金、资源和劳动力，从事相对专一的生产。②以机器代替人力。③使用以煤为主的新能源、以钢为主的新材料和机动车辆、船只等新运输方式。④千万农牧民离开自己的家园，成为工厂的雇用劳动者，即农民工进城。⑤资本在工业生产中的作用日益增大。⑥工厂使城市形成和扩展，工人聚居。

与工厂化随之而来的是工业化和城市化。相对于农业文明来说，工业文明是一种发展的新文明，但是发展过程中也出现了一系列的“非文明”问题。工业大生产在创造了灿烂的文明的同时也带来了不少非文明的影响：①工厂的建立开辟了提高劳动生产率的平台，发挥了更广大人群的创造性。但是，资本的作用过大及工厂的机械的组织形式，限制了人的深层次创造力的发挥。因此，工厂是以利润为本，而不是以人为本。②自工厂建立以后，机械化的生产模式和严格的分工使科学研究与经济生产日渐分离，延长了从科学创新到技术创新的周期，更大大延长了产业创新的周期。③工厂建立了与自然循环相违背的生产模式，即从自然界无尽地提取原料—粗放的大生产—向自然界无尽地排出废物。经过两个世纪，这种生产模式使得资源耗竭、环境污染和生态退化严重到了难以可持续发展的地步。④由于空气、水和噪声污染严重，工厂甚至成为比“工场”更为恶劣的劳动环境，当然更无法与农场和牧场相比。⑤由于农民急剧向城市集中，造成了严重的城市问题。⑥由于分配不公造成严重的贫富悬殊，形成了“金领”“白领”和“蓝领”的不同阶层。

应该说，这些工业非文明是现代社会的主要弊端。在 20 世纪初，工业文明的上述弊端愈演愈烈，自第二次世界大战以后，西方发达国家开始以“园区”等形式来解决工厂的问题，力图从工业文明向生态文明过渡。

3. 生态文明

21 世纪人与自然和谐可持续发展成为人类的共识，人类进入生态文明。

工业文明史无前例地提高了生产的效率，但进入 20 世纪发生了资源耗竭、环境污染和生态系统退化的严重状况，人类是否能可持续发展已成问题。

工业文明在创造了文明的同时，也带来了不少非文明的成分，因此我们要走向新文明——生态文明。

生态文明阶段，经济发展主要取决于智力资源的占有和配置，即科学技术是第一生产力。

由于对智力资源的掠夺已经难以通过战争来实现，随着智力经济的发展，避免世界性战争的可能性日益增加，“和平、发展和环境”将是世界上的头等大事，“可持续发展”已经逐步成为世界有识之士的共识。

科学技术—智力在经济发展中日益重要的地位是有目共睹的，但是，为什么要使用“智力经济”这种新的提法呢？

这是因为从经济生产的生产力、产业结构、技术结构、分配和市场等各个方面来看，在智力经济的发展中都出现了与资源经济阶段本质性不同的东西。因此，这是一种新型经济。

从生产力的要素来看，劳动力、劳动工具和劳动对象都逐步退居次要地位，科学技术（包括管理科学技术）成为第一要素。

从技术结构来看，以前“科学”和“技术”分离的概念已经不适用了，科学和技术已经彼此相连、密不可分，以前说“高新科学技术产业”是一个概念的错误，而现在已经在科学工业园中成为现实。

从分配来看，在世界范围内，按占有生产资料和自然资源分配为主的分配方式开始变化。这种变化可以从占有很少资料和自然资源却创造了最高产值和收入的高新技术产业中看出。

从市场来看，传统的市场观念开始变化。随着高新技术的飞速发展，宏观导向作用必须加强，否则不仅是阻碍智力经济进一步发展的问题，还可能出现像资源经济时期的战争一样的情况，给人类带来巨大的灾难。此外，静态的市场观念、占有市场份额的观念、仅从数量上扩展市场的概念都会产生相应的变化，例如，一件高新技术产品的价值可能千万倍于同样物质消耗的传统经济产品。

经济生产发生的这些巨大变化，最主要的原因是文明的发展、文化的普及、人民受教育程度的普遍提高。人才层出不穷，流动的自由度大大增加，在文学艺术大发展的同时，科学前所未有地发展，新学科不断出现，复合型人才大量涌出。例如生态学和系统论的出现，改变了人类对自然的看法，两者的结合又使人们有了与自然相和谐的手段。

### （二）环境生态美学应用中的“可持续发展”策略

1. 生态文明建设中“可持续发展”策略的引入

人类的经济发展阶段取决于人类对世界的认识——知识。在农业经济阶段，人类关于自然的知识有限，对自然的认识基本上是“天命论”的，即人类开垦土地，进行耕作，主要取决于所在地区土地面积、肥沃程度、天气的好坏和人数的多寡，再加上劳动力的数量和质量来有限地发展生产，主要“靠天吃饭”。

从整体上来看，农业文明时期，尽管有植被被破坏，但比例较小；尽管进行耕作，但用的是有机肥，没有打破生态系统的食物链。人类对自然的破坏作用尚未达到造成全球环境问题的程度，人类仍能与自然界和平共处。

工业革命以后，人类与环境的关系发生了重大的变化。首先从思想意识上，人摒弃了古朴的“天人合一”的思想，由培根和笛卡儿提出的“驾驭自然、做自然的主人”的机械论开始统治全球，人类开始对大自然大肆开发、掠夺，生态系统的平衡受到严重干扰以致破坏。在工业经济阶段，人类关于自然的知识大大增加，对自然的认识发生了巨大的变化，认为人类可以凭借自己的知识向自然掠夺，可以用尽自然资源，取得最大利润，而不顾及自然资源枯竭、生态蜕变和环境污染的后果，要“征服自然”。科学技术的飞速发展，又为人类征服自然、改造自然和破坏生态系统平衡提供了条件。直到威胁人类生存、发展的环境问题不断地在全球显现，这才引起人们的高度重视，于是在 20 世纪下半叶展开了对人类发展方向的讨论。

1968 年 4 月，正当世界冷战达到顶峰，越南战争如火如荼，超级大国正醉心于人类发展利益分配的时候，世界上一批有识之士提出了另一个问题：“人类的发展有极限吗？”来自 10 个国家的科学家、教育家、经济学家、人类学家、企业家、政府和国际组织官员约 30 人，聚集在罗马山猫科学院，在意大利经济学家、企业经理奥莱里欧·佩切依博士的召集下举行了一次国际会议，产生了后来世界著名的“罗马俱乐部”这个非正式的国际组织。

人类的任何一种重大知识体系的产生和应用，都会对经济形式产生重大的影响。正像人类对物质结构的新认识，推动了机械制造，开创了新能源——煤与石油的利用，从而产生了工业经济一样，人类对于自己的生存环境——生态与环境的新认识所产生的新知识也必将导致一种新的经济——知识经济的诞生。

循环经济是人类经济思想从“无穷扩张、线性增长”到“增长的极限”再到“可持续发展”直至知识经济过程中十分重要的阶段。

从上面的分析可以看出，1972 年罗马俱乐部以《增长的极限》提出了 20 世纪下半叶最重大的问题；1987 年世界环境与发展委员会以《我们共同的未来》提出了可持续发展的新设想；知识经济是在 20 世纪最后 1/4 时间内，在世界范围内萌芽并发展的一种新的经济形态，是迄今为止对“增长为什么没有极限”“如何实现可持续发展”的最全面、系统的回答，也为“可持续发展”提供了坚实的理论基础和具体的发展途径。

经济是社会发展的基础，所以“可持续发展”从一开始就不仅是经济发展的概念，随着这一概念的深入人心并成为世界人民的行动准则，要不断波及、渗透，使之成为一个社会、科学和文化的全方位的概念。

2. 现有“人工生态系统”的运行

从理论上讲，自持生态系统是不能人造的，但在人不断干预的情况下，完全可以形成人造生态系统的持续运行。美国的赌城拉斯维加斯就是个例子，这座荒漠上的赌城就是人造的一个新生态系统，但要靠胡佛大坝水库的水不断地输入。

阿拉伯联合酋长国正在进行更大的人工生态系统的营造，该系统在世界上首屈一指。在从首都阿布扎比到沙迦的长达 130 千米、宽为 10 千米的沿海地带，酋长国正在进行一个面积达 1000 平方千米的、庞大的半荒漠变绿洲的人造生态系统工程。

从阿联酋首都也就是阿布扎比酋长国首都阿布扎比岛，经迪拜酋长国首都迪拜市，到沙迦酋长国首都沙迦市全长 180 千米的公路，绝大部分的路段两旁全是高耸的棕榈，除个别地段仍是荒漠外，绿地纵深在 5 ~ 15 千米，绿草和耐旱灌木构成了广阔的人造绿洲。其中阿布扎比市人口约为 100 万，迪拜市人口为 90 万，沙迦市人口为 15 万，再加上公路沿线的居民，海岸绿洲人口占阿联酋人口的 2/3。这里居民的生活环境的确从半荒漠带变成了半湿润带，绿茵遍地，空气比较湿润。

阿拉伯联合酋长国波斯湾沿岸的人类改造自然、持续投巨资建造的“人工生态系统”也不是有钱就能办到的，是有条件的：波斯湾南岸沿海，年降水量近 200 毫米，这是改造生态系统的基础。新生态系统形成后，目前降水量仍不到 250 毫米，无法维系草原植被，所有树和草都必须灌溉。由此可见，如果原来的降水量低于 100 毫米，这种改造就几乎是不可能的，如巨额的投入、靠近海岸、厉行节水灌溉，引入耐旱物种等。

由此可见，一个 100 平方千米以上面积的人工生态系统的建设是如此艰难，不是所有国家都能做到的。即使不计巨额投入，也是一个漫长的过程，需花四五代人即 80 ~ 100 年的时间。

3.“创新、协调、绿色、开放、共享”理念指导生态文明建设

“创新、协调、绿色、开放、共享”五大理念，不仅是我国“十三五”时期的发展理念，而且将指导今后的可持续发展，生态文明建设是“中国梦”的主要目标，当然应以这些理念为指导。

（1）创新。生态文明建设的本身就是对 18 世纪以来延续至今的传统工业经济的创新，以生态科学为指导重新认识人与自然的关系。我们生存的地球存在着的重大生态危机是人类社会发展面临的几大危机之一，应认识、重视并力求改变资源短缺、环境污染和生态退化的现状。生态文明是一大理念创新，也是理论创新。生态概念早已有之，文明概念古已有之，但生态与文明相结合产生的“生态文明”

理念又是一大理论创新。我国提出的生态文明理论把人类的文明、经济和生态三大理念联系起来，融合构成系统应用于发展，是对可持续发展理念的大提升。“可持续发展”是个很好的目标，但如何实现呢？这个问题在国际上尚未解决。只有“文明发展”是不够的，只有“经济发展”是不够的，只有“生态保护与发展”也是不够的，必须使三者构成一个有机结合的系统，这就是“生态文明建设”。

（2）协调。“生态文明建设”不仅是我国的总体战略，也是世界的发展前途，因此要从全球化的观点来看问题。生态文明建设包含有文明、经济和生态三大要素，分别构成了三大子系统，按系统论的观点这三个子系统内部都存在不断协调（或者说动平衡）问题。三大子系统之间存在的不断持续的、动态的协调是生态文明建设的基本理念协调问题。

文明子系统的协调。人类历史形成了不同文明，其主要可以归纳为东、西方两大文明，生态文明建设不是要比较这两大文明的优劣，而是要使这两大文明求同存异、交融、互利，最终达到协调。

在西方文明中又可以分为日耳曼文明、拉丁文明和斯拉夫文明等，也同样存在求同存异、交融、互利最终达到协调的问题，而不是以冲突和战争解决分歧和矛盾。经过战乱频仍的千年历史，屡经战乱的欧洲建立了欧洲联盟，就说明了协调的可能性与现实性。

在东方文明中又可以分为儒学文明、佛教文明、伊斯兰文明和印度教文明等，也同样存在上述问题，也完全具备通过协调来解决问题的条件。

生态系统的协调。生态系统同样存在通过调节和再组织来实现协调的问题，中国自古就有“风调雨顺”“草肥水美”的认识，说的就是协调。自然界为生态系统提供了水、空气和阳光三大要素。水不能太多，多了就是洪灾；也不能太少，少了就是旱灾。这些天灾都在地球上存在，但都是肆虐一时，最终达到协调——动平衡，使生命和人类可以持续存在。

自然又分为陆地和海洋两大系统，其中陆地又分为淡水、森林、草原、荒漠、沙漠和冻土等各大系统。由于降水和气温的变化，这些系统也发生矛盾而且互相转化，这些转化都是动平衡的体现，而最终达到协调。森林不可能无限发展，沙漠也不可能无穷扩张。

经济发展的协调。如投资、消费和出口之间的协调，要达成和谐的比例，哪个要素过高了都是不协调。再如，第一、第二、第三产业之间的协调，在大力发展服务业的同时，也不能削弱农业，同时要保持第二产业的一定比例。

（3）绿色。“青山绿水”是自古以来的中国梦。在农业经济时代河湖附近的植被很好，落叶使水变成浅绿色。由于水土保持好，土壤也吸融落叶，使之不会过多而使水过绿。由于河水流量很大，自净能力很强，因此那时水不会富营养化，从而不会过绿。所以今天富营养化的、过绿的水并不是好水。

“绿”并不是生态系统好的唯一标志，自然生态系统是一个生命共同体，还包括昆虫、鱼类、走兽和鸟类等其他动物，而且也要考虑水资源的支撑能力，不是越绿越好。同时，如果只是单一树种的人工密植造林，没有乔灌草的森林系统，没有林中动物，绿是暂时绿了，但不是好的生态系统，而且难以持续。

近20万年以来地球就是一个多样的生态系统，包括草原、荒漠、沙漠、冻土、冰川和冰原，如果盲目地要地球都变绿，既不必要，也不可能。就是在温带平原，森林覆盖率在25% ~ 35%（从北到南逐渐增加）就已经能满足生态的需要了。

（4）开放。地球在宇宙中是个相对孤立和封闭的系统，但也从太阳获得生命存在所必要的能量，不是绝对封闭的。

地球中的各个自然子系统之间，更是相互开放的系统。土壤、森林、草原、河湖、湿地、荒漠、沙漠、冻土、冰川和冰原等各系统之间都相互开放，进行信息、能量和水量的交换，以致范围的转化，使这些系统可以自我调节，达到自身的动平衡，从而实现可持续发展。

例如，当降雨过多，水就渗入地下水层，在旱年供植物吸收和人类抽取，构成了土壤、森林、河湖、湿地和人类社会系统各开放系统之间的水交换，从而达到了各系统之间的水平衡，或者叫“水协调”。

生态学近年发现的一个重要的现象，被称为“蝴蝶效应”，即南美亚马孙热带雨林中一群蝴蝶的异动可能在大洋彼岸引起生态变化，说明了生态系统广泛的开放性和强烈的互相影响，这是人们必须深刻认识，而且在生态文明建设中应高度注意的。

（5）共享。生态系统的基本原理是食物链，所谓食物链就是在链上的生物以各自不同的方式共享。

从生态文明建设来看，共享至少有三方面的含义：①在一个子系统内，自然生态和商品财富都应该共享，即某个人不能占有过多的资源，也不应拥有过多的商品财富。例如在法国，原则上规定不管在公务系列还是私营企业，最高薪的实际收入一般不能超过最低薪实际收入的6倍，靠纳税来调节，这样才能“文明”共享。②地域的含义，即国与国之间也不应贫富悬殊。在地球这个大系统中人类应该共享文明果实，高收入国家有义务帮助低收入国家；应对温室效应应该遵循“共同而有差别的责任”的原则，在2020年以前，高收入国家应向低收入国家提供1000亿元温室气体减排的援助。同时，减排的生态维系成果又是全球各国包括高低收入国家共享的。③代际共享。生态文明的根本目的是实现“可持续发展”，而可持续发展的基本概念就是“当代人要给后代留下不少于自己的可利用资源”，即“代际共享”的原则，这也是“生态文明”的原则。

## 二、传统美学文化

中国传统美学思想，是中国古代关于审美本质和美感体验最主要的基本思想之一，具有极强的独特性、时代性与创造性。此处集中探讨传统美学文化，以及传统美学在环境设计中的应用问题。

中国传统美学思想的本质是以中国古代哲学思想与艺术理论为基础的，是中国古代艺术创作的根本美学思想，也是中国古代审美哲学思想。有学者认为，中国的传统设计从来都没有将美视为设计美学的最高追求，其设计的最根本目的是表达当时的世界观与人生观，即表达社会主流思想，美这个体系范畴在中国传统美学中的地位，远不如在西方美学中的地位。所谓意象，即象外之象，既有具体的物象特征，更有超越具体物象特征、表达本体情感的“意”。这个“意”，是建立在中国古代世界观与人生观之上的审美哲学。

中国传统美学思想的本质，是一个以味、心、道、同构、文为美而构成的复合互补系统。味之美，是对传统美学本质的本体状态的认识，是将五觉快感对象与心灵理智情感对象的审美快感视为美；心之美，产生于心灵的寄托与表现，是心灵意蕴的象征，是中国古代以抒情达意为主的美学系统；道之美，是心之美的变换升华形态，儒家、道家、禅宗诸家均以不同的道德内涵寄托和表现这种美；同构之美，是将主体与客体在五官与心灵及感情取向和道德象征同构时的快感视为美，是对中国传统美学的心理本质的认识，是对美学本质的心理界说；文之美，是中国传统美学在追求以善为美的同时，不否认形式美，是形式美思想的集中体现。

中国传统美学思想是最为核心、最具民族特色的美学思想，发源于中国传统感知经验浑融、道德偏尊的文化土壤，是表现中国古人独特的世界观和人生观的审美哲学。中国传统美学不像西方美学那样，在世界之外去追寻某种超越的形而上的本体，而是把本体融入自然世界之中。中国传统美学的主要思想理念有天人合一、元气自然、自然和谐等。中国传统美学把道家与禅宗看作宇宙、自然和人性的最高本体，道的概念常常与气、理、心的概念相互替换。在元气自然论中，气既是物质的，也是精神的；既是万物本源，也是宇宙本体。从气的概念引申出一系列理念，如元气、神气、气韵、气概、气质等。中国传统美学把宇宙、自然与人性看成一个整体的不同方面。禅宗思想所提到的梵人合一、空寂、无常、悟、不立文字等理念，更注重体验者自身心境的修行。“心”由我们的思维所控制，所以修“心”更多的是一种自身的悟，是自身思想境界的提升，是一种心灵的启悟。

禅宗思想把这种悟称为见道，即在刹那明白心所求、心所执、心所烦，也在刹那明白如何将自己的心放平和，放下执念，与世界合为一体。禅宗思想否定外在的浮夸现象，主张内在的本质特性，对艺术审美特征的表达、设计理念的提出都具有深远的启发意义。因此，艺术审美与设计理念所追求的境界正是儒家思想、禅宗思想、道家思想非语言所能表达的境界，是既确定又不确定的整体意向。中国传统美学和现代环境艺术设计的精神实质也必须放到儒家思想、道家思想、禅宗思想的背景中去理解。

在诸多理论著作中，绝大多数学者把中国传统美学思想的主流分为五大类：孔子、孟子的儒家思想，老子、庄子的道家思想，屈原的楚骚思想，佛教的禅宗思想及明清思潮。其中，儒家思想、道家思想、明清思潮是构成中国传统文化的三个基本点，而楚骚思想与禅宗思想是对前三者的补充和调和，楚骚思想是对儒家思想与道家思想的补充，禅宗思想是对儒家思想、道家思想与明清思潮的调和。儒家思想、道家思想、楚骚思想、禅宗思想、明清思潮可以进行多种多样的结构组合，其中儒家思想是中国传统美学的基础主干，而道家思想、楚骚思想、禅宗思想都在不断地突破，同时补充和丰富儒家思想。

如果说，儒家思想重人为，道家思想尚自然，那么禅宗思想则向人揭示了禅心，只要有一颗禅心，人为即是自然，从而统一了人为与自然的本质区别。也正因为禅宗走向“心性”，才使其更接近设计美学，更接近人类审美特征。禅宗在中国佛教各宗派中流传时间最长、影响甚广，至今仍延绵不绝，使中国传统美学的理想境界从王维的山林之乐转向了白居易的都市之隐，在中国美学思想及艺术创作上有着重要的影响。

明清思潮追求自由、至情的精神，这些思想反映在当时的文学、戏剧及生活状态中，表现为对传统儒家思想、道家思想、楚骚思想、禅宗思想的反叛，甚至是放浪形骸；反映在具有抽象语言特征的书画中，则表现为超越常规的狂态，被总结为“放逸”精神。由于建筑的语言特征更为抽象，因此明清思潮追求自由、至情的精神，反映在建筑中，也只能表达放逸的精神特征。而本色与个性，则体现在不同的建筑中，是具体建筑特性的反映。

就传统美学自身来说，儒家思想作为其基础主干，仅服务于国家生活秩序，是最不具有设计美学的一种传统美学思想。相反，道家思想和禅宗思想在突破、融合儒家思想的同时，带来了许多实践性的美学思想，道家思想和禅宗思想的设计美学理念在现代环境艺术设计中的体现尤为明显，如道家思想的“大象无形”、禅宗思想的“梵人合一”等。毫不夸张地说，是道家思想与禅宗思想使得以儒家思想为主体的中国传统美学具有了浓厚而丰富的设计美学特征。因此，对儒家思想、道家思想、禅宗思想的解读，是为了更好地发掘中国传统美学中的审美意境、设计理念与设计美学，也是表达中国传统美学的重点。

## 第二节　环境生态美学在环境艺术设计中的应用

### 一、面向环境可持续性的设计

#### （一）生命周期设计

环境限制明确表示，如果不考虑产品对自然的影响，任何设计活动都不能真正实现。现在有必要从产品开发一开始就考虑环境需求，就如同考虑成本、性能、法律、文化和审美需求一样。这样做的益处就在于预防，而不是出现了损失再进行补救（末端治理方案）。另外，在设计方面这也是更为有效和节能的干预手段，而不是为避免环境影响来设计和生产其他补救产品。

从设计过程一开始就采用环保意识的战略，将有助于防止或减少问题的发生，而不是浪费时间（以及健康和金钱）去纠正已造成的损害。这种方式更容易结合环境和经济两方面的优势。

在20世纪90年代后半期，出现了低环境影响产品设计（the design of products with low environmental impact）这门新学科，以更为具体和现实的方式处理环境问题的复杂性：工业产品环境要求的含义变得清晰；引入了产品生命周期（product lifecycle）（为了设计和评估）的概念，并且又把功能单元（functional unity）的概念重新融入环境的情境中。

#### （二）资源消耗最小化

资源消耗最小化意味着减少某种产品的材料和能源消耗，如果在产品生命周期的每个阶段及其提供的整个过程中都这样做会更好。

这个策略涉及对环境的定量保护，在可持续性方面有两层含义。首先，与输入量有关，这对于为了后代而保护自然资源有益。其次，与对自然界的输出有关，资源消耗的减少（的确是微乎其微），降低了对环境的影响。

尽量使用较少的材料，不仅是因为向自然索取的资源减少了，还因为这样减少了加工、运输和处理成本。类似地，减少能源消耗同样会大大降低因生产和运输产生的环境影响。

材料与能源有其经济成本以及生态成本，因此，最小化消耗是对所有资源的节约，不过目前降低使用过程中的能耗不属于公司的目标，因而也很难将其转化成高效产品的设计。

这种情形在销售型经济中尤其明显，但是，也有可能开发出更完整的产品服务系统，即用户不必拥有自己的产品。这种供应的新形式在生态效率方面带来了一些吸引人的内在价值。

为了给予设计师明确的指导和有效的支持，根据资源的性质，有以下两方面的原则：①材料消耗最小化；②能源消耗最小化。

### （三）选择低环境影响的资源

设计旨在选择较低环境影响的资源（材料和能源），同时使同一产品的功能部件和相应服务的生命周期相同。

设计师主要负责选择和使用材料，他们通常不关心材料的来源或者最终的去向。同样，他们也不太关心产品操作阶段的能源选择问题。在生产和销售阶段，设计师的角色并不受重视，但资深的设计人员仍然可以产生一定的影响。

重要的是要记住，为了使用准确、有效的方法以减少（功能部件生命周期不同步）对环境影响，有必要尽可能重新设计整个产品体系。每步计算必须涉及整个生命周期及其所有过程。

这意味着我们必须在不同转化技术（有些可能产生有毒害的排放物，而有些有着同样效率却不产生）中做出选择，选择对自然影响小的配置结构；设计产品时，尽量使用较少的资源（能源和材料消耗）、产生较低的环境影响；最后，我们要定位材料和添加剂的选取，并采取办法尽可能地减少报废处理中有害排放物带来的危险。同时，生产前的计算也必须考虑到其工作环境和风险。

最后，从环境可持续性角度来看，其目的是为子孙后代保存资源，更为重要的是，保证资源的可再生性，或它们的可循环性。

可以说，选择低环境影响的资源，可以通过两种不同方式实现对自然的定性保护：①选择无毒害的资源；②选择可再生和生态兼容的资源。

## 二、环境可持续性分析

### （一）光环境

光对于人类来说应该是一个并不陌生的词语，如果从光环境着手来讲人与居住区景观之间的联系，相信人们的脑海当中一定已经呈现出了很多我们接触过的因为光环境而产生的美感。

如果我们回忆在大脑中呈现的光环境，灯光的各种效果应该是首先映入我们大脑中的首选样式，因为随着各种营造光环境的媒介的产生，让人一谈到光的作用时就会不知不觉地联想到灯光，因为这些人工产生的光源确实让我们的生活更加奇幻和充满变化。我们忘不了霓虹灯光的美感，其让城市变得如此绚烂、如此迷幻。不过如果我们要深入地了解光环境的运用，绝对不可以单纯地从人工光源这一个方面去解读。

光环境与居民的户外活动有着密切的联系，影响着居民的身心健康。为了促进居民的户外活动，居住区景观空间应尽可能营造良好的光环境。

良好的居住区光环境，不仅体现在最大限度地利用自然光，还要从源头控制光污染的产生。如在选择景观材料时须考虑材料本身对光的不同反射程度，以满足不同的光线需求；小品设施设计时应避免采用大面积的金属和镜面等高反射性材料，以减少居住区光污染；户外活动场地布置时，朝向应考虑减少眩光。在气候炎热地区须考虑树冠大的乔木和庇荫构筑物，以方便居民的交往活动；阳光充足的地区宜利用日光产生的光影变化来形成独特景观。另外，居住区照明景观应尽可能舒适、温和、安静和优雅，照度过高不仅浪费能源，也无法营造温馨宜人的光环境。

绿化作为景观的重要组成部分也跟光环境有着密切联系。如住宅旁绿地宜集中在住宅向阳的一侧，因为朝南一侧更具备形成良好的小气候的条件，光照条件好，有利于植物生长，但设计上需注意不能影响室内的通风和采光，如种植乔木，不宜与建筑距离太近，在窗口下也不宜种植大灌木。住宅北侧日光不足不利于植物生长，应采用耐阴植物。另外，建筑东、西两侧可种植较为高大的乔木以遮挡夏日的骄阳。夜间还可利用庭院灯与植物的结合，形成明暗对比，凸现景观的幽静和温馨。

### （二）通风环境

良好的风环境有利于建筑间的自然通风，夏季能有效驱散热量，降低居住区内温度，利于节能。良好的风环境还有利于空气污染物的扩散，通畅的气流可以避免烟尘、有害气体的滞留，维持居住区内良好的空气质量。建筑布局的朝向对居住区的风环境有很大的影响作用，不同地区有相应的最佳朝向及适宜范围。

人体的舒适性也与风环境有关，一般小于 5 米 / 秒的风速对行人较为适宜，5 ~ 10 米 / 秒人就开始感到不适甚至行动受影响，10 米 / 秒以上人的行动严重受影响，居住区景观设计时应注意风速对人体的影响。

不同的建筑组群形式，有不同的自然通风效果。

（1）行列式布置的组群：须调整住宅朝向引导气流进入住宅群内，使气流从斜向进入建筑组群内部，从而减小阻力，改善通风效果。

（2）周边式布置的组群：在群体内部和背风区以及转角处会出现气流停滞区，但在严寒地区则可阻止寒风的侵袭。

（3）点群式布置的组群：由于单体挡风面较小，比较有利于通风，但建筑密度较高时也会影响群体内部的通风效果。

（4）混合式布置的组群：自然气流较难到达中心部位，要采取增加或扩大缺口的办法，加入一些点式单元或塔式单元，改善建筑群体的通风效果。

为营造良好的居住区风环境，可采取以下的通风、防风措施。

（1）非严寒和寒冷地区，建筑物和构筑物的布局应有利于自然通风，尽可能避免周边布置形式。首先，为引导夏季气流进入居住区，建筑布局可以采用错列、长短结合布置或小区开口迎向主导风向的方法提高夏季通风效果。其次，采用高低建筑结合布置，将较低的建筑布置在夏季主导风向上，增加建筑迎风面，可较好地改善居住区夏季的通风状况。另外，住宅的疏密相间，地形及局部风候的利用，也可调节通风并形成有利的小气候。

（2）为调节居住区内部通风排浊效果，应尽可能扩大绿化种植面积，非严寒和寒冷地区应适当增加水面面积，以有利于调节通风量。

（3）户外活动场地的设置应根据当地不同季节的主导风向，通过建筑、植物、景观设计来疏导自然气流。

（4）底层部分架空有利于居住区内部空间和各栋住宅之间的空气流通。

### （三）声环境

居住区的声环境是指住宅内外各种声源产生的声音对居住者在生理上和心理上的影响，它直接关系到居民的生活、工作和休息。居住区规划设计中，必须保证住宅内声环境的质量，为居民提供宁静的居住环境，这也是“生态住区”“绿色住宅”的重要标志。

城市居住区白天的噪声最大允许值宜控制在45分贝左右，夜间最大噪声允许值在40dB左右。靠近噪声污染源的居住区应通过设置隔声屏障、人工筑坡、植物种植、水景造型、建筑屏障等进行防噪。

当然，声环境也包括一些优美的自然声，如风声、虫吟、鸟鸣、蛙唱等都是现代都市难求的声音素材，保护这些富有特色的自然声，能更好地提升居住区的品质（见表8-1）。

表8-1　居住区的声环境

| 声源 | 发生时间 | 物理特性 | 心理特性 |
| --- | --- | --- | --- |
| 鸟鸣声 | 清晨 | 声压级较小，中、高频成分重 | 动听、令人愉快 |
| 轻松的背景音乐 | 清晨、傍晚 | 声压级适中，中频成分重 | 恬静、宜人 |
| 微风吹过树叶间的摩擦 | 昼、夜 | 声压级小，中频成分重 | 安静、令人产生联想 |
| 孩子们的嬉戏 | 白天、傍晚 | 声压级适中，中、高频成分重 | 热闹、活泼 |
| 一部分昆虫的鸣叫 | 昼、夜 | 声压级小，各频率的声音成分均较重 | 宁静、安逸 |
| 小区花园内喷泉、潺潺流水 | 白天 | 声压级小，中频成分重 | 安静、动听 |

### （四）温湿度环境

一个好的居住环境，必须有适宜的温度，实验表明，气候温度环境应低于人体温度，如保持在24 ~ 26℃的范围内最佳，这就要求我们在选择居住区基址时，尽量考虑到温度的舒适性，避开高温高寒的地方，并通过景观环境的规划和设计等措施来争取舒适的、自然的温度环境。

湿度是表示大气干燥程度的物理量。一定的温度下在一定体积的空气里含有的水汽越少，则空气越干燥；水汽越多，则空气越潮湿，不含水蒸气的空气被称为干空气。在气象学中，大气湿度一般指的是空气的干湿程度，通常用两种表达方法：一是绝对湿度，也就是空气中所含的水分的绝对值（大气中的水蒸气可以占空气体积的0 ~ 4%）；二是相对湿度，是指空气中实际所含水蒸气密度和同温下饱和水蒸气密度的百分比，用RH表示。人体最为适应的温、湿度是：温度为18℃ ~ 28℃，湿度为30% ~ 60%。

温湿度环境主要是为了给人一种舒适感觉以及更好地进行居住而设计的，它是满足人本身以及在相同环境下的植物进行正常生存的重要因素。同时作为居住区的景观也具有很重要的地位，温湿度环境的不同决定了在进行景观规划的过程中必然会进行不同的物种选择。因此，在进行景观设计之前必须先对居住区的温湿度环境有一定的掌握和了解，只有做到心中有数，才能使设计的过程得心应手，比如：北方地区冬季要从保暖的角度考虑硬质景观设计；南方地区夏季要从降温的角度考虑软质景观设计。

事实上，温湿度作为构成居住景观的重要组成部分常常被设计者忽略掉，在有些大型的楼盘小区设计当中我们会发现一些很珍贵的植物种类，但是这种植物本身对自身的生存环境要求很高，于是，当这种物种被不正确地放置到居住景观当中时，可以说是一种资源和生命的浪费。设计者原本希望构造美好的环境，在物种的选择上提高成本想营造一种上流的感觉，只可惜这种营造却好比海市蜃楼，最后的结果是人力、物力投入很多却没有收到良好的效果。业主同样也花了钱买这个植物的观赏权，只可惜观赏的成本太高而延续性却不大。因而作为居住景观的设计人员，我们应该从更加专业的角度去考量设计的周全性，把方方面面的事情在设计构思的过程中考虑进去，才能够在设计施工过程中表现出完美的效果。

### （五）视觉环境

景观设计中最重要的因素就是传达和表现美，设计艺术简单地说就是视觉传递的艺术，不论运用怎样的方法，其目的都是希望给观赏者一个舒适自然、具有感官享受的事物，因而从视觉角度控制环境景观设计是一个重要而有效的设计方法。中国园林设计中对景、衬景、框景等方法运用的目的是给观赏者一个特殊的视觉效果，由此提升环境的景观价值。因而，在景观设计的过程中，设计者不仅仅是单纯地从植被和绿化的栽种方面去考虑如何布局和设计，同时也要考虑到运用多种的手段和方法去进行规划。居住区的景观设计，应尝试用多种构成方式和多种不同的能够营造景观效果的设计元素进行设计，如山、石、水、桥、路、廊、亭、地面铺装等，可以说景观设计的内容是十分丰富的。为了增添文化氛围，常常还会配备有雕塑、景观小品等。不论方法如何运用，都是为了呈现设计的良好视觉效果。

当然景观设计也不是一个单纯而独立的设计样式，要想在设计的过程中充分发挥景观所带来的视觉效果，设计者必须灵活地运用设计方法，合理而有效地把不同的设计方法组合运用，这样才会呈现出更加丰富的视觉感受。

### （六）人文环境

人是生活世界的主体，在居住空间中占有主体地位。建筑营造帮助人们在生活世界中居住下来，人们不仅从感官上而且更从心灵上认识和理解自身所处的具体空间和特征。居住环境不仅要满足使用者不同层次的需求，在景观视觉上趋于和谐并充满活力，还需继承和发展历史文脉，为居住区注入精神与文化内涵。因此，居住环境不仅具有物质的概念，也包含了精神的内容，具有文化意义。

不同地域的人有着各自不同的生活方式，造就了不同的生活习惯、文化状态并形成种种文化心理的沉积。文化的地域性、民族性所形成的文化传统对城市居住空间的组织与发展产生影响，由此形成居住环境的文化特色。居住空间的文化特色一方面表现为其空间物质形态积淀和延续了历史文化；另一方面它又随着居民整体观念和社会文化的变迁而发展。中华民族历史悠久，传统文化博大精深，其中传统居住文化占据了重要的地位。传统文化与居住、建筑的结合形成了中国丰富多彩并极具特色的居住空间形式。

人类作为社会的主体，随着经济的变迁和发展，已经越来越关注自己的生存环境，人的存在已经从生存向提高生活质量转变。事实上，追寻更高品质的生活也成为很多人追求的目标，各种各样的环境因素成为人们选择居住区环境的重要组成部分。

## 三、新农村规划环境设计

### （一）新型农村生态社区建设规划

1. 村庄的发展与总体规划布局

在进行村庄总体规划布局时，不仅要确定村庄在规划期内的布局，还必须研究村庄未来的发展方向和发展方式。这其中包括生产区、住宅区、休息区、公共中心以及交通运输系统等的发展方式。有些村庄，尤其是某些资源、交通运输等诸方面的社会经济和建设条件较好的村庄发展十分迅速，往往在规划期满以前就达到了规划规模，不得不重新制订布局方案。在很多情况下，开始布局时，对村庄发展考虑不足，要解决发展过程中存在的上述问题就会十分困难。不少村庄在开始阶段组织得比较合理，但在发展过程中，这种合理性又逐渐丧失，甚至出现混乱。概括起来，村庄发展过程中经常出现以下问题。

（1）生产用地和居住用地发展不平衡，使居住区条件恶化。或者发展方向相反，增加客流时间的消耗。

（2）各种用地功能不清、相互穿插，既不方便生产，也不便于生活。

（3）对发展用地预留不足或对发展用地的占用控制不力，妨碍了村庄的进一步发展。

（4）绿化、街道和公共建筑分布不成系统，按原规划形成的村庄中心，在村庄发展后转移到了新的建成区的边缘，因而不得不重新组织新的村庄公共中心，分散了建设资金，影响了村庄的正常建设发展。

这些问题产生的主要原因，是对村庄远期发展水平的预测重视不够，对客观发展趋势估计不足，或者是对促进村庄发展的社会经济条件等分析不够、根据不足，因而出现评价和规划决策失误。

为了正确地把握村庄的发展问题，科学地规划乡（镇）域至关重要，它能为村庄发展提供比较可靠的经济数据，也有可能确定村庄发展的总方向和主要发展阶段。但是，实践证明，村庄在发展过程中也会出现一些难以预见的变化，甚至于出现村庄性质改变这样重大的变化，这就要求总体规划布局应该具有适应这种变化的能力，在考虑村庄的发展方式和布局形态时进行认真、深入、细致的研究。

2. 村庄的用地布局形态

村庄的形成与发展，受政治、经济、文化、社会及自然因素所制约，有其自身的、内在的客观规律。村庄在其形成与发展中，由于内部结构的不断变化，从而逐步导致其外部形态的差异，形成一定的结构形态。结构通过形态来表现，形态则由结构而产生，结构和形态二者是互有联系、互有影响、不可分割的整体。而常言的布局形态含有结构与布局的内容，所以又称为布局形态。研究村庄布局形态的目的，就是希望根据村庄形成和发展的客观规律，找出村庄内部各组成部分之间的内在联系和外部关系，求得村庄各类用地具有协调的、动态的关系，以构成村庄的良好空间环境，促进村庄合理发展。

村庄形态构成要素为：公共中心系统、交通干道系统及村庄各项功能活动。公共中心系统是村庄中各项活动的主导，是交通系统的枢纽和目标，它同样影响着村庄各项功能活动的分布。而村庄各项功能活动也给公共中心系统以相应的反馈。二者通过交通系统，使村庄成为一个相互协调的、有生命力的有机整体。因此，村庄形态的这三种主要的构成要素，相互依存，相互制约，相互促进，构成了村庄平面几何形态的基本特征。

对于村庄的布局形态，从村庄结构层次来看可以分为三圈：第一圈是商业服务中心，一般兼有文化活动中心或行政中心；第二圈是生活居住中心，有些尚有部分生产活动内容；第三圈是生产活动中心，也有部分生活居住的内容。这种结构层次所表现出来的形态大体有圆块状、弧条状、星指状三种。

（1）圆块状布局形态。生产用地与生活用地之间的相互关系比较好，商业和文化服务中心的位置较为适中。

（2）弧条状布局形态。这种村庄用地布局往往受到自然地形限制而形成，或者是由于交通条件如沿河、沿公路的吸引而形成，它的矛盾是纵向交通组织以及用地功能的组织，要加强纵向道路的布局，至少要有两条贯穿城区的纵向道路，并把过境交通引向外围通过。

在用地的发展方向上，应尽量防止再向纵向延伸，最好在横向利用一些坡地做适当发展。用地组织方面，尽量按照生产—生活结合的原则，将纵向狭长用地分为若干段（片），建立一定规模的公共中心。

（3）星指状布局形态。该种形态一般都是由内而外地发展，并向不同方向延伸而形成。在发展过程中要注意各类用地合理功能分区，不要形成相互包围的局面。这种布局的特点是村庄发展具有较好的弹性，内外关系比较合理。

3. 村庄的发展方式

（1）由分散向集中发展，连成一体。在几个邻近的居民点之间，如果劳动联系和生产联系比较紧密，经常会形成行政联合。

（2）集中紧凑连片发展。连片发展是集中式布局的发展方式。集中式布局是在自然条件允许、村庄企业生产符合环境保护的情况下，将村庄的各类主要用地，如生产、居住、公建、绿地集中连片布置。

（3）成组成团分片发展。同集中式的布局相反，有一部分村庄呈现出分散的布局形态。

①要使各组团的劳动场所和居民区成比例地发展。

②各组团要构成相对独立、能供应居民基本生活需要的公共福利中心。

③解决好各组团之间的交通联系。

④解决好村庄建筑和规划的统一性问题，克服由于用地零散而引起的困难。

（4）集中与分散相结合的综合式发展。在多数情况下，以遵循综合式发展的途径比较合理。这是因为在村庄用地扩大和各功能区发展的初期，为了充分利用旧区原有设施，尽快形成村庄面貌，规划布局以连片式为宜。但发展到一定阶段，或者是村庄企业发展方向有较大的改变，某些工业不宜布置在旧区，或者是受地形条件限制，发展备用地已经用尽，则应着手进行开拓新区的准备工作，以便当村庄进一步发展时建立新区，构成以旧村区为中心，由一个或若干个组团式居民点组成的村庄群。

### （二）生态文明建设下的新农村公共服务设施规划

1. 村庄道路的分级

道路的规划应该依据村庄之间的联系以及村庄各项用地的功能、交通流量等，结合自然条件和现状的特点，确定道路的系统，并且要确保有利于建筑布置与管线的敷设，同时还应该满足救灾避难与日照通风的要求。村庄所辖地域范围内的道路按照其主要的功能与使用特征，应该划分成村庄道路和田间道路两类。

（1）村庄道路。村庄内道路是村庄连接主要的中心镇以及村庄中各个组成部分的联系网络，也是道路系统的主要骨架和“动脉”。村庄内的道路可根据国家建设部颁布的《村庄规划标准》的规定进行规划。按照村庄的层次和规模，按照使用的任务、性质以及交通量的大小分成了三级，如表 8-2 所示。

表8-2　村庄道路规划技术指标表

| 规划技术指标 | 村镇道路级别 | | |
|---|---|---|---|
| | 主干道 | 干道 | 支路 |
| 计算行车速度（千米 / 时） | 40 | 30 | 20 |
| 道路红线宽度（米） | 24 ~ 40 | 16 ~ 24 | 10 ~ 14 |
| 车行道宽度（米） | 14 ~ 24 | 10 ~ 24 | 6 ~ 7 |
| 每侧人行道宽度（米） | 4 ~ 6 | 3 ~ 5 | 0 ~ 3 |
| 道路间距（米） | >500 | 250 ~ 500 | 120 ~ 300 |

（2）田间道路。农田道路是连接了村庄和农田以及农田和农田之间的道路，能够极大地满足农产品的运输、农业机械下田作业以及农民进入田间从事生产劳动的要求。主要能够分成机耕道与生产路。生产路只供人、畜下田进行作业时候使用。其规划的等级和技术指标如表 8-3 所示。

表8-3　农田道路规划技术指标

| 规划技术指标 | 农田道路级别 | | |
|---|---|---|---|
| | 机耕道 | | 生产路 |
| | 干道 | 支道 | |
| 道路红线宽度（米） | 6 ~ 8 | 4 ~ 6 | 2 ~ 4 |
| 车行道宽度（米） | 4 ~ 5 | 3 ~ 4 | 1 ~ 2 |
| 道路间距（米） | >1000 | 150 ~ 250 | 150 ~ 250 |

（3）村庄道路系统规划。对村庄内部的道路系统进行规划，需要结合新农村中心村建设和改造以及农田规划而进行，按照村庄的层次和规模、当地的经济发展特点、交通运输的有关特点等进行综合考虑。个别中、远期能够升格的村庄，

在进行道路规划时，应该注意远近结合、留有一定的余地，如果因为由于资金不充足等有关的问题也可以进行分期实施，如先修建半幅路面等。通常情况下都是根据表 8-4 的有关要求而设置不同级别的道路。

表8-4　村庄道路系统组成

| 村庄层次 | 规划规模分级 | 村镇道路级别 | | | | | |
|---|---|---|---|---|---|---|---|
| | | 主干道 | 干道 | 支路 | 机耕干道 | 机耕支道 | 生产路 |
| 一般镇 | 大型 | · | · | · | | — | — |
| | 中型 | ○ | · | · | — | | |
| | 小型 | | · | · | | | |
| 村庄 | 大型 | — | ○ | · | · | · | · |
| | 中型 | — | ○ | · | · | · | · |
| | 小型 | — | — | · | ○ | · | · |

村庄道路系统是以村庄现状、发展规模、用地规划及交通流量为基础，并结合地形、地物、河流走向、村庄环境保护、景观布局、地面水的排除、原有道路走向、各种工程管线布置，以及铁路和其他各种人工构筑物等的关系，因地制宜地规划布置。规划道路系统时，应使所有道路主次分明、分工明确，并有一定的机动性，以组成一个高效、合理的交通系统，达到安全、方便、快速、经济的要求。

道路网节点上相交的道路条数有一定的限制，不能超过 5 条；道路的垂直相交最小夹角也应该大于 45°，并且应该尽可能避免错位的 T 字形路口。道路网形式通常采取方格式、放射环式、自由式与混合式的布置形式。

①方格式。方格式也称为棋盘式，道路呈直线，大多都是垂直相交的。这种道路布局的最大特征就是方格网所划分的街坊十分整齐，有利于进行建筑物的布置，用地十分经济、紧凑，有利于建筑物的布置以及方向识别。从交通方面来看，交通组织十分简单而便利，道路的定线十分方便，不会形成一些比较复杂的交叉口，车流能够十分均匀地分布在所有的街道上；交通的机动性比较好，当某条街道受阻车辆绕道行驶时，其路线也不会增加，行程的时间同样也不会增加。这种布局适用于一些平原地区。这种道路系统也有着十分明显的缺点，它的交通相对比较分散，道路的主次功能不太明确，交叉口的数量过多，影响行车的畅通。

②放射环式。放射环式道路系统主要由两部分组成，即放射道路与环形道路。放射道路担负了对外交通联系的重要任务，而环形道路则担负了各个区域之间的运输任务，并且连接放射道路，分散部分过境的交通。这种道路系统主要是以公共中心为中心，由中心引出放射形道路，并在其外围地带敷设了一条或者几条环形的道路，像蜘蛛网一样构成了整个村庄的道路交通系统。环形道路有周环，也可以为群环或者多边折线式；放射道路有的是从中心内环进行放射，有的则是从二环或者三环进行放射，也能够和环形道路呈切向放射。这种形式的道路交通系统优点主要是让公共中心区与各功能区存在直接通畅的交通联系，同时环形道路也能够把交通均匀地分散至各个区域。路线有曲有直，比较容易结合自然地形和现状。

放射环式道路的一个十分明显的缺点就是比较容易造成中心的交通拥挤，行人和车辆十分集中，有一些地区的联系则需要绕行，其交通的灵活性没有方格网式的好。如在小范围内采用这种布局的形式，道路交叉则能够形成很多的锐角，出现很多不规则的小区或者街坊，不利于进行建筑物的布置。另外，由于道路十分曲折也不利于方向的辨别，以致交通不便。放射环式道路系统通常适合在一些规模较大的村庄中布置，对一般的村庄来说则很少采用。

③自由式。自由式道路交通系统主要是以结合地形起伏、道路迁就地形而形成的一种布局形式，道路弯曲自然，没有一定的几何图形。这种形式的优点是可以比较好地结合自然的地形，道路就能够自然顺适，生动活泼，能够最大限度地减少土方的工程量，丰富村庄的景观，节省工程的造价费用。自由式大多都是用在山区、丘陵地带或者地形多变的区域。其缺点就是道路多为弯曲、方向多变，比较紊乱，曲度系数比较大。因为道路曲折，所以就会形成很多不太规则的街坊，影响了建筑物的布置以及管线工程的施工布置。同时，因为建筑太过分散，居民的出入也十分不便。

④混合式。混合式道路系统，主要是结合了村庄的自然条件与现状，力求吸收前三种基本形式的优点，适应性比较强，避免了自身的缺点，因地制宜地对村庄道路系统进行规划布置。

上述的四种交通系统类型，各有优缺点，在实际的规划过程中，应该根据村庄的自然地理条件、现状特征、经济状况、未来发展的趋势以及民族传统习俗多方面进行综合性考虑，做出一个比较合理的选择与运用，不可以机械地单纯追求某一种形式，绝对不可以生搬硬套搞形式主义，应该做到扬长避短，科学、合理地对道路系统进行规划布置。

⑤满足村庄环境的需要。村庄道路网的走向应该有利于村庄内的通风。北方

地区的冬季寒流风向主要为西北风，寒冷通常也会伴随着风沙、大雪。所以，主干道的布置应该和西北向形成一个垂直或者成一定偏斜角度的样式，以避免大风雪与风沙对村庄的直接侵袭；对南方村庄道路的走向应该与夏季的主导风向平行，以便能够创造良好的通风条件；对海滨、江边、河边的道路应该做到临水避开，并且布置一些垂直于岸线的街道。

道路的走向还应该使两侧建筑布置创造良好的日照条件，通常南北向的道路要比东西向的更好，最好是由东向北偏转一定的角度。

现代社会，机动车的噪声与尾气污染变得日益严重，应引起人们足够的重视。通常采取的措施主要有：合理地确定村庄的道路网密度；在街道宽度方面，应该考虑必要的防护绿地去吸收部分噪声、二氧化碳，同时释放出新鲜的空气等。

⑥满足村庄景观的要求。村庄道路不仅用作交通运输，而且对村庄景观的形成造成了很大的影响。道路景观可以通过线性的柔顺、曲折起伏、两侧建筑物的进退、高低错落、丰富的造型和色彩、多样的绿化，并可以在适当的地点布置广场与绿地，配置建筑小品等，以此协调道路的平面与空间的组合；与此同时，通过道路将自然景色、历史古迹、现代建筑贯通起来，形成一个具有十分鲜明景观特色的长廊，对体现整洁、舒适、美观、绿色、环保、丰富多彩的现代化村庄面貌可以起到极为重要的作用。

对山区的村庄而言，道路的竖曲线主要是以凹形曲线为赏心悦目为佳，而凸形的曲线则会给人以街景凌空中断的感觉。这种情况下，通常可以在凸形的顶点开辟广场，布置好建筑物或者树木，使人远眺前方的景色，有一种新鲜不断、层出不穷之感。

但是需要指出的一点是，不可以为了片面地追求街景的变化，将主干道规划设置成错位交叉、迂回曲折的形式，这样会导致交通不畅。

（4）道路绿化。道路绿化主要是在道路的两旁种植一行或者几行类型不同的乔木、灌木等，以此达到美化与保护道路的主要目的。按照道路绿化的作用，我们能够将其分成行道树、风景林、护路林三种主要的类型。行道树主要是指在道路的两旁或者一旁栽植单行的乔木，用来美化道路中的树；风景林主要是指在道路的两旁栽种两行及以上的乔木或者灌木，用来改善道路的环境；护路林主要是指在道路的两旁或者一旁空旷的地带，密植上多行乔木、灌木，以此来阻挡风沙、积雪或者洪水等自然灾害的侵害，保护道路的林带。

2. 教育设施规划

（1）中小学教育设施规划。中小学建筑设施主要是由教学以及办公用房所组成的。此外，应有室外运动场地以及必要的体育设施：条件好的中小学还应该有礼堂、健身房等。教学及行政用房建筑面积，小学约为 2.5 平方米 / 每生，中学约为 4 平方米 / 每生。

教室的大小与学生的桌椅排列方式有很大关系。为了保护学生的视力，第一排书桌的前沿距黑板应该不低于 2 米，而最后排的书桌后沿距离黑板应该小于 8.5 米，同时，为了避免两边的座位太偏，横排的座位数应该不超过 8 个。所以，小学教室需要根据座位以及走道的尺寸要求，进深应该大于 6 米，教室的每一个开间应该也不小于 2.7 米。一个教室通常占到 3 个开间，因此，小学教室的轴线尺寸往往不应小于 8.4 米 ×6 米。由于中学生的课桌尺寸都比较大，教室的轴线尺寸往往不宜小于 9 米 ×6.3 米。上述尺寸的教室，每班可以容纳学生 54 个左右。教室的层高：小学中可以是 3.0 ~ 3.3 米，中学则能够是 3.3 ~ 3.6 米。音乐教室的大小也要和普通的教室相同。

（2）中学教室。为了方便应急疏散，教室的前后应该各设一门，门宽应该大于 0.9 米。窗的采光面积多是 1/6 ~ 1/4 地板面积。窗下部应该设一个固定窗扇或者中悬窗扇，并且需要用磨砂玻璃，以免室外的活动分散学生们上课时的注意力。走廊一侧的墙面上也应该开设高窗以便于通风。北方的寒冷地区外墙采光窗上也可以开设小气窗，以方便换气，小气窗面积是地板面积的 1/50 左右。

教室的黑板通常长为 3 ~ 4 米，高是 1 ~ 1.1 米，下边距讲台 0.8 ~ 1.0 米。简易黑板主要是用水泥砂浆抹成的，表面刷黑板漆。为了避免黑板的反光，可以使用磨砂玻璃制成的黑板。讲台高为 0.2 米，宽 0.5 ~ 1.0 米，讲台长应该要比黑板的每边长 0.2 ~ 0.3 米。

中学的物理、化学、生物课都需要在实验室中进行实验教学，规模小一些的学校也可以把化学、生物合并成生化实验室。小学则有自然教室，实验室的面积通常是 70 ~ 90 平方米，实验准备室多为 30 ~ 50 平方米。为了简化设计与施工，实验室以及准备室的进深要和教室保持一致。

实验室及准备室内所需设置实验台、准备桌及一些仪器药品柜等。

厕所所需要的面积不等，一般男厕所可以根据每大便池 4 平方米，女厕所每大便池 3 平方米计算。卫生器具的数量可以参考表 8–5 进行确定。

表8-5　中学生厕所卫生器具数量

| 项　目 | 男厕 | 女厕 | 附注 |
| --- | --- | --- | --- |
| 大便池的数量 | 每 40 人一个 | 每 25 人一个 | 或每 20 人 0.5 米长小便池，或每 80 人 0.7 米长洗手槽 |
| 小便斗的数量 | 每 20 人一个 | — | |
| 洗手盆 | 每 90 人一个 | 每 90 人一个 | |
| 污水池 | 每间一个 | 每间一个 | |

男、女学生的人数可以根据 1 ∶ 1 的比例加以考虑。男女生厕所中可以增加一间教师用厕所，也可以把教师用的厕所与行政人员用的厕所合在一起设置。

学生厕所的布置和使用的人数存在一定的关系。每层的人数不多时，可以各设一间男女厕所，进行集中布置。每层的人数比较多时，可以把男女厕所分别布置于教学楼的两端，在垂直方向上把男女厕所进行交错布置，以方便使用。

大便池主要分为蹲式、坐式两种。小学生与女生在使用大便池时可以考虑蹲式、坐式各半。小学厕所中大便池的隔断中不设门。小学生所用的卫生器具，在间距与高度上的尺度可以比普通的尺度小约 100 毫米。

阅览室的面积和学校的规模大小以及阅览的方式有很大关系：中等规模的学校通常按 50 个座位进行设计，每座的面积大小（中学是 1.4 ~ 1.5 平方米，小学为 0.8 ~ 1.0 平方米）；阅览室的宽度尺寸应该和教室保持一致。如过房间太长，空间的比例失调也可能会分为两间使用，大间作为普通的阅览室，小间则可以作为报刊或者教师专用阅览室，阅览室的层高和教室一样。田径运动场根据场地的条件不同，跑道的周长可以设为 200 米、250 米、300 米、350 米、400 米。小学应该有一个 200 ~ 300 米跑道的运动场，中学宜有一个 400 米跑道的标准运动场。运动场长轴宜南北向，弯道多为半圆式。场地要考虑排水、田径运动场形式、尺寸、排水方式及场地构造等。

（3）托幼建筑设计。

①基地选择。4 个班以上的托儿所、幼儿园需要进行独立的建筑基地设计，通常都是位于居住小区的中心。

a. 托儿所、幼儿园的服务半径通常不能超过 500 米，方便家长们接送孩子，避免了交通的干扰。

b. 日照条件比较充足、通风性良好、场地干燥、环境优美或者接近城市的绿化带，有利于利用这些有利的条件与设施开展儿童室外活动。

c. 应该远离污染源，并且还应该符合有关卫生防护标准的相关要求。

d. 应该准备比较充足的供水、供电以及排除雨水、污水的相关条件，力求做到管线短捷。

e. 能给建筑功能进行分区、出入口、室外游戏场地布置等提供一些必要的条件。

②总平面设计。托儿所、幼儿园应该按照设计任务书的有关要求对建筑物、室外的游戏场地、绿化用地以及杂物院等做出总体的规划布置，做到功能分区合理、方便管理、朝向适宜、游戏场地日照充足，创造一个符合幼儿的生理、心理活动特点的环境空间。

（4）儿童房间规划设计。活动室主要是供幼儿进行室内游戏、进餐、上课等一些日常生活的场所，最好是朝南，以便于能够保证良好的日照、采光与通风条件。地面的材料应该采用一些暖性、弹性的地面，墙面则应该在所有的转角处做圆角，有采暖设备的地方应该加设扶栏，做好充分的防护措施。

寝室是专门供幼儿进行休息睡眠的场所，托儿小班往往不另外设立寝室。

寝室应该布置在朝向比较好的位置，温暖地区与炎热地区都需要避免日晒或者设立遮阳设施，并且要和卫生间相邻近。幼儿床的设计需要适应儿童的尺度，制作也应该使用一些比较坚固省料、安全、清洁的材料。床的设计不仅要方便保教人员的巡视照顾，同时也应该使每个床位有一长边靠近走道。靠窗与靠外墙的床也应该留出一定的距离。

卫生间应该紧邻活动室与寝室，厕所与盥洗应该分间或者分隔，并且也应该有直接的自然通风。每班卫生间的卫生设备数量不应少于规范规定。卫生间的地面要做到易清洗、不渗水、防滑，卫生洁具的尺度也应该适合幼儿的使用。

音体活动室是幼儿在室内进行音乐、体育、游戏、节目娱乐等一系列活动的场所。它主要是供全园的幼儿公用的房间，不应该包括在儿童活动单元之内。这种活动室的布置应该邻近生活用房，不应该与服务、供应用房等混合在一起。可以进行单独的设置，此时则宜用连廊和主体建筑进行连通，也能够与大厅结合在一起，或和某班的活动室结合起来使用。音体室地面应该设置暖、弹性等材料，墙面则应该设置软弹性护墙以防止幼儿发生碰撞。

3. 医疗设施规划

（1）村镇医院的分类与规模。按照我国村镇的现实状况，医疗机构可以根据村镇人口的规模加以分类：中心集镇处可以设立中心卫生院，普通的集镇可以设立乡镇卫生院，中心村则设立村卫生服务站。

中心卫生院主要是村镇三级医疗机制的加强机构。因为目前各县区域的管辖范围都比较大，自然村的居民点也分布相对较为零散，交通不是太便利，这样，县级医院的负担以及解决全县医疗需求方面的实际能力，就会显得太过紧迫了。

所以，在中心集镇原有的卫生院基础上，予以加强，变成集镇中心卫生院，以此来分担一些县级医院的职责，担当县级医院的助手。它的规模通常要比县医院的小一些，但是通常要比普通的卫生院大很多，往往放置 50 ~ 100 张病床，门诊基本上要保证接待 200 ~ 400 人次 / 日的工作量，如表 8-6 所示。

表8-6 村镇各类医院规模

| 序号 | 名称 | 病床数（张） | 门诊人次数（人次 / 日） |
| --- | --- | --- | --- |
| 1 | 中心卫生院 | 50 ~ 100 | 200 ~ 400 |
| 2 | 卫生院 | 20 ~ 50 | 100 ~ 250 |
| 3 | 卫生站 | 1 ~ 2 张观察床 | 50 左右 |

卫生站主要属于村镇三级医疗机制的基层机构。它主要承担的是本村卫生的宣传、计划生育等多种方面的工作，将医疗卫生的工作落实到基层。卫生站的规模不是很大，通常每天的门诊人数大概是 50 人，附带有设置 1 ~ 2 张观察床。村镇医院建设的用地指标和建筑面积指标可以参考表 8-7。

表8-7 村镇医院用地面积与建筑面积指标参考

| 床位数（张） | 用地面积（平方米 / 床） | 建筑面积（平方米） |
| --- | --- | --- |
| 100 | 150 ~ 180 | 1800 ~ 2300 |
| 80 | 180 ~ 200 | 1400 ~ 1800 |
| 60 | 200 ~ 220 | 1000 ~ 1300 |
| 40 | 200 ~ 240 | 800 ~ 1000 |
| 20 | 280 ~ 300 | 400 ~ 600 |

（2）建筑的组成与总平面布置。

①分散布局。分散布局医疗与服务性用房，基本上采用的都是分幢建造的方式，其主要的优点是功能分区十分合理，医院的各个建筑物隔离得比较好，有利于组织朝向与通风，方便结合地形与分期建造。其主要的缺点则是交通路线比较长，各部分之间的联系不方便，增加了医护人员的往返路程；布置相对松散，占地面积也比较大，管线较长。

②集中式布局。这种布局往往是将医院各部分用房安排于一幢建筑物之中，其优点主要是保证了内部的联系方便、设备集中、便于管理，有利于进行综合治疗、占地面积比较少，极大地节约了投资；其缺点则是各部之间相互干扰，但是在村镇卫生院中仍然被大量采用。

（3）医院建筑主要部分的规划要点。

①门诊部的规划要点门诊部的建筑层数大多都是 1 ~ 2 层，如果是 2 层时，应该把患者就诊不方便的科室或者就诊人次比较多的科室布置在底层。如外科、儿科、急诊室等。

合理地组织各个科室之间的交通路线，防止出现拥挤。在一些规模相对比较大的中心卫生院中，因为门诊量比较大，有必要把门诊入口和住院的入口进行分开设置。

要保证足够的候诊面积。候诊室和各个科室以及辅助治疗室之间需要保持密切的联系，路线也要最大限度地缩短。

②住院部设计要点。病房应该具备良好的朝向、充足的阳光、良好的通风与比较好的隔音效果。

病房设计的大小和尺寸，都和每一间病房的床位数多少紧密相关。目前村镇医院的病房大多都是采用 4 人一间以及 6 人一间的设计方式。随着经济的发展以及社会条件的进一步改善，可以多采用 3 人一间甚至是 2 人一间的病房加以布置。除此之外，为了进一步提高治病的效果以及不让患者之间相互干扰，对一些垂危的患者、特护患者则应该另设单人病房。

病房的床位数以及日常比较常用的开间、进深尺寸可以参考表 8-8。

表8-8　病房尺寸参考表

| 病房规模 | 上限尺寸（米） | 下限尺寸（米） |
| --- | --- | --- |
| 3 人病房 | 3.3 × 6.0 | 3.3 × 5.1 |
| 6 人病房 | 6.0 × 6.0 | 6.0 × 5.1 |

4. 文化娱乐设施规划。

村镇文化娱乐设施是党和政府向广大农民群众进行宣传教育、普及科技知识、开展综合性文化娱乐活动的主要场所，也是两个文明建设的重要部分。文化娱乐设施的设计通常都有下列几个基本特征。

首先，知识性与娱乐性。村镇文化娱乐设施主要是向村镇居民进行普及知识、组织文化娱乐活动以及推广实用技术的重要场所，如文化站、图书馆、影剧院等。文化站组织学习和学校不同，不像学校如此正规，而更多是采用一种比较灵活、自由的学习方式。从它的娱乐性方面来看，文化站主要设有多种文体活动，可以最大限度地满足不同年龄、不同层次、不同爱好者的学习需求，如棋室、舞厅、阅览室、表演厅等。

其次，艺术性和地方性。文化站的建筑不但要求建筑的功能布局要十分合理，而且要求造型比较活泼新颖、立面的处理美观大方，具有鲜明的地方性特色。

最后，综合性和社会性。文化站举办的活动丰富多彩，并且是向全社会开放的。

### （三）新农村生态景观规划

1. 乡村景观的划类别

（1）农村的自然景观。

自然景观经过人类数千年的历史，除了自身发生的变化以外，凡是人群聚居的地方，自然环境基本都因人们的生存所需而被利用和改造了。因为人类需要靠自然环境生存，没有自然就没有人类。所谓靠山吃山，靠海吃海就是这个道理。而荒山变良田也是因人类生存的需要，人类的生存必须依赖大自然，顺应自然，保护大自然，人类才会平安无事。事实告诉我们与自然相对抗，违背了大自然的规律，自然就会报复我们。一次次的地震、海啸、台风等现象都说明自然的突变对人类生存的影响。凡是有人生存的地方，原始自然景观就会逐渐消失。人居环境越密集自然景观消失也就越多，保护自然环境关心全球的气候变化已成为世界性话题。

自然景观在人与自然的改造中也会发生质的变化，如梯田，它是在自然山体上开垦的田地，它是自然与人工的结合体。

（2）农村的生产景观。

农村是以农业为主的生产基地，农业生产是乡村景观的主体。

传统的生产方式是人工生产，即生产程序中的播种、种植、管理、收割等劳作全是人工完成。因此在农忙季节时农田的人气比较旺，到处可见人群在田间忙碌的身影。

而现代化农业生产景观则完全不一样，机械化生产方式取代了传统生产方式，呈现出人少地大，田野上只见机械不见人的辽阔壮观的生产景象。农作物品种也比较单一整齐，一望无际，视野通透。

（3）农村的聚落景观。

农村景观中的文化背景主要体现在聚落建筑形式和聚集居住的环境中。聚落环境的南北相异与气候、地理位置、自然条件都有关系。江南农村空气比较湿润，雨水较多，一般建筑形态在雾蒙蒙的村落环境中不能凸显。因此，古人在建筑造型上大胆运用黑白两极对比：白墙黛瓦，在强烈对比之下无论是晴天还是雨雾天气都能彰显村落建筑形态的淳朴和亮丽。黑白两色为主调的聚落在小桥流水人家的环境中，在绿色环绕的农田中尽显美丽，俨然是一幅天然的水墨画风景，总是会让观者流连忘返，思绪万千。北方农村景观与南方有明显的不同，建筑形态粗犷厚重，四合院形式较多。由于风沙的环境，人们喜爱在建筑物上涂抹大红大绿亮丽的色彩，以此表露隐藏在心中渴望获得的一种审美欲望。

一些偏僻的山区聚落建筑还有土墙茅草屋、竹屋、木屋等。如：具有数百年传统的福建永定土建群居楼（八角楼、圆楼、方楼、五角楼等）建筑格式，可谓传统大家族聚居城堡，具有当地的传统特色。

2. 自然景观开发的主要模式

（1）自然景观的保护开发模式。

发挥地域景观特色的魅力，取决于当地的自然特性和地方人文历史积淀的丰富性。如：安徽黟县的西递、宏村自然特色是四周群山环抱，林木茂盛，状为盆地。地理位置十分独特，气候宜人。其自然山水资源丰富，加上当地特有的徽商文化，具有其独特性和地域性。因地势较高，空气湿润，山腰树丛间，河川村落旁，常常云蒸霞蔚，时而如泼墨重彩，时而云轻雾淡，被人们赞誉为“中国画里的乡村”，是自然景观与人文景观交融的具有较高观赏价值的美丽乡村。

内蒙古旅游业发展至今，产业规模不断扩大，产业地位进一步提升，作为国民经济的重要产业和服务业名副其实的龙头，已成为内蒙古新的经济增长点和动力产业。但也应该看到，比起国内外旅游业发达地区，内蒙古旅游业在发展质量、效益上还存在着诸多不足和亟须改进的地方，尤其是在基于内蒙古优势垄断旅游资源、支撑内蒙古旅游形象形成的“草原旅游”领域，还有很大的质量提升空间。也就是说，在经历了“接待化的无意识发展、市场化的自发发展”阶段后，将要进入“规范化的自觉发展”阶段。从整个内蒙古的草原旅游发展战略，到草原旅游景区的开发模式（如景区空间布局、旅游活动与服务项目开发、游览活动模式等）都是亟须研究、讨论的课题。

中国人在世界上最早提出“风景”的概念，很早就形成了以五岳等“天下名山”为代表的山岳旅游地开发模式。但今天，即使是山岳旅游地，也面临着一个从“天下名山”审美模板向“国家公园”审美模式转变的问题。

草原、湿地、沙漠都是近几十年才进入旅游利用视野的资源，它与山岳旅游地在自然环境基础、风景审美机理、活动利用条件、伴生文化类型等诸多方面，都有很大不同。但是，人们并没有对草原旅游等晚近开始的旅游形式的模式、思路进行足够的研究、总结，甚至仍旧在以“天下名山”的空间格局、设施安排、游览方式来看待、处置草原等类型的旅游地。

内蒙古草原的自然类型（草甸草原、典型草原、荒漠草原、高寒草原）丰富多样，从东到西的民族地方文化也丰富多彩，但各个盟市的草原旅游区在开发内容上都显雷同：简单粗放的旅游开发、管理下，对旅游体验主题和文化内涵缺乏深刻挖掘，草原旅游被符号化、简单化、肤浅化，大大小小的景区都是“献哈达、住毡房、骑牵马、学射箭、喝烧酒、吃羊肉、看歌舞”等项目的凌乱拼凑。

对于如下问题缺乏考虑：草原旅游目的地的观光、度假、休闲产品的使用者都是哪些人？远、中、近程客源的需求如何满足？内蒙古区内游客与区外游客的需求有些什么不同？

内蒙古具有迥异于内地的地方、民族文化，有许多可供旅游者学习、理解、体验的文化主题和文化元素，这些地方民族文化主题和元素需要以新鲜有趣的形式，以旅游项目为载体自然而深刻地表达，但是目前很多旅游地对民族文化的发掘、表达、使用，流于浅表、形式不新、趣味缺乏。

草原属于生态环境脆弱敏感区，因此亟须从空间管理、环境保护的角度对旅游经营活动、旅游者游憩活动进行规范管理。目前的草原旅游景区有很多“低水准游乐园化”的倾向，这对想象着“天苍苍，野茫茫，风吹草低见牛羊”的场景慕名而来的中远程旅游者毫无吸引力，长此以往，将会丧失吸引力。

草原旅游地的正常运营，需要设计一个“当地政府—大投资商—小经营户—牧民及其社区”共同参与、平衡分享旅游发展利益的经营模式，唯有如此才能够和谐有序地持久发展。旅游地发展也会带来牧民社区文化改变、道德滑坡、语言同化等问题，而当地文化消失，不仅是当地民族社区的悲哀，也会让草原旅游地因缺乏生活文化的真实场景而彻底的“主题公园化”。

草原地区平坦空旷与环境背景不协调的建筑和景观，将会一览无遗地暴露在旅游者视野中，因此，建筑设施与景观的风格、形式、材质、色彩、体量等都更需要精心打造，但现实情况不能够令人满意，甚至出现汉地风格的亭台楼阁、装饰华丽的敖包等，亟须加强研究和探讨。

“供需逻辑清晰化”，一是要让各方利益主体清楚确认草原旅游“美”在哪里，即明确知道草原旅游产品提供给旅游者的核心价值是什么，清楚掌握旅游者到访草原寻求哪些方面的价值，实现供需的无缝对接；二是要研究摸索出草原旅游目的地产品组合、空间布局、活动空间组织的基本模式，即人们到访草原时如何审“美”的问题。

我国传统的以五岳三山为代表的“天下名山”旅游模式，其实是一种“景点式”旅游模式，游客以景点（即新奇特异的造型地貌等自然景物、巧夺天工或历史由来久远的人工构筑物）观赏为核心活动内容，游客一路上从一个观景点赶往另一个观景点。但草原地区地貌景物变化不大，缺少有形物质文化遗存，这些特点极不适合“景点式旅游”的要求。

草原风景是一种开阔的“眺望风景”，是一种“全景审美空间”，观赏草原辽阔、壮丽的“全景审美空间”（观光）是每个草原旅游地第一位的游赏活动形式，草原风景也许没有哪一处很特别，但站在草原上放眼望去，哪里都很美，骑马、徒步、驾车而行，也是时时、处处有美景。所以，草原旅游地要尽量控制游憩活动区、管理服务区、度假接待区等空间的面积，要给客人提供多种不同距离的、可放眼欣赏“全景审美空间”的观览路线。

具体而言，草原旅游地的布局上，要注意这样几个方面：①将管理区、度假接待区、游憩活动区面积占据整个旅游地的比率，控制在极低水平，将环境压力、景观改变控制在较小区域；②规划不同长度的观览路线，满足通过步行、骑行、车行方式游览草原“全景审美空间”的基本需求；③管理区、度假接待区、游憩活动区在空间上要相对分离布局；④管理区、度假接待区、游憩活动区、点（牧户、沿路服务点、敖包、寺庙等）的布局形态要考虑游客使用方便性；⑤综合考虑地形、地物的全局关系进行布局。

风水文化源于我国民间流传的一种选址建房等传统经验的积累。其目的是为处理好人与环境的关系，求得与天地万物和谐相处，达到趋吉避凶、安居乐业的一种愿望。用现代观念分析它，其中包含了环境学、气象学、美学等合理的因素，有其科学的一面，不能一概认为是迷信。西递、宏村的徽商们就是依据风水学而选址建造家园的。徽商在给自己建设美丽家园的同时也给后人留下了丰厚的文化遗产，形成了当地丰富的文脉。皖南西递、宏村因地理位置的得天独厚，文脉的底蕴丰富，融自然景观与人文景观为一体而盛名远扬，不愧是自然环境优越、传统文化雄厚的世界文化遗产。

清华大学的建筑学家吴良墉教授说：“建筑学是地区的产物，建筑形式的意义与地方文脉相连，并解释着地方文脉。”江苏泰州溱潼的水质清纯、土质胶黏，以盛产上等砖瓦闻名于世。因此，当地的砖雕技艺精湛，独具风格。民居门楣常以砖雕装饰，其内容包含渔、樵、耕、读、三国人物戏文，栩栩如生。在建筑的屋脊和山尖（山墙的顶尖）灰塑上常用荷花莲藕，寓意佳偶天成；松树牡丹，代表长命富贵；凤麟呈祥是表达吉祥如意；牡丹云锦意味前程似锦；多个寿字组成的镂空纹样的山尖表示长命百岁之意；“鲤鱼跃龙门”借喻等。这些内容表达了当地人对幸福的追求和对美好生活的向往，体现当地文化历史的文物除此之外还有木雕家具、门窗、栋梁等，以及各种石狮、石鼓、石础、石敢当、石牌坊、石井等。

（2）自然景观的改造开发模式。改造的目的是传承当地的自然和文化特色，使之成为有本地传统特色的现代化新农村景观。

（3）自然景观的创新开发模式。中央第十七届三中全会以后，国家强有力的经济政策的支持，全国都在关注新农村的建设和发展，各地都在用不同的方式建设和促进农村的发展。目前，各地农村正处在各种新旧农村的改造和建设中。

①新农居建设要体现地域特色。

农民的建筑是农村景观中的重要组成部分，农民建筑的美观与否直接影响到农村的整体形象，建筑群好看则农村景观就美丽。

社会在发展，思想在进步，人们的审美也在发生变化。如何创新，这是我们面临的艰巨任务。为避免建筑形式上的混乱，建筑形态的确定可多听取专家意见。在专家的指导下，制定一个既有当地传统特色又有现代元素的框架，让大家在这个框架范围内进行建造。这样可以保证村庄建筑的整体和谐，使当地农村景观的审美价值提升。

创新不能脱离地域特色而应在传统文化上寻找文化元素，结合现代人的生产生活习惯重新建造，使新建筑既有原本传统风格又不乏现代气息。建新房对农民来说，是生活中的一件大事，农民都喜欢把自己的美好愿望一同建造在自己居住的房屋建筑上，一般都会在建筑上添加装饰纹样。如：用些吉祥物、吉祥纹样在房屋的屋脊、屋角、山头上做些装饰，以表示对家庭幸福、生活美好的追求。因此，在新农村建筑上依然可以利用这些装饰元素，这些因素是一种整体和内外环境的和谐，体现农村文化的一部分：内容及纹样的造型可有不同风格，也可结合现代人的审美习惯再创造，在地区内形成独特的风格，在材料上做些统一和规范，这样的农村建筑一定会有当地的新特色。

新农居建设要注意满足居住者生产生活的双重需要：我国农居一般由住宅（堂屋、卧室、厨房）、辅助设施和院落三部分组成。按农居的传统习惯后院都设有厕所、禽畜圈所和新设施沼气池等。前院有农具放置场地、晾晒场地等。但是，用发展的眼光看，农村一旦全面实现农业机械化，那么农居的形式可能也会随之改变，农民的生活生产方式也会随之发生巨大变化，所以新农居的建设要有一定的预见性和超前意识，合理规划。

②农田与树木的布局美。植物是与土地利用、环境变化结合最为紧密的自然景观元素。树木具有较强的水土保持能力，其树冠枝叶能截住雨水减少对土壤的冲蚀；树木植物可以遮阴和防止地面的水分蒸发，保护地下水层；地被植物还有

固土涵养水分，稳定坡体，抑制灰尘飞扬和土壤侵蚀等作用；植被作为生物栖息地的基础，能在生物保护中起到重要作用。灌木、乔木能起到限定场地、增加场地美感和空间感的作用。植物的这些丰富功能在景观规划中起到了重要作用。

目前我国大多数农村在树木美化农田环境方面做得还很不够，树种比较单一，缺乏观赏性。也许大家还没意识到农村新景观的美丽会给当地农村带来经济利益的问题。若在农村单调的田野中配置一些具有观赏性的树木加以点缀与衬托，可使农村景观起到锦上添花、整体出新的作用，以此提高农村景观的审美价值。

农田景观种类很多，有水稻田、麦田、土豆、棉花田、高粱田、蔬菜田等，各种季节都有不同的观赏特色。如果在一望无际的农田中配置一棵树姿很美的大树，它不仅可以点缀农田的整体美，夏季的树荫下还是干农活的人们最佳的小憩场所。果树的特点是有花期和果期的两个观赏期，可以利用屋前屋后、村庄周边的空地、菜地套种，或大片栽植果林搞副业。果树不仅能装饰美化环境，还能创造一定的经济价值，提高农民的经济收入，果树无疑是丰富农村景观最好的装饰植物。

农村的环境美化不同于城市，需要追求经济效益和观赏效果并重。如农村的行道树可栽植杨树。杨树为速生树种，且适应性广，春、夏、秋、冬各有不同的景观效果，还是制作快餐用筷、牙签的好材料。

农村的新景观设计需要发挥各种树木的观赏性，以此提高农村整体环境的品位。可以选用一些花木列植或群栽到田间或路旁，到了花开季节可以观赏到各种不同色彩的田园风光：有粉红色花开的樱花树、有淡紫色花开的泡桐树、有白色花开的槐树，还有金黄色花、玫瑰红果的栾树等。除了花木还有可观赏叶色的树木，如银杏树、榉树、枫树、乌桕、水杉、梧桐等。到了秋季，这类树的叶色极其丰富，栽植这些树木可形成不同的植物色带，装饰农村单调的田野空间，可丰富景观色彩。因此我们可以根据需要，找到不同观赏效果的树木加以合理配置。要注意的是：植物是有地区性的，必须适地适树才能发挥好植物造景的优势。

农村景观需要创新，但并不是排斥现有的农村环境以及古老的传统耕种模式，而是通过梳理和合理布局等方法，在产生经济效益的同时又具有观赏性。

③创新和开发地方特色产品。

创新还可以利用本地资源打造品牌，如：生产有机农产品，也是宣传和展示地域特色的一种方法。目前各地打造出的品牌农产品种类繁多，但鱼目混珠的也不少，如江苏的阳澄湖大闸蟹味道肥美，售价高，销路好，一些产蟹的地方便冒牌挂上了它的品牌，以假乱真，造成市场混乱。原因一：从法规上讲，人们的法制观念不够健全；从道德上讲，缺乏社会公德，只想轻而易举获得利益。原因二：

缺乏个性，目光短浅，不顾长远利益：要想发展必须创新，尊重和保护创造者的利益，开发和利用本土资源，创造和研制自己的品牌产品，公平竞争才能促进市场经济健康发展，才有利于地域特色的长期发展。

开发和打造品牌效应并不一定都是生产的商品，它包含环境内容等很多项目。如：品牌观光区域、品牌农庄、品牌农产品、品牌手工艺品、品牌老街等，都可以成为地域特色产品。品牌之所以受大众欢迎是因商品内外都具有独特的魅力，绝不是跟风模仿，一定是具有地域特色的、独一无二的。因此，研发地域特色产品需要花大力气。品牌产品本身就是一种宣传，因此容易家喻户晓。如：江苏盐城的胎菊茶、东台的西瓜；淮安盱眙的龙虾、洪泽县的小鱼锅贴；泰州的溱潼鱼饼等都是江苏人熟知的地方特产，商品本身的完美加上宣传力度的加大，让更多人知道和亲自体验到，才能获得较高的美誉度。

名特产开发项目内容很多，充分发挥农村自然生态环境优势，打造绿色产品，对社会健康、稳定发展有着深远的意义。开发当地新品种，打造本地绿色土特产品是关键，好的产品总是受大众欢迎的。因此，在绿色生态环境上要花气力做功课，绿色产品是现代人最受欢迎的产品。绿色产品的创新道路无限宽广，前景光明。

## 第三节　传统美学在环境艺术设计中的应用

### 一、儒家美学思想在环境设计中的应用

#### （一）“仁者爱物”思想在环境设计中的应用

儒家美学的核心是“仁”，实质上是追求人与人、人与环境之间的和谐共处。儒家美学“仁”的理念中有“己欲立而立人，己欲达而达人”（《论语·雍也》）、“己所不欲，勿施于人”（《论语·卫灵公》），都是谈人与人之间的关系的。环境艺术设计师在面对设计需求时，面临的最大问题就是要在设计的相对美形态和人性需求之间做一个折中选择，往往这个问题处理不好，环境艺术设计活动就无从谈起。设计的相对美形态与人性需求之间的矛盾在国内外的环境艺术设计活动中都是一个主要矛盾。如果用儒家美学中“仁”的观点来解决这个问题，结果会变得比较理想。

《礼记》记载：“断一树，杀一兽，不以其时，非孝也。”“开蛰不杀当天道也，

方长不折则恕也，恕当仁也。”这些美学理念充分体现了儒家美学道德理念对礼、义、仁的强调，这种仁爱自然万物的思想正是现代环境艺术设计必须遵循的设计美学法则，是现代环境艺术设计最需要培养的，它使设计造物在人的需求与自然资源之间求得生态伦理上的平衡。人们只有具备仁爱精神，才能做到“应之以治则吉”“强本而节用，则天不能贫；养备而动时，则天不能病；修道而不贰，则天不能祸”（《荀子·天论》）。在环境艺术设计中，应把“爱物”体现在“循道不妄行”上，把“仁爱”体现在“不为物欲所役使”上，将道德观念与艺术设计审美结合在一起。

儒家美学是以“仁学”理论为基础的美学思想，具有极浓的政治色彩，同时也构建了一定的理性精神与民主系统。体现为人格美为“仁学”的核心基础，艺术美与自然美是对人格美的自然延伸与发展。儒家美学的基本理念是“仁、义、礼”。仁学，确立了人的主体性，提倡尊人之道、敬人之道、爱人之道和安人之道，《论语》中上百次地提到“仁”，体现了“仁”的理念本身就具有审美性，具有非概念的多义性、活泼性和无穷尽性，这也寓意着人的最高境界即是审美。

### （二）“尽善尽美”思想在环境设计中的应用

尽善尽美的美学思想是孔子在《论语·八佾》里评论美善关系问题时提出的具有深远意义的看法和重要审美标准，“子谓韶：‘尽美矣，又尽善也。’谓武：‘尽美矣，未尽善也。’”它不仅属于一种针对特定审美对象的审美标准，而且是中国传统美学的核心思想之一。在中国，很长时间以来大家认为善即是美，美就是善，二者混沌不分。孔子第一次把美与善明确、系统地区分开来，对艺术设计之美与人们所追求向往的善，孔子提出了既统一又有区别的观点。从物体本质上讲，“美”通常是指能直接引起人们生理与心理变化的感性形式，是社会中每一个个体包括审美在内各种感性心理欲求的外化；“善”则是体现伦理道德精神的观念形态，是特指社会性伦理道德观念的积淀。这种区分实质上是将儒家至善至美的德行，形象地贯穿到了美学思想理论中。“美”是事物的外在形式表现；“善”表达的则是事物的内在美，也是理想型事物的最终体现。孔子认为“美”的东西不一定是“善”的，“善”的东西也不一定是“美”的，只有将“美”与“善”统一起来才是最完美的追求。即只有形式与内容统一，才是环境艺术设计的最高美学境界。

子曰：“天何言哉，四时行焉，百物生焉，天何言哉！”其意指设计造物活动是动态的发展过程，造物的对象在这个过程中被创造出来，并服务于其他的造物活动直至消亡。设计的各种因素和各个环节都被动态地统一在一起。设计过程不再是孤立静止的，而是运动变化着的。

### （三）“中和之美”思想在环境设计中的应用

数千年来，中国美学界一直把孔子思想的“思无邪”作为审美标准，人们在全面、准确地研究孔子的审美标准以后，发现孔子继承和发展了前人“尚中”“尚和”的思想，形成了独特的中和之美的美学思想，并在此基础之上提出了中庸的美学原则。“中”是指力求矛盾因素的适度发展使矛盾统一体处于平衡和稳定状态，“和”就是多样或对立因素的交融合一。具体地讲，中和之美就是指结构和谐、内部诸多因素发展适度的一种美的形式。

孔子的“中和之美”思想强调情思的纯正和情感的恰当表现，并提倡以适中、适度为原则，最终形成和谐统一的平和美。无论对自然美、社会美还是艺术美，孔子的美学思想均是从中庸原则出发，以“中和”作为审美标准的。“中和之美”是他的最高审美理想，也代表了多数人的审美趣味和愿望，对环境艺术设计产生了巨大的影响。

### （四）“礼”思想在环境设计中的应用

中国传统美学思想中除了包括对艺术作品审美的追求外，还包括人类的行为所应该遵守的“礼”。在孔子思想确立以前，“礼”和“乐”都受到重视，但是两者是分开谈论的，谈“礼”就是“礼”，谈“乐”就是“乐”。到了孔子思想确立之后，把“礼”和“乐”这两者统一形成系统的体系，成为礼乐思想。礼乐思想中的“乐”是要为“礼”服务的，“礼”在中国传统文化中是和地位结合在一起的。孔子在他的礼乐思想中主张等级制度，不同地位、不同等级的人所享受的待遇和拥有的权力是不相同的。

孟子的美学思想在很大程度上可以说是孔子美学思想体系的承继。在孟子所著的《孟子》七篇中，除了对尽善尽美、中和之美和礼乐思想做了进一步的阐述提升以外，还首次界定了“美”的定义，极大地丰富和延续了儒家的美学思想。

### （五）“天人合一”思想在环境设计中的应用

儒家美学的“天人合一”思想最早出现在《易传》和《中庸》中。以德配天的思想是西周时期的神权政治学说，这一思想内涵主张人要与自然环境相互适应、相互协调。作为中国传统美学主流思想的儒家美学、道家美学及禅宗美学都主张“天人合一”，虽然这三家美学思想在内涵上各有所指，但其主张人与自然和谐共生的思想是一致的。

从生态伦理学的角度来看，儒家美学认为“天人合一”中的“天”是指“自然之天”，是广义上所指的自然环境，“人”指的是文化创造及其成果。所谓“天人合一”，主要是指人类和自然环境应该和谐共生、密不可分、共存共荣、相互促进、协调发展，这就是“天人合一”。这也是“天人合一”的宇宙观，它解释了人在宇宙中的角色和位置，人不是大自然的奴隶，也不是自然环境的主宰者。因此，在现代环境艺术设计中，我们要树立一种天人共生一体的观念，破坏自然环境就等于毁灭自身。这种朴素的“天人合一”的宇宙观正是现代环境艺术设计生态美学价值系统的逻辑起点。

儒家美学万物一体思想的核心是和谐秩序观。“大人者，以天地万物为一体者也，其视天下犹一家，中国犹一人焉。若夫间形骸而分尔我者，小人矣。大人之能以天地万物为二体也，非意之也，其心之仁本若是，其与天地万物而为一也。”（王守仁《大学问》）这种美学意指在环境艺术设计中，要在设计意识、设计理念及技术手段上，用全球一体化的眼光发展本土化、民族化的设计，体现传统美学内涵、民族的特色，以求同存异和和而不同的心态加强国际合作。

“天人合一”设计美学与环境艺术设计中的可持续性设计理念相通。孔子首先提出了“仁爱万物”的主张，这一美学思想协调了人与自然环境的关系，把人的道德原则扩展到了自然环境的生态中去。

### （六）“克己”思想在环境设计中的应用

儒家美学的“克己复礼”思想是孔子在对人的伦理道德塑造中提出的概念，重点在于“克己”，就是克制私欲膨胀。世界发展带来的环境危机，大多数是人类为满足自身私欲而产生的。环保生态理念的呼吁迫在眉睫，产生与发展于人类生活的各个角落。在环境艺术设计中融入环保生态理念，就要先从设计师本身实现“克己”，再实现环境艺术设计作品的“克己”。

作为环境艺术设计师，要从“克己”入手树立强烈的生态环保观念，在设计中更多地加入生态环保元素。“克己”对设计成本提出了更高的要求，不仅需要更多地关注设计理念中生态环保的思维方式，还需要更多地投入生态环保材料。“克己”观念在儒家美学看来，是一种“义举”，是在舍弃自身需求的前提下，满足其他人、事物需求的最佳处理方法。对于环境艺术设计师来说，树立和形成生态环保理念，直至使其成为自己的设计习惯，需要大量学习生态环保知识，进行生态环保实践研究，舍弃更多的非生态环保设计思维和方式，舍弃更多的商业利益追求。实现更健康、更环保、更生态的人居环境是环境艺术设计师的责任。

在环境艺术设计师树立自身生态环保理念的同时，生态环保的设计作品也自然随之不断产生。生态环保的环境艺术设计作品，主要从空间设计促成生态环保的生活方式和保持材料健康生态两个方面来表现。在环境艺术设计作品的空间设计中，应以“克己”作为设计的基础。在空间环境设计中，应尽量物尽其用，不让任何一个空间浪费。密集的人口和快节奏的生活是人类社会未来的发展趋势，节省资源和简化生活轨迹就成为生态环保概念的一部分。对空间环境的充分利用，减少生活、工作的空间环境中的烦琐部分，就成为空间环境设计规划的重要内容。在设计的材料选择上，应忽略材料价格上的差别而专注于生态环保材料的选用，生态环保材料对人的健康生存有利，而且可以有效减少对大自然无限制的索取。

## 二、道家美学思想在环境设计中的应用

### （一）“道法自然”思想在环境设计中的应用

道法自然是道家美学最基本的核心内容，“自然”“天文”和“人文”的概念是在先秦时期提出的，“观乎天文，以察时变；观乎人文，以化成天下”（周易·贲卦第二十二）。观察天道运行规律，以认知时节的变化；注重人事伦理道德，用教化推广于天下。“人法地，地法天，天法道，道法自然”（老子《道德经》第二十五章）。简单阐释为人要以地为法则，地以天为法则，天以道为法则，道以自然为法则。

道家美学研究分析了人类和宇宙中各种事物的矛盾之后，精辟涵括、阐述了人、地、天乃至整个宇宙环境的生命规律，认识到人、地、天、道之间的联系。宇宙的发展是有一定自然规则的，按照其自身完整的变化系统，遵循宇宙自然法则。大自然是依照其固有的规律发展的，是不以人的意志为转移的。所以，大自然是无私意、无私情、无私欲的，也就是我们提倡的所谓道法自然。

### （二）“大象无形”思想在环境设计中的应用

“大音希声，大象无形，道隐无名”（老子《道德经》第四十一章）。理念诠释了人类对待事物的审美应当有意化无意，大象化无形，不要显刻意，不要过分主张，要兼容百态。

### （三）“贵柔尚弱”思想在环境设计中的应用

（老子《道德经》第五十一章）“贵柔”而致“尚弱”。老子思想中曾提出事物本没有相互对立，事物都是互相联系、互相依存、互相转化的。静和动是可以互相转化的，柔弱的事物在一定的条件下可以变得刚强，变得坚韧有力。主张用柔弱来战胜刚强，阐述了以静制动、以弱胜强、以柔克刚、以少胜多的思想理念。

### （四）“游之美”思想在环境设计中的应用

道家美学中“游”的思想理念，是指人的精神基于现实所能达到的至高至极的自由状态，是忘己、无我、忘物的统一，消减了人的价值观和是非观，是自然纯粹的精神状态。“游”的美学精髓是“道”作用于人的时间，进一步彰显了“大美”的内涵和道家美学思想的现实意义。

### （五）“清之美”思想在环境设计中的应用

道家美学中“清”的思想理念，作为自觉的文化审美追求，是审美意识的最高境界。这一审美意识直接影响个体和民族群体审美观念的形成与审美趣味的取向，中国传统文化中对“清”的审美追求是无止境的。“清”是中国传统美学思想中的一个重要范畴理念，老子《道德经》第三十九章提出：“昔之得一者——天得一以清，地得一以宁，神得一以灵，谷得一以盈，万物得一以生，侯王得一以为天下正。其致之也，天无以清，将恐裂；地无以宁，将恐废；神无以灵，将恐歇；谷无以盈，将恐竭；万物无以生，将恐灭；侯王无以正，将恐蹶。”天之所以“清”，在于它的“得一”，“得一”即是得到了“道”，“清”和“宁”便是得“道”的结果。《庄子·外篇·天地第十二》曰：“夫道，渊乎其居也，谬乎其清也。”《庄子·外篇天地第十五》曰：“水之性，不杂则清，莫动则平；郁闭而不流，亦不能清；天德之象也。”由此可见，道家美学最早是用水的清澈与渊深来寓意“道”的自然本性的，“清”即是“道”的特征，“清”寄托了道家美学对大道之美的追求。

### （六）辩证思想在环境设计中的应用

1.“虚”与“实”

虚实结合的美学理念认为，艺术创作时虚实结合才是艺术创作的内在规律，才能真实地反映有生命的世界。无画处皆成妙境，无墨处以气贯之，这是“虚实相生”“计白当黑”的美学反映。“此时无声胜有声”“绕梁三日，不绝于耳”是有声之乐的深化与延长。这些其实都是道家美学“大音希声，大象无形”的具体发展。“实”与“虚”的美学思想在传统美学设计手法中也有深刻的体现。

2.“动”与“静”

（老子《道德经》第十六章）道家美学认为，自然界的根本是清静无为的。尽量使自然万物虚寂清净，则万物一起蓬勃生长。自然万物纷纷芸芸，各自返回到它们的根源，这就叫清净，清净就是复归于生命。表明了道家美学提倡万物作守清净的道理。

道家美学认为，宇宙是阴阳的结合，是虚实的结合，宇宙自然万物都在不停地变化、发展，有生有灭、有虚有实。中国传统室内环境布局的特点，也是运用“计白当黑”的美学思想，通过内部空间的灵活组合来完成对空间布局、立面造型及家具陈设等的艺术处理的。

3.“有”与“无”

“天下万物生于有，有生于无”（老子《道德经》第四十章）。“有”和“无”构成了宇宙万物，如地为有，天为无，地因天存，天因地在，缺其一则无另物。世间万物都是“有”和“无”的统一，或者说是“实”和“虚”的统一，统一即是美的境界。

# 第九章 新时期环境艺术设计实践环节的项目教学法研究

## 第一节 环境艺术设计专业的应用特征与价值走向

### 一、环境设计专业的应用特征

环境设计作为创造美好生活场所的艺术设计门类，研究的对象是人、社会、环境之间的关系，所面对的是空间、时间、文化共同作用的动态市场。因此环境设计与区域环境、经济市场、人文历史密不可分。由于经济发展的不平衡，不同国家、不同地区的设计市场需求也是不一样的，因此环境设计教育的发展也呈现不平衡发展，教学体系上并没有一个统一的标准与模式。而随着现代设计的发展，不同地域的教育模式、教育理念也在相互融合渗透，环境设计教育的发展呈现出多元化、综合化的趋势。经济基础决定上层建筑，对于高校的艺术设计教育而言，区域经济决定了市场需求，从而推动设计教育发展，而设计教育的发展又同时对市场有促进收益作用。因此，我国的环境设计教育必须从市场出发、从实践出发，结合地区经济特点，以社会经济的需求和市场动态的变化为准则，明确专业自身发展现状和市场定位，来进行专业培养模式和课程结构的改革，建立起具有中国特色的、符合区域市场发展的环境设计教育体系，完善高校的环境设计教学体制。只有这样，才能培养出应用性强、有特色、高水平的环境设计人才，从而推动设计市场和区域经济的更好发展。

#### （一）环境设计专业的市场需求

环境设计作为场所艺术，专业包含面广、专业拓展性强，涉及的专业领域众多，从而也造就了一个多形式、多产业、多方向的设计就业平台。从专业发展和就业市场的现状来说，前景广阔、需求度高。环境设计专业是中国设计教育与市场共同作用下的历史产物，是社会发展的必然。

1. 室内环境设计方向

（1）室内设计方向的市场发展。由于人们对空间的舒适度及审美品位的不断提高，市场对室内设计的关注度逐渐上升，并由此让其成为最热门专业选择之一。室内设计的学科内容丰富，为学生提供了多样化的工作方向选择，如：家居室内设计、家具设计、展示空间设计、陈设设计、公共室内空间设计等相关行业方向；同时，居住作为人们生存的主要形态之一，必然是日常生活中最为关注的内容。除了基本使用功能，随着物质与精神需求的提升，人们对室内环境的需求也更加多样化、个性化，使室内设计越来越强调新型技术材料的运用，追求个性化与独创性强的空间质量。同时，市场的动态趋势、审美的供求变化也对室内设计的教学与实践提出了更高的要求和挑战。因此，在环境设计的教学建设上必须不断完善、创新，培养实践型设计人才，以适应专业的发展和社会的需求。

（2）室内设计方向的人才需求。室内设计是技术与艺术相融合的学科，这也决定了室内设计工作者的专业知识范畴是多面、广阔的。一个合格的室内设计师所必须具备的专业背景，必须系统地掌握应用心理学、社会行为学、基础室内物理学；必须熟悉建筑学以及环境艺术学；必须不断关注设计市场范围内装饰材料与家具陈设的设计与创新动态；必须不断地从工地与实际生活中补充实践经验与实际生活体验的不足；必须对新的生活力式、人与环境的关系具有高度的敏感度（周子建《论室内设计的市场教学机制》）。除了这些基础的知识背景，合格的室内设计师还应具有相应的艺术修养与艺术表达能力，包括良好的设计思维、清晰的空间意识与尺寸概念、健康的审美趣味以及综合的艺术观。

2. 城市景观设计方向

（1）景观专业的行业背景。城市，是与人类文明发展进化关系最为密切、联系最为广泛的环境形态。而城市景观作为城市的各种形态中最为重要的一种，直观地影响到人们对于城市的视觉愉悦感、文化认同感及心理归属感。从古代城邦到现代都市、从古代园林到现代景观，景观设计专业是由工业化、城市化和社会化共同造就的产物。

中国的现代景观设计起步较晚，但随着社会经济的发展，城市化进程加快。20 多年来，与城市建设紧密相关的专业得到了迅猛发展，城市景观设计就是其中之一。现代景观设计所要面对的市场是一个综合的环境形态的处理与营造，是一个视觉审美、实用功能、城市文化相交融的共同体。而当下城市化所带来的各种环境生态矛盾日益凸显，赋予了景观设计从业者更加艰巨的社会使命，即人类、城市与生态之间的健康及可持续发展。在这样的市场背景下，景观设计所面临的城市与环境问题越来越多，涌现出各种类型的设计课题，包括公共广场、社区、街道、公共设施等，对设计人才的综合能力及审美素养要求也越来越高。

（2）景观专业的人才需求。景观设计是关于景观的分析、规划布局、设计、改造、管理、保护和恢复的科学和艺术。景观设计是建立在广泛的自然科学和人文与艺术学科基础上的应用学科。尤其强调土地的设计，即：通过对有关土地及一切人类户外空间的问题进行科学理性的分析，设计问题的解决方案和解决途径，并监理设计的实现。

城市化的迅速扩展和生活品质的高追求总是相互促进又彼此矛盾，使得社会和就业市场越来越需要与重视培养能处理与改善这一复杂形态的景观专业人才。但目前我国的景观设计从业者的能力普遍无法达到客观市场的期待值，景观设计专业市场形态还不够职业化、规范化，与欧美等先进国家成熟的景观体系还存在着较大的差距。从业者的专业能力与职业素养参差不齐，没有建立起整体的环境观意识，对生态、人文等要素缺乏综合考虑，以至于在实践过程中采取了不合理的设计方法，破坏了城市的生态环境与人文肌理，对城市形态造成不可弥补的伤害。景观设计是专业性很强的综合性学科，从业者需要具备全面的统筹设计观，对景观形态中的自然环境、人类行为、心理感受进行统一设计。这就要求在景观设计的教学中要丰富学生的专业理论，加强城市学、生态学等相关内容的学习，并重点培养与提高学生解决实际问题的能力；同时，在市场上建立相应的考核、培训机制，制定基本的行业标准，规范市场，以实现景观学科的系统化和标准化。

### （二）基于建筑学与环境科学的综合学科

环境设计是一门实践性极强的专业学科，缘起于建筑学，服务于环境建设。因此，环境设计学科的课程体系是非常庞大的，与之相关的理论、技术、艺术及设计方法论相互关联作用、互相支撑，涵盖了历史人文、城市文化、地域环境、政治经济等知识，使得学科的边缘性和专业的综合性成为其专业课程内容最明显的特点。

环境设计作为建筑学不断发展所形成的新型学科，研究的实际上就是建筑室内外环境与人的场所关系，与建筑是紧密相连、不可分割的，同时环境设计从实践上来说就是一个营造、建设的过程，建筑学是环境设计教育的科学性基础与技术支撑。环境科学包含生态学、环境学、生物学、人口学等内容，而环境设计本身就是为解决综合的人居环境问题而服务的，与生态科学、文化地理学、人类行为息息相关，同时整体生态环境的发展变化也决定了环境设计的需求与要求，环境科学的内容对环境设计而言就是设计指导与发展规则。

因此，高校在环境设计的教学上应充分理解其专业构成要素，基于建筑学与环境科学的理性诉求、结合市场环境的实际需要，对教学目标及人才培养有的放矢地制订规划。在教学内容上要兼顾艺术审美与科学技术，并加强与相关专业学科的交叉联系，让学生建立起全面的环境设计观，提高学生的专业综合能力；在课程设置上，应加强对建筑学基础与生态人文的关注，培养学生对环境的全面认知和理性思考。

## 二、以可持续发展为主旨的环境设计专业

### （一）可持续发展理论

1. 可持续发展的概念

可持续发展主要是来源于生态控制论里面的持续自生原理，之后慢慢演变成了具有国际化的术语可持续发展，在范围上包括自然、环境、社会、经济、科技、政治等多方面内容。从广义上来说，可持续发展就是一种对社会环境形态的前瞻性战略规划，旨在既能解决与满足当前的社会生活需求，又能为以后的社会环境发展留有持久再生的余地，不造成对生存环境的破坏，并具有长远的发展潜能。可持续发展的出现与人类的生产生活密切相关，是生态环境与社会需求共同发展的产物，是实现人、社会与环境三者之间平衡发展的共生原则。可持续发展的出现，对人类的发展起着指导性的作用。

2. 环境设计与可持续发展

20 世纪 80 年代以后，面对世界性的环境污染和资源匮乏问题，1987 年，联合国发表了《我们共同的未来》报告，首次提出了“可持续发展”的概念，随着理论研究和社会实践的深入，可持续发展观念逐渐成为人类面向未来的生存方式和生产模式的整体指引，为倡导人与自然环境和谐共生的生态文明发展模式所取代，尤其在 21 世纪的今天，可持续发展观念作为生态文明建设的核心，日益成为人类面向未来发展的文明基石。

可持续发展所包括的内容就是社会可持续发展、生态可持续发展以及经济可持续发展这三部分。环境设计作为研究与探讨理想生活之境的实践应用型学科，与社会、经济、生态、文化之间互动紧密。城市的规划建设、建筑空间的营造、景观的设计以及对生态环境的保护等都是环境设计师的服务范畴。从实践上来说，环境设计是人类对生活空间形态的审美关注及品质追求，同时也是自然生态、城市文化、人居感受的综合物象载体。环境设计观念的客观化水准往往取决于一件

作品是否能与客观条件和自然环境建立持久的协调，而不单纯是造型艺术、形象艺术。环境设计是人类场所关系的艺术表现，对城市形象的塑造、精神文化的渗透及和谐生态的共生有着最直接的影响，孤立的或局部的美好景象与设施不能成为环境设计的全部。环境设计美所包含的艺术美与人们参与的创造活动有直接关系。环境是客观的，艺术设计是主观的，环境设计必须是在遵循客观物象发展规律的前提下，以设计者主观上有限的认知、需求和能力来对客观环境做一些可行的调整。

设计并不是无序的行为，如果说以人为本是基础的原则，那可持续发展就是对设计的根本的解决方针，二者互为条件、不可分割。只有这样，才能在满足社会需求的同时，还能保障环境、社会、经济等多方面的均衡发展。我们不是社会环境的给予者，而是协作者、共存者，建构可持续发展设计观就是当前环境设计所前进的目标，对于未来的可持续发展设计有着关键性的作用。

### （二）环境设计教学中的可持续发展教育

社会发展的理论核心就是可持续发展。时代不断地变迁，人类社会在不断地进步，经济的发展推进着科学技术与教育体制的不断改革。自工业革命后，生产技术的变革带来了社会关系、社会需求的变革，新的时代需要新的与之相对应的新型艺术教育，于是包豪斯出现了，高等艺术教育开始变革。而20世纪50年代以后，全世界的学生数量都呈现出迅猛上升之势，高等教育进入一个兴旺发展时期，艺术教育也随之向多元化趋势蔓延生长。高等教育作为个人、社区和国家文化不可分割的重要组成部分，其人才培养直接作用于社会形态和国家的整体文化素质的呈现，因而教育的可持续发展与社会和环境的可持续是唇齿相依的。为此，如何实现高等教育的可持续、如何保证市场的人才需求是教育界永恒的重要主题，研究和发展高等艺术设计教育中所存在的问题，从而促进教育体系的不断完善，对构建整体的教育可持续有着积极意义。

对环境设计专业的发展和教学而言，可持续发展的设计理念是非常重要的。在当下的环境设计教学中，人才的可持续是首要的任务，这就要求我们要把对创意思维和设计综合能力的培养作为主要的教学观。从观念上来说，思想决定高度，设计思维决定了设计的深度与广度，因此对学生的设计思维的建立与培养要始终贯穿在整个环境设计的教学过程中，充分开启学生的创意思考，注重个性发展与设计潜力。从课程结构上来说，基础训练与专业创作是一种对等的、相互影响的关系。具有艺术品质的环境设计作品，必然是在优秀扎实的基础上、与创意思维共同作用后所形成的创作产物。因此，要强调基础在环境设计课程中的重要作用，加强基础学习和专业通识教育，提升学生的专业能力、文化素养和生态意识。注重感性思考的建立和理性能力的培养，将环境设计的相关课程组成有机整体，并结合市场的需求不断改革更新，这就是对学生培养的一种可持续发展模式。

## 三、当代环境艺术设计人才的培养重点

### （一）跨学科思维的培养

环境设计专业本身就具有跨学科的性质，要求设计者具备文脉、美学、力学、工程等多种学科的知识及能力。这就要求我们在教学中要做到设计意识的整体化和专业知识的整合化，只有将学科包罗万象的知识点模糊界限、视为整体，才能更好地构建教学。

钱学森先生将构建“整体观念”看作是科研创新的重点，而长期以来，环境设计专业并没有一个系统的理论研究体系与整体的教学观。从可持续发展的角度来看，对学科的专业建设发展有着很大的制约影响。环境设计专业的学生主要以美术类考生为主，在进入专业学习之前并没有相关的设计体验。同时长期的文理分科体制，学生的理性逻辑思维与美学形象思维并不是处于均衡发展的，多数美术生在理性的逻辑思考方面本身就存在弱势，在进入高校后，所涉猎的课程类型众多，且设计课程又多是审美艺术与技术工程的结合。而部分高校以传统造型和三大构成课程为主的基础教学仍旧是延续一种美术生艺术培养的模式，随着专业深化，设计学科的理性思考、工程技术特点逐渐凸显，导致学生力不从心，对设计对象的理解能力及对设计问题的解决能力都非常局限，这最主要的原因就是缺乏系统的、整体的、理性的设计思想的构建。环境设计不是单纯的艺术行为，科学技术、生态意识、行为心理无不包含，加之专业课程的多样化，很容易在教学上出现知识的片面化和更新慢，让课程彼此分离，并与设计实践市场脱节……跨学科整体思维的建立已经迫在眉睫，吴良镛先生早在《广义建筑学》中就有过“我们要自觉地进入整体思维”的超前观念意识。

环境设计专业体系复杂，以整体观念为出发点的跨学科研究是其实现可持续发展建设的必要前提。

### （二）宽泛的综合型知识结构

环境设计的对象是与人们生活活动最为密切相关的室内外空间。环境艺术是多学科互助的系统艺术，与环境设计相关的学科有城市规划、建筑学、社会学、美学、人体工程学、心理学、人文地理学、物理学、生态学、艺术学等多个领域。

在实践问题中，室内外环境的组成是一个多层次、有机结合的整体，面临的或许是具体单一的设计问题，但在解决时还是要从整体的环境观出发，环境设计的功能从一定意义上来说是在处理生存空间的关系。

### （三）创造性实践

哈佛大学校长普西说过："一个人是否具有创造力，是一流人才和三流人才的分水岭。"对于设计人才的培养，艺术文化素养与技术实践手段都可通过理论与实训来塑造，而创造力相较而言是一个抽象的专业能力表达，它介于感性思考与理性实践之间，赋予设计真正的活力与灵魂。

我国设计教育发展较晚，很多方面都是在模仿与摸索中前行，理论可以复制，理念可以模仿，能力可以锻炼，而创造力的培养却不是朝夕可以形成的，它是一种设计思维的个性化、活跃化和能力化。而纵观我国的环境设计教育的发展，总是习惯于将实用技术能力作为先导，忽视了创造力培养对于实践的积极引导意义。

在教学内容上，室内讲装修、景观靠植物似乎已是常态，以设计实用技能为主要内容，主攻解决问题的手段技巧，缺乏完善的设计方法论的指导；在课程设置上，设计专业初级阶段的基础课程除了三大构成和造型写生，再没有更多的创意方法培训课程，对学生的思维潜力开发度低；在教学过程中，往往教师的创新意识就缺乏，对学生创意思维的关注不够，只在乎设计的图面表达成效，不重视艺术的原创精神与个性表达。总体看来，在创造力的培养上，与西方发达国家完全不在一个起平线。

环境设计是营造美好环境的场所艺术，既是艺术，除了共性的特征表达，也应有个性特征的呈现。同时，环境设计也是现代创意产业的一部分，创造力的重要性显而易见。因而，面对中国基础教育中创造力教学的缺位，高等专业教育阶段有必要有针对性地对学生进行创造力的开发和训练，以弥补基础教育对设计专业人员基本创新素质培育的不足。因此，要想为环境设计专业培养出适应学科发展的、有竞争力的人才，学校的教学模式就应摈弃复刻式与灌输式，向创造型方向转变，增加培养训练设计创意方法的课程，如建筑思考等。让创造力实践课程成为环境设计基础教学体系的有机部分。

# 第二节　高校环境艺术设计专业教学中的项目教学法

## 一、项目教学法与环境艺术设计专业

### （一）项目教学法

为了培养实践型人才，项目教学法应运而生，并得到了快速发展。项目教学法将学习过程分解为详细的项目工程，学生在教师的帮助下完成独立的项目。学生需要自己搜集、处理信息，设计项目方案并实施，最后对项目成果进行评价，为下一个项目做准备。通过项目教学法，学生的学习成果同实践结合，从而丰富了学生的社会经验，使得学习成果多元化。

20 世纪 50 年代以来，随着社会的大发展大繁荣，各个专业的人才对社会经济的发展起到日益重要的作用，因此，高校成了为社会培养人才的地方。为了适应社会的需求，世界各国的高校积极调整教学目标和教学战略，就此注重培养实践性人才的项目教学法应运而生，并且得到了广大学校的认可和应用。项目教学法改变了传统教学中教师将现有的知识技能传递给学生的教学模式，而是将学习过程分解成详细的项目工程，在教师的指点下，学生全部或学生分组完成独立的项目，学生要自己搜集和处理信息，设计项目方案，实施项目方案，然后教师指导学生完成项目，最后对此次项目的成果进行评价并且为下一个项目做准备。项目教学法改变了传统教学系统完整的特性，由学生在教师的指导下独立完成项目，着重培养了学生的动手能力，要求以学生为主体，重点提高学生的实践能力和创新能力，最终实现学习成果与实践的完美结合，提高学生的社会经验，使学习成果多样化。

### （二）环境艺术设计专业

环境艺术设计专业是近些年发展起来的，它将美术、景观、设计、心理以及建筑等学科结合起来，是一个综合性专业。一般来说，环境设计艺术专业的综合性比较强，具有一些其他专业所不具备的特点，如预见性、系统性、创造性。

环境艺术设计的专业的认知。环境艺术设计专业在我国是新生的专业类型，它是一个集合了美术、景观、设计、心理、建筑和人体工程学的综合性专业，由于该专业在我国的发展时间较短，涉及领域又较广，因此对专业的教学目标和教学模式都处于探索之中。环境艺术设计专业作为一门综合性学科，除了具备所包含学科的特点外，还具备一些自身特点。

预见性：根据对需要规划设计的环境的特点，选用合适的材料，设计相关方案，并且对设计方案的结构进行预计。

系统性：它是一个跨课程的综合学科，各个学科之间相互融合、渗透，这就需要设计人员要具备所设计领域的知识。

创造性：作为一门艺术设计类学科，创新是它存在和发展的根本动力。

## 二、环境艺术设计与项目教学法的特点

### （一）环境艺术设计的特点

环境艺术设计从根本来说就是对环境艺术工程空间规划与艺术构想的综合，其中包括结构造型计划、环境设施计划、装饰空间计划以及审美功能计划等。虽然其属于艺术范畴，但是环境艺术设计具有以下一些自身特点。

（1）预见性。通过材料、工艺、现场等实际情况进行创造性的设计活动即环境艺术设计。在设计活动中，设计师需要对所设计方案完工之后效果进行预计，才能够有效把握整体设计方案实施过程。

（2）系统性。可以说环境艺术是一项系统性极强的设计，其将技术、功能以及艺术集于一体，涉及众多学科内容，并且要求这些学科能够融合、交叉以及渗透，因此设计人员需要具备多方面科学知识以及艺术修养，能够对不同风格特色的设计项目适应。

（3）创造性。设计的灵魂所在就是创造。对人们的生活环境进行规划并且提出方案的一种思考性创造活动就是环境艺术设计。设计人员不仅仅需要对设计技艺以及方法掌握，更需要掌握具有创造性的思维方法。

（4）适应性。环境艺术设计涉及范围远比其他艺术形式广泛，围绕着环境建筑，大可以到景观环境设计，小则可以到标志设计，均是环境艺术设计所面临的工作。这样一来就要求环境艺术设计人员知识结构更为专业扎实，具有更强的适应性。

### （二）项目教学法的特点

（1）课程的知识结构需要针对项目完成目标。项目式教学的主要特点就是避开传统学科式教学的系统与完整性，而是围绕项目进行，强调的是知识综合性，重点培养学生独立学习、动手能力、自主构建知识能力、创新能力以及实践能力。

（2）教学内容主要以典型项目任务为依据。项目教学法在围绕教学任务的同时，导入有关项目，利用组织好的教学内容以项目的方式进行整合，使得教学内容能够打破传统学科局限。学生能够对其所学专业的主要工作内容进行系统全面了解，并且意识到其在项目实施过程中能够胜任该工作岗位，从而提升掌握专业技能的信心。

（3）教学以学生为主体。项目教学法是在完整教学思想的基础上，通过完成一个完整的项目，从收集信息、制订计划、选择方案、实施目标、反馈信息、成果评价等步骤，让学生通过全权参与成为主体，有助于学生形成协作精神与责任感。

（4）学习成果多样化。在项目教学法中，不再具有唯一或是统一的答案标准，每个学生根据不同的知识结构以及社会经验能够给予不同任务解决策略，因此学习成果以及成果评价多元化。通过多角度以及多手段对学生的学习成果评价能够更加公正客观。

## 三、项目教学法对环境艺术设计专业实践教学的积极意义

与其他专业相比，环境艺术设计专业课程的实践性内容明显多于理论知识内容，该专业的美术课程也不例外。教师在开展美术教学活动时，倘若仍旧采用固有的教学方法，那么学生所掌握的也只是教材中的理论知识，学生的实践能力难以得到进一步强化。项目教学法有效地解决了部分教师重理论而轻实践的问题，教师应用项目教学法，以项目为主线，让学生参与其中，学生在参与的过程中能够独立地完成相应的学习任务，这样不仅能提升学生的实践能力，还能大大提高课堂教学效率。除此以外，项目教学中有较大比重的实践教学内容，这样学生就有了足够的实践练习，能够帮助学生牢固掌握教学内容，把知识应用到实际生活中，从而有效地提升学生独立设计的能力。

### （一）提高教学效率

常规的教学方法通常以班级为单位，教师将自身的知识传授给学生。环境艺术设计专业注重培养学生的实践能力，教师不能再使用以往的教学方法。项目教学法的主要特点是从实践的角度传授学生知识，项目的实施过程是由学生亲自完成的，教师只在旁指导，这样可以很好地培养学生的实践能力，提升教学效率，也有利于教师进行理论研究。

传统的教学模式是由教师以班级授课的形式将自己所掌握的知识综合书本上的内容传授给学生，这种教学模式适用于文化理论知识，但是环境艺术设计专业

是一门实践性很强的学科，要求培养具备动手能力的人才，因此传统教学不能满足这类学科对人才培养的要求。而项目教学法则从实践出发，由学生独立完成项目设计和实施，教师只负责指导学生，这样能够使学生具备更好的专业实践能力，提高教学的效果和效率，也给教师更多的时间从事理论研究。

#### （二）培养实用型人才

环境艺术设计专业教学的首要目的是培养更多的可以适应社会的人才，利用项目教学法可以很好地完成这个任务。学生在选择项目的时候会收集信息，独自完成方案的设计并实施，这样有助于提升学生的实践能力，而实践能力是市场对环境艺术设计人才最大的要求。

项目教学法有利于培养适合市场需求的综合型人才。环境艺术设计专业的教学目标是培养适合市场需求的综合型人才，从这个角度来看，项目教学法对其目标的实现有很积极的作用。项目教学法中要求学生选择项目进行信息的采集，独立设计方案，亲自实行方案，并且检验自身工作成果，这种教学方法最大的作用就是能够提升学生的实践能力，而实践能力是市场对环境艺术设计人才最大的要求。

## 第三节　项目教学法在环境艺术设计专业中的实践应用

### 一、项目教学法在环境艺术设计专业实践教学过程中的应用

#### （一）设计项目

项目教学法的第一步是设计项目。教师根据学生对专业知识的掌握程度把学生分成若干组，分别负责相应的项目模块。一般来说，项目模块所包含的内容应该是多样化的，包括地理、气候以及人文等方面的知识。

#### （二）教师进行必要的指导

作为项目教学法的第二个阶段，设计专业模块是非常重要的。项目的大部分应由学生完成，但为了使项目的执行过程更加合理，在项目开始之初必须有教师的指导。教师要审查学生的工作，检查方案是否可行，对于不太恰当的地方，教师需要指出，指导学生改正。

### （三）综合技能模块的设计

作为一个跨专业的学科，环境艺术设计专业对于学生的综合技能水平要求比较高。教师在教授理论的同时，应该传授学生有关就业方面的知识，从而逐渐培养出理论扎实、实践能力强的综合型人才。

### （四）项目教学法的传授方法

第一，学生作为主体的实践式教学法。学生在选择具体项目时必须有教师的指导，根据项目题目制订合适的实施方案，并且独立完成项目。在项目结束之后，教师应该进行相应的指导，并给出评价，让学生明确执行过程中存在的不足之处，为下一步工作做准备。

第二，综合技能以及项目业主的介入式讲授法。项目教学法所采用的项目都应是切实存在的项目，教师、学校应努力寻找合作公司，选择合适的项目。确定项目之后，教师根据学生的专业技能水平合理分组，其具体要求应该由项目负责人确定。

第三，遵循行业法规的操作性讲授方法。对于环境艺术设计专业而言，除了需要培养具有较强实践能力的学生，更应该注意引导学生学习行业法规，要求学生在工作时遵守行业法规，做到诚实守信、遵纪守法，这样才能使这个专业发扬光大。

### （五）项目教学法在环境艺术设计专业实践教学中的应用阶段

1. 项目选择阶段

在实施项目教学法的过程中，教师要做到与时代接轨，要理性、系统地选择项目，为项目教学提供一定的资料支撑。首先，教师要搜集、整理实施项目教学法所需要的资料、信息，将相关资料、信息整合到项目案例库中，这样教师就可以在备课阶段节省大量的时间。其次，教师选择的教学项目要具有一定的代表性，教师要通过分析学生学习中遇到的问题，对项目进行完善，这样才能避免项目分析阶段出现资源浪费的现象。

2. 项目实施阶段

项目实施阶段是整个项目教学的核心环节。一般来说，教师会在正式授课前成立项目学习小组，并由各个小组成员推荐负责人，制订组内学习计划，落实分工并且明确到个人。在项目教学的案例讨论环节，教师可以采用小组协助学习法，由组长组织小组成员团结协助，共同完成任务。在遇到困难时，可先在组内进行讨论并加以解决，如果解决不了，再由教师指导。在项目实施环节中，教师要发挥自身的引导作用，及时、恰当地对各组的项目实施进行指导、点拨，和学生一起分析项目中存在的难点，对于一些共性问题，师生可以在课堂上进行讨论，确保学生在项目实施过程中学有所得、学有所获。

3. 案例考核阶段

美术教学并不是简单地向学生传授美术理论知识，而是在传授学生理论知识的基础上，引导学生学会总结规律、发现问题、分析问题、解决问题，将学到的知识应用到实践中。在项目探讨结束后，教师需要对项目教学的情况进行总结，分析学生的项目分析能力、项目设计能力，以及学生在探讨过程中存在的问题，提升学生的知识建构能力。教师还要对项目教学效果进行评定，针对需要改善的地方进行补充，整合学生反馈的信息，为以后的课堂教学提供参考。除此以外，为了进一步激发学生学习美术的兴趣，教师需要对学生的学习效果、学习过程进行科学的评价，让他们明确自己在案例中学到了哪些知识。

## 二、项目教学法在环境艺术设计专业课程中的教学设计实践

### （一）整体设计思路

首先将课程内容分为若干项目，除导论部分内容外，在各项目中划分出若干典型任务，结合教材实例进行讲授、练习、点评，具体如下。

（1）通过案例介绍，导入各项目的教学目标、教学内容。

（2）通过教学实例，讲授项目的基本理论和方法。

（3）结合教材内容和视频，引导学生进一步练习、巩固本单元学习的内容。

### （二）具体实施

1. 前课回顾

在讲每个新的子项目之前，首先将之前学过的与本子项目相关的其他子项目做一个小结，因为多数子项目之间都有前后的关联，而某些子项目学过的时间较长，学生记忆不够深刻，因此在授课之前先将涉及的前课知识做一个简单的回顾。

2. 项目任务

每个子项目都有自己的项目任务，项目任务一般尽量能够实例化，这样可以激发学生的兴趣，让他们觉得能够联系实际，学有所用。项目任务应能够将本子项目讲授的知识做一个简单的概括和导引，让学生通过任务就可以了解自己将要学到什么。

3. 任务分解

大多数项目的任务比较复杂，为了方便学生分步骤地学习和更好地掌握，因此会对项目任务进行任务分解，各个分解后的任务一般都相互关联。

4. 理论知识讲授

介绍完项目任务和任务分解后要对本子项目涉及的理论知识进行介绍，因为本门课程是实践性较强的课程，因此理论相对较少。

5. 项目实施

项目实施是整个子项目的重点环节，在这个环节中会按照项目任务的要求对各个分解后的任务进行具体的实施。首先会针对分解后的任务进行分析，列出需要配置的内容和需要的准备工作，让学生自行完成准备工作；然后一边演示具体的实施过程一边讲解，让学生边学边练，要求学生在课程结束前完成项目实施过程。

6. 项目考核

每个子项目的考核包含两个方面的内容：一是在项目实施环节中，学生应跟随教师完成整个子项目的实施过程，完成后向教师展示项目实施成果作为该子项目的一部分成绩；二是分组自行完成子项目下的其他任务，并且进行子项目验收。

## 三、项目教学中出现的问题和解决办法

### （一）教材不能体现出工作导向

目前在环境艺术设计专业教材选用上还处在探索阶段。一方面，教材价格较国内教材贵得多，学生承担不起；另一方面，这些教材内容与学生项目实践不能完全一致，很多教材的内容还需要充实，编排也还需要完善。而以项目为主线的教材琳琅满目，水平则参差不齐。其中，项目大多都采用了需求描述—任务分析—相关知识—实现思路和步骤—知识拓展的设计脉络。但纵观全篇，却很难体现出其在准职业岗位中的地位，学生能够在教师的指导下顺利地完成本项目，却仍不知道适合于何种职业群，也无从了解其在工作中何时何地可以运用和实现。

鉴于目前教材使用存在这些问题，激励和促进项目教学法教材的建设是项目教学模式定位的关键因素。从长远来看，要真正提高项目教学法的效果，还是要编写适合学生实际情况的项目教学法教材。只有这样，才能开阔学生的视野，使学生能达到理论知识功底扎实稳定的水平，并且能把理论知识灵活运用到实践中，在实际工作中有善于发现问题及解决问题的能力。

### （二）师生角色问题

师生角色问题主要在于，师生角色转换不到位，学生在项目教学过程中，学习主动性不够，教师在项目教学实施过程中依然占据了过大的比例。主要是因为学生在做项目前并不了解具体的流程，没有做好相应的资料收集，在实施过程中不能带着问题去主动研究。

项目教学法的初衷是让学生在独立完成项目的过程中发现知识，解决问题，提高技能，实践经验也应该是学生自己摸索总结出来的，而不是教师灌输的。因此，项目教学法的讲解应该只包括对重点教学内容的讲解，其过程应该精练，最好是通过简单的例子用实操的方法进行，这样学生才更容易理解、接受，为学生独立完成项目打下了良好的基础。

### （三）教学评价问题

在传统考核方法中主要是通过闭卷考试的形式开展，这种考核方法只能对学生的笔试能力进行考查，并不符合环境艺术设计专业课程考核的要求。因此，应用本科专业就必须对考核方法进行创新，可以采用平时成绩、实践成绩和结课成绩三合一的考核方式：①平时成绩占 20%：包含到课率、课堂表现、课堂笔记、课堂讨论。②实践成绩占 30%：包括调研报告、资料收集、课堂作业、课后作业。③课程结课成绩占 50%：结课上机测验、结课作业。

通过教学实践证明，项目教学是通过实施一个完整的项目而进行的教学活动，目的是在课堂教学中把理论与实践教学有机地结合起来，充分发掘学生的创造潜能，提高学生解决实际问题的能力。在项目教学法的具体实践中，教师的作用不再是一部百科全书或一个供学生利用的资料库，而成了一名向导和顾问。他帮助学生在独立研究的道路上迅速前进，引导学生如何在实践中发现新知识，掌握新内容。学生作为学习的主体，通过独立完成项目把理论与实践有机地结合起来，不仅提高了理论水平和实操技能，而且又在教师有目的地引导下，培养了合作、解决问题等综合能力。

## 第四节　环境艺术设计专业基础教学的思考

### 一、学制改革，强化基础

本身大部分艺术生招考中对学生的综合文化素质就较多地降低了要求，再加之中国的艺术教育长期以来都是一种专才型培养模式，即“重技能、重技术，轻能力、轻素质”，学生自身能力素养的限制、师资结构的欠缺、教学体制的古板都会为设计教育带来尴尬的处境。因此，从 20 世纪 80 年代起，学制改革就是艺术设计教育的发展趋势。

### （一）实行强基础分段制

分段制的教学设想源自庞薰栗先生 1946 年在重庆草拟的创办工艺美术学校的方案。即两年打基础，两年学专业。1986 年在制订学院“七五”期间发展规划时，提出“加强基础、拓宽专业、增强能力、突出特色”的改革原则。根据这一原则，中央工艺美术学院于 1988 年正式成立了基础部。在学制方面，实行基础教学两年、专业教学两年的二二制教学计划。在课程设置上，基础部课程主要包括：造型基础（素描、色彩、国画、雕塑）、设计基础（平面构成、立体构成、图案装饰、字体、计算机基础、制图与透视、传统装饰画、建筑风格史）、专业基础（各系根据情况自定）、文化基础（外语、体育、中外工艺美术史、中外美术史、艺术概论）以及政治理论等课程。

而环境设计专业因其知识结构的宽泛性，延长学制更有利于人才的培养。比如“文革”前的中央工艺美院就长期实行 5 年学制，而社会实践也证明这批毕业生基础扎实，知识全面，社会适应性尤为突出。现在西安美术学院建筑环境艺术教育，也采用了 5 年制的教学计划，专业基础教育阶段，相关专业设置均可采取前三年必选或自选相应的基础课与专业基础课，可针对同系相关且不同专业开设；后两年根据学生的综合素质及能力与兴趣，进行不同专业方向的定位。

因此，根据环境设计专业的特点可建立一个更加成熟完善的“五年三段制”的强基础学制。大一、大二、大三均设为基础阶段，并按由浅入深的结构安排教学，其中大一为综合大基础阶段，可进行造型、美学、专业理论、设计基础等课程；大二、大三为专业基础阶段，可根据学生的大专业倾向（室内或者景观）来进行建筑基础、材料、城市规划、室内设计、景观设计等课程；大四为专业深化阶段，可结合工作室制度，并与市场企业实践强力挂钩，实现与就业接轨的职业化设计学习；大五则为毕业论文与毕业设计安排。

### （二）建立类专业学群制

组织学部、学群的目的在于加强各专业学科的教学、组织协调、管理和督促检查，以及互通有无、资源共享，形成开放式格局。系科组联的目的是改变封闭式教学，加强学科间的联系，充分利用各学科、专业师资力量，拓宽教师研究教学和个人专业发展的领域，拓宽学生的专业知识面，鼓励学科相互交叉、渗透，以增强教学活力。

环境设计有其明确的科学性和综合性，因此，广泛的技术与艺术实践是学习这门学科的最好课堂，而学生综合能力的培养则是这种教育的基本目的。所谓类专业，可指同方向类学科，如：室内空间、家具、陈设等为一类学科，景观设计、公共设施、园林小品为一类学科；也可指基础类型学科，如环境设计基础按其专业需求分为认知、设计、修养几方面。认知，即认识基础，对专业理论、专业实践、职业责任的基本了解；修养，即艺术基础，感性与理性的平衡、审美原则的把握、共性与个性、创造力；设计，即设计基础，设计的综合能力，方法论、营造技术与艺术。然后可按照这样的基础类型建立类学科学群制。

（1）认识类学群，由基本理论组成，包括环境设计概论、建筑史、园林史。

（2）设计类学群，又可按同方向类学科再分组，A 组以建筑学为主，包括建筑基础、建造结构、建筑材料等；B 组以景观规划类为主，包括庭院景观设计、城市规划、SKETCHUP 软件等；C 组以室内空间设计为主，包括小型办公空间设计、陈设设计、家具设计、3D 等；D 组以设计方法为主，包括市场调研方法、手绘设计表与制图等。

（3）艺术类学群，由造型、创意、原理类课程组成，包括图解思考、构成基础、创意素描、色彩心理学等。

其中，认识类学群和艺术类学群为公共必修加选修，而设计类学群则以 A 组、D 组公共必修，B 组、C 组按专业大方向倾向采取组合性的必修与选修。

## 二、优化课程结构

环境设计教育是一个多元的综合学科知识整合，注重对人与环境、空间、行为的设计与研究，是关系艺术、共生艺术与统筹艺术。

### （一）打破学科边缘，增强类学科通识教育

传统的艺术教育基本上是专业知识的教学。包豪斯在 1923 年提出的“艺术与技术的统一”具有划时代的意义，拉开了艺术与多学科领域综合的序幕。格罗皮乌斯早在 1921 年就曾写道：“培养学生的原则是要使他们具有完整认识生活、认识统一的宇宙整体的正常能力，这应当成为整个学校教育过程中贯彻始终的原则。”

环境设计专业的出口是具有明显多样性的，其实从人才培养的角度上来说与莫霍利 · 纳吉的“全人”型设计人才的理念十分吻合。让学生真正能在基础阶段对室内、景观、建筑三个方面都有扎实的了解，才能优化之后的专业培养。从广

义的建筑学的角度看，环境设计是它的扩展和延伸，也是城市规划的深入和细化，三者密不可分。而环境设计所培养的应是兼备各项设计能力，运用生态审美意识来统筹改善环境场所的设计者。

通才型教育是环境设计专业基础教学的基本模式。在实践能力方面，要具备相应的职业技能，对材料、结构、施工等都有所了解，能运用专业技能解决设计中的实际问题；在文化与艺术修养方面，设计师对其设计作品是一种形式的赋予，设计者本身的理念意图会给设计作品带来不同的精神价值，而环境设计所赋予环境空间的应是一种符合城市文化与生态平衡发展肌理的综合形式。可见，设计技术、人文历史、行为科学、生态科学等，乃是每个环境设计者的必修课。因此，在课程上必须兼顾相关学科的重要知识点。除了室内空间设计、景观设计这两大类方向课程，建筑基础与城市规划基础都应在基础教学中体现，让学生对这几类课程的设计方法论有基本的了解，且能具备基本设计能力。

在课程设置上可采用专业方向倾斜制的学群制组合方法，4年制二年级或5年制三年级阶段让学生进行专业倾向选择后，以其所选专业为主构成一级教学圈进行相关学习，要求掌握完善的设计概论、设计方法；其他学科则作为次方向学科组成二级教学圈，要求了解基本概论、掌握简单的设计方法，最重要的是要具备专业可深化空间。然后在专业基础教学上采取“A+（b+c+d）”模式，A作为大方向在课时上要有绝对优势，并配以相关方向类关系学科的“al+a2+a3…”等为辅助支撑课程，共同组成一级教学圈；而b、c、d作为次方向课程则组成二级教学圈，以赏析了解和重点方案实践相结合的方式安排课程。例如，以室内空间设计为主方向的，以室内设计课程为主，与其类关系学科家具设计、陈设设计、展示设计等共同形成这个大专业方向的一级圈；次方向二级圈课程则包括景观设计、照明艺术与技术等。

强调类专业通识教育，实际上是赋予新时期人才应该具备的共同的知识基础，为未来的发展和变化做出准备，旨在当社会需求发生变化时，未来新一代的环境设计人才能具备应对社会发展需要的基本知识和专业素质。

### （二）注重建筑基础

建筑，是场所空间的起点，与人们的生产、生活密切相关。随着社会经济的发展，人类活动也越来越丰富，贯穿于建筑的内部与外空间，这就使建筑的概念扩大延伸，室内外空间与建筑共同形成了一个有机整体。现代设计诞生的时候，建筑是最原始的现代设计形态，所有的空间问题都由建筑师统一解决，而当空间环境的组成越发复杂之后，市场需要设计分工，于是就从建筑中分离出许多细化的、共同服务于建筑的学科。环境设计专业就是由建筑学发展细分至当代而形成的新型场所研究学科。因此，环境设计也可以看作是广义建筑学的组成部分。建筑学与环境设计的关系是彼此相互作用、相互影响的。

建筑教育本身经过几百年的传统授业积累，以其深厚的教育模式为环境设计教育提供了重要的基础和丰富的资源。从各项教学内容的实质和源流分析，它们与建筑学都有着密切的联系。1981年国际建筑师协会将建筑学定义为："建筑学是一门创造人类生活环境的综合的艺术和科学。"建筑艺术本身不再是材料堆砌的艺术，而成为组织空间的艺术（朱馥艺《建筑学之于环境艺术教育》）。建筑的内部与外部之间、建筑群体之间的相互关系，就形成了环境设计的主题与内容，环境设计其实就是围绕着城市建筑而展开的、美化其内外空间场所的、串联人与场所关系的艺术与科学。因此，建筑学如同桥梁一样将环境设计的相关学科有效地连接在一起，已成为环境设计知识体系中的必要基础学科之一。

同时，环境设计的实施其实也是一种营造场所的过程。建筑材料及公共艺术构成材料的运用有其特定的科学规律。对场所环境及有一定尺度的构造物的建造、改造都必须尊重技术规范，要有基本的结构认知。提高环境质量要关注建筑物理问题与环境科学问题，科学性和技术性内容是设计教学中一个不可或缺的框架支撑。只有尊重和重视设计环节中的科学和技术，才能真正建立设计师的基本职业素养。

因此在教学上，建筑学原理与技术成为环境设计不可或缺的知识结构特点。根据这一学科特征，应确立建筑学基础的地基意义，加大建筑基础类课程的课时比例，开设建筑学的基本知识课程与建筑工程结构的相关课程。同为有营造特点的学科，建筑工程结构的了解学习对环境设计的实践理解有着直接的、积极的促进作用。同时，建筑学教育体制也对环境设计专业的教学具有参考性，以设计课题为主导，围绕设计原理，从设计初步开始着手，分项、逐步安排环境艺术设计课题，有效地组织实习和全过程综合设计（朱馥艺《建筑学之于环境艺术教育》）。建筑学基础可以帮助学生更好地理解空间和改造空间，对环境设计教学有着重要的理性科学价值。

### （三）增强基础教学的专业针对性

现有的环境设计专业教学模式多是由绘画基础、专业基础和专业设计三部分递进式组成，但各个阶段彼此断层割裂、基础难以支撑专业深化，浪费资源缺乏实效。要根据专业的发展需求来设置基础课程的安排，呈现课程的交叉性、复合性和串联性。针对环境设计专业的特点，在基础教学上还应该加强专业的针对性，提高学生的专业适应能力。基础教学本来就是要为学生更高阶段的专业学习提供引导，认识论与方法论的培养尤为重要。

尤其对于传统造型基础课程，应增强其专业针对性，与设计表达相结合，与设计基础有渐进型关联。比如素描可着重于对结构、空间的训练；色彩课与色彩构成、色彩心理等相辅相成，探讨色彩的空间实用价值；而常被许多高校环境设计专业忽视的速写训练应重新纳入关注点，与设计表达、空间透视原理等相结合，如建筑速写、场景速写等。在教学上可按照室内与室外空间来划分速写的练习内容，强调对空间线条表现和空间层次表达的练习；风景写生等课程可以与色彩构成等设计基础课程相结合，培养学生对色彩的提炼与概括能力。

在专业基础课程上，在大专业方向下的次方向学科可以采取掌握基本设计原理为主的针对性课题训练。比如以景观方向为主的学生，可在有限的室内设计课程中做更多功能空间丰富的公共空间设计训练，比如办公空间设计和餐饮空间设计等。

### （四）校企结合型实践教学

设计的发展与社会的发展息息相关，环境设计的教学只有与社会市场紧密结合才能真正做到“以人为本”。

环境设计活动是将设计理念和思维想法变成显式函数空间的具体过程。所以，环境设计师应具备的质量是与社会现实的实际情况相结合，明确施工过程，掌握装饰材料和工艺。从图纸到工程的实现，是一个感性思考到理性解决的过程。而设计的理念、成效必须通过具体的项目实践及时间的磨合才能得到验证的真谛，同时，也只有不断通过与市场的互动才能获得实践经验的积累，才能促进环境设计专业理论体系的构建与发展。实践性强是环境设计专业最大的特点。

因此，培养学生的实践能力是教学中的重点。为了实现这个目标，切实地将能力培养落在市场基点上，加强专业实践课程是不够的，更应关注市场的真实动态，结合市场变化进行职业化的能力培养，在设计教学上实现学以致用的改革。首先，在课程设置上针对建筑基础、装饰材料、设计初步等课程应配有市场调研、项目实践。其次，结合专业实际情况，建立校企合作机制，由企业和学校共同组织实践课教学、制订实践计划，完善校外实践教学模式。在教学方法上，可以采取工作室、工作坊制度，与企业共同打造设计产业品牌，在实践活动中引导学生开启创造能力，学会建立理性与感性相融合的整体设计思维，培养学生的综合设计能力和职业道德素养。同时，要培养学生在具体的设计案例中解决实际问题的能力，在实践中运用理论、验证理论、强化理论，了解市场的主流设计趋势，掌握相应的工程技术方法、施工工艺及材料的特性等。

市场是最直接的老师，环境设计的最终目的还是要为人居环境的建设而服务的，因此校企结合的实践教学是将教学与市场接轨的最好方法，让学生最快速度的增长经验并实现学科教育的职业化。

## 三、培养优质的综合型艺术素养

### （一）整体环境艺术观的塑造

环境设计的目的在于实现人类与环境、生态之间一种平衡和谐的栖居，因此教学中必须将从整体出发的设计观贯穿始终。

现代环境艺术设计需要对整体环境、文化特征及功能技术等多方面进行考虑，使得每一部分和每一阶段的设计都成为环境设计系列中的一环。不同内容的建筑物和景观、环境构成有序的、系统的组合，既有各具表现力的物象形态，又有内在的综合整体精神。

建筑室内外空间环境就是一个微观生态系统，也是生态的环境和生态活动的场所，这是一个整体的问题。应培养学生的统筹型设计观，将设计意识从室内外空间扩展到整个城市空间，把构成空间和环境的各个要素，有机地协调地结合在一起，把人类聚居环境视为一个整体，将它作为完整的对象考虑，从政治、经济、文化、社会、技术等方面，系统地、综合地加以研究，使之整体协调地发展。把这些具有恒久价值的因素以一种新的方式和现代生活相结合，对空间环境中各种宏观及微观因素的创造性利用，以个体环境促成对整体环境的贡献。在课程中应关注环保材料、地域生态环境、国际环境发展的新趋势等。

### （二）创造性思维的培养

功能、技术、科学、空间是环境设计的共性需求，创造性则是其个性表达。设计的创造性是设计品质的体现，艺术素养是一个基础，理性的设计是专业修养。

设计的本质就是一种特定环境、特定时期、特定人群、特定艺术语言的创造，设计艺术如果丧失了其自身的艺术个性或脱离具体的载体，那么它就失去了它存在的个性价值（孙奕、孙延《环境设计视觉情感语序的架构》）。而创造性思维的培养应从教学的初级阶段开始，让学生养成良好的思考方式，打开眼界与固定思维，这样能在专业设计阶段受益良多。

创造性思维之所以不被重视，是因为一开始没有将它作为贯穿环境设计整体教学的重要设计意识，往往认为其是在专业课阶段才形成与需要的，在专业方案教学的时候再强调创造性的存在意义即可；认为在造型基础课和设计基础课的学习阶段创造力并没有过多的运用空间，学生只需要学习专业理论、掌握基本的设计知识与技能。这就导致学生没能在设计初期养成良好的设计思维习惯，创造力被遏制，个性发展被搁浅，初期的设计学习也收效甚微，到了高年级又难以适应专业教学。

因此，在基础课阶段就应开始让学生树立创新意识，培养学生的艺术个性，引导学生多进行创造性思考，解放设计思想，让学生学会用创意思维来解决问题。所以在基础阶段，课程上一定要有手脑结合的创意课程，如图解思考、设计方法论等。同时在造型基础、构成基础训练中也应强调创造力的展现，如采取一些主题创作，而不只是简单单调的形体再现和排列组合。

当下，创新已经成为艺术设计的灵魂，设计教育要摒弃程式化、模块化的形式，不能成为一个封闭的堡垒，而应加强灵活性，建立一个开放的专业空间。创造性思维的建立能让学生更加善于研究思考，对客观设计物象的理解更加深刻；同时能让学生更有趣味地学习，激发他们的对专业知识的热情，并在基础学习中能有更多的创意表达与展现。

## 四、当代环境设计的可持续教学

教育与整体社会的文明素质是相互影响作用的，时代、科技、需求决定了教育的内容，而教育是带有滞后性的，当下适合社会的形式秩序在一两年后就极有可能被更替淘汰。所以“与时俱进”是教育发展的关键词，在立足当代的同时，还要前瞻未来的发展。设计是为了人类的生活而设计，设计教育既要关注当代人的生活需求，更要关注社会形态和生活方式的发展变迁。我们的教学要关注社会市场的发展，关注时代背景，因为环境设计的特征也是随着时代而变化的，环境设计教育是与社会、生态共同成长的，是对未来生活的可持续规划。我们必须要立足现状，为所处时代的发展来培养专业人才，为市场预见性问题提供解决之道。这也要求我们在教育内容和教学方法上要与市场同步不断更新，又要引领市场不断创新。如何因材施教地去加工和塑造随着时代快速变化成长的教育对象，是教育者需要不断思考的课题。

### （一）地域文化、经济的时代可持续

2008 年全国设计教育论坛提出了一个“地域性”与“当代性”的议题。清华美院李当岐教授认为地域性与当代性是两个概念内涵完全不同的词语，但将其有机结合却正是设计教育追求的最高境界。

设计教育在迎合国际潮流的同时，更需要挖掘我们自己的传统文化。传统文化是动态的，是需要不断更新的。我们今天所创造的文化就是明天、后天的传统。

我们的文明史、价值观、民族视角等，都应该通过设计教育的各个环节继承下来并传承下去。在结合本地区的社会需要和整合当地优势资源的基础上，吸收先进国家的经验和方法，将人才培养落到本土实践中来解决设计问题，以此突出各个学校的办学特色和专业优势。

专业跨界、生态多样、地域文化成为环境设计专业可持续发展的时代关键词。环境设计作品在设计主题上应有所追求，追求的主题则是根据场所与活动于其中的人及他们所处的时代特征来决定，这也决定了环境设计的存在价值。城市空间是其所处的环境区域与时代共同作用下的文化空间形态，与区域环境形态、时代发展需求、历史人文脉络紧密相连。而不同的地域有不同的风土人情，也自然有着不同的城市肌理和形态原则。作为文化空间形态，城市与城市空间之间是有功能上的设计共性的，但在历史传统、环境结构上也有着多样化的设计个性。如何解决新旧文化、不同民族、时代特征的冲突与协调，对于推进城市空间文化的发展同样重要。

中国地大物博、民族文化丰富、地域差异明显，每个区域都有自己独特的艺术形式与人文形态。因此，各地区应将自身特有的文化底蕴与最新的社会需求相结合，形成新的设计理念和特色鲜明的设计风格。在环境设计教学内容上，高校应当从区域出发，以时代背景为基础，建设一些具有民族特点和区域特色的课程。如在贵州地区高校开展环境设计教学时，可融入当地少数民族建筑空间文化的内容，增强学生对区域环境形态的了解，积累更多的设计元素。同时可在教学实践中，为学生适当增加一些区域传统文化类课程作为选修课，并组织一些实地考察，让学生深入了解地区的民族特色。区域民族文化课程的设置就地取材，让学生容易参与到自主的环境形态研究中，不但传承发展了传统文化，也在无形中建立了民族化的设计观，培养了学生的设计意识。

在课程上，关注区域文化、地区环境资源以及地区设计市场发展，是一项非常重要的认知指标。地区经济基础与环境设计教育的发展是相互促进的，同时在教学中对区域形态的关注有助于高校环境设计学科的特色课程建立与发展，让市场与教学之间彼此形成一个良性循环的可持续共同体。

### （二）社会与生态的共生可持续

环境设计的首要目的是通过创造室内外空间环境为人服务，始终把使用和精神两方面的功能放在首位，以满足人和人际活动的需要为设计的核心。综合地解决使用功能、经济效益、舒适美观、艺术追求等各种需求。这就要求我们努力将自然系统与人工系统并举，在融合、共生、互荣中去塑造城市空间环境的文化特色，体现人从赖以生存的社会和自然环境中获得的特质，从环境整体和伦理道德的平衡点上去认识自然和人工环境的辩证关系。

设计教育不仅仅只是单纯的专业知识的传授，作为“以人为本”的设计学科，环境设计教育的根本出发点应是对社会的责任。对生态观念和环境变化的了解、营造更好更和谐的人与自然的共生场所是环境设计教学中应关注并不断更新的理论基础。

因此，在课程体系中增设可持续发展与生态观的内容是十分必要的。在课程的设置上，可适当加入关于可持续发展观和生态学理论的课程内容，主要是让学生对生态规律、环境现象、绿色环保有所意识与理解，加大对环境生态的关注，给学生建立一个可持续发展的生态型设计观。在这个大观念的基础上可开设一些生态设计课程，了解国内外绿色生态设计的应用发展，并适当结合生态景观、生态建筑等课题让学生参与分析与设计，系统地了解生态体系的设计原则与设计方法。同时还可将可持续发展的概念与生态理念渗透到环境设计基础的课程内容中，从基础教学阶段，就让学生在学习的过程中培养起可持续的生态设计观，建立起全面的环境科学理念。在具体的教学上，可让可持续发展观和生态理论与具体设计教学相结合，从生态设计视角出发，将可持续设计观运用到建筑材料、照明设计、景观设计等课程中去，关注对自然资源、环保材料和节能新技术的利用，实现生态观与实际课程的整合化。在整体的教学方法和内容上要以可持续发展为基本原则，让社会和文化的可持续性贯穿到课程教学中。

### （三）学科专业结构的发展可持续

环境设计专业教育随时代的进步与发展而形成，不仅要不断完善教育体系和学科建设，更需要充实和健全类专业、强基础的师资结构，加强多学科综合知识的相互交叉和渗透，实现各个类专业学科的互通联姻，创造一个有利于环境教育正常有序建设与发展的学术氛围，确立有文化艺术内涵的科学性与技术性教育体系。

在整体教学上，环境设计应以市场环境为课程导向，根据市场的具体实践要求来对教学内容进行完善更新，合理调整课程比例。以与市场关系紧密的课程为核心，结合企业实践、创意思维培养等构建实用性强的课程结构，同时关注区域文化与生态，保持教学的时代性、先进性。在基础教学部分，要考虑课程的延展性，并在课程设置上，避免近似课程的教学重复与资源浪费，强调课程内容的针对性和唯一性。最重要的一点，就是学科课程的结构必须随着专业的实际需求不断完善，形成分层递进式链接体系，以满足专业教学。

# 参考文献

[1] 于淑秀，孙琦，姜林林．大学通识教育研究 [M]. 北京：九州出版社，2014.

[2] 钱锋，伍江．中国现代建筑教育史 (1920—1980)[M]. 北京：中国建筑工业出版社，2008.

[3] 江滨．环境艺术教学控制体系设计 [M]. 北京：中国建筑工业出版社，2011.

[4] 张波．美术鉴赏 [M]. 西安：西北工业大学出版社，2015.

[5] 谷彦彬．国内外现代设计教育的启示 [J]. 内蒙古师范大学学报 (教育科学版)，2001（3）.

[6] 田密蜜，陈炜，赵衡宇．包豪斯教学理念在环境艺术设计基础课程教学中的运用 [J]. 新西部 (下半月)，2009（10）.

[7] 周波．当代室内设计教育初探 [D]. 南京：南京林业大学，2004.

[8] 姚民义．德国现代设计概述：从 20 世纪至 21 世纪初 [M]. 北京：中国建筑工业出版社，2013.

[9] 苏亮．对艺术设计专业学生的创新教育模式的探讨 [J]. 科教文汇 (中旬刊)，2008（5）.

[10] 陈可倩．中美高校艺术设计专业课程设置比较研究 [D]. 杭州：浙江师范大学，2009.

[11] 袁熙旸．中国现代设计教育发展历程研究 [M]. 南京：东南大学出版社，2014.

[12] 吴家骅，朱淳．环境艺术设计 [M]. 上海：上海书画出版社，2003.

[13] 郑曙旸．环境艺术设计 [M]. 北京：中国建筑工业出版社，2007.

[14] 许江，靳棣强等．遗产与更新：中国设计教育反思 [M]. 山东：山东美术出版社，2014.

[15] 盛燕．市场需求下环境艺术设计教学改革初探 [J]. 美术教育研究，2015（1）.

[16] 李博.艺术设计基础教学实践方法[J].南京艺术学院学报(美术与设计),2010(6).
[17] 超一.它山之石:美国室内设计的本科教育[J].室内设计与装修,1999(3).
[18] 武春焕."新中式"景观设计探析[J].美与时代,2013(11).
[19] 俞孔坚,刘东云.美国的景观设计专业[J].国外城市规划,1999(5).
[20] 吴静子.国内外景观设计学科体系研究[J],2007(6).
[21] 周子建.论室内设计的市场教学机制[J].科技致富向导,2011(4).
[22] 俞孔坚,李迪华.景观设计:专业学科与教育导读[J].中国园林,2004(5).
[23] 曲含怡.可持续发展理论在环境艺术设计专业教学中的应用[D].哈尔滨:哈尔滨师范大学,2014(6).
[24] 武春焕."新中式"景观设计探析[J].美与时代,2013(11).
[25] 朱馥艺.建筑学之于环境艺术教育[J].装饰,2004(11).
[26] 张旭,何兰,沈晓东.环境艺术设计专业实践教学成组课教学模式研究[J].大舞台,2014(1).
[27] 赵飞,王静波.环境艺术"设计工作室"模式实践教学的分析[J].品牌,2015(4).
[28] 孙奕,孙延.环境设计视觉情感语序的架构[J].艺术生活,2007(1).
[29] 赵健.关于今日设计教育方向的思考:地域性与当代性[M].北京:中国建筑工业出版社,2010.
[30] 朱罡.市场环境下环境艺术设计教学改革研究[J].美术教育研究,2014(9).
[31] 王丹,张茹茹.创建和谐的人居环境[J].低温建筑技术,2008(6).
[32] 薛娟,王海燕,耿蕾.中外环境艺术设计史[M].北京:中国电力出版社,2013.
[33] 大卫·伯格曼.可持续设计要点指南[M].徐馨莲,陈然,译.南京:江苏科学技术出版社,2014.
[34] 维克多·帕帕奈克.绿色律令[M].周博,赵炎,译.北京:中信出版社,2013.
[35] 曹增节,王其全.会通履远:艺术院校通识教育研究[M].杭州:中国美术学院出版社,2013.
[36] 单踊.西方学院派建筑教育史研究[M].南京:东南大学出版社,2012.
[37] 张波.论《小时代》影视中整体人物美术设计的艺术魅力[J].芒种,2014(4).
[38] 张 波.Art And Design Education's Humanistic Education Occupied Proportions Research Under Analytic Hierarchy Process[J].BioTechnology: An Indian Journal,2014(1).
[39] 张波.商业空间设计理论研究与实践教学:评《商业空间设计》[J].中国教育学刊,2016(9).

[40] 张波 . 材料的魅力 : 关于建筑装饰设计中材料的运用研究 [M]. 成都：电子科技大学出版社 ,2017.

[41] 张波 . 哲学思维在建筑设计中的运用实践 [M]. 成都：电子科技大学出版社 ,2017.

[42] 武春焕 .Green ecological design in interior design[J]. 工程索引 (EI–Compendex),2018.

[43] 武春焕 . 现代环境艺术设计中的中国传统文化元素应用 [J]. 艺术品鉴 ,2017（1）.

[44] 武春焕 . 转型背景下环境设计表现技法课程教学改革的思考 [J]. 大观 , 2016（11）.